JN197153

鳥類の
生活史と環境適応

江口和洋・髙木昌興〔編著〕

北海道大学出版会

(a) ニュージーランドからの出発

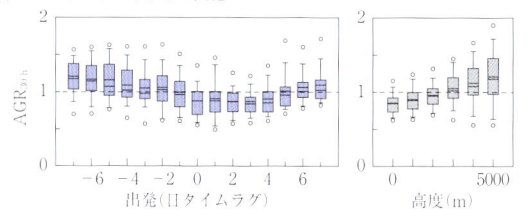
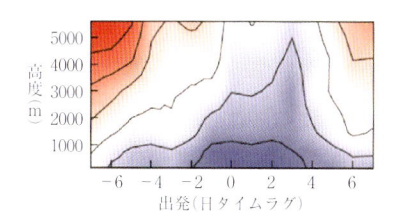

(b) 黄海からの出発

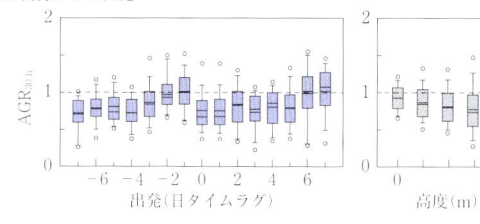
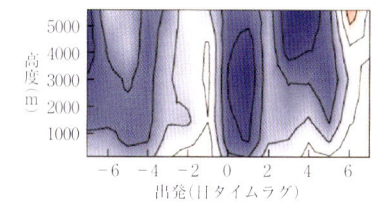

(c) アラスカからの出発

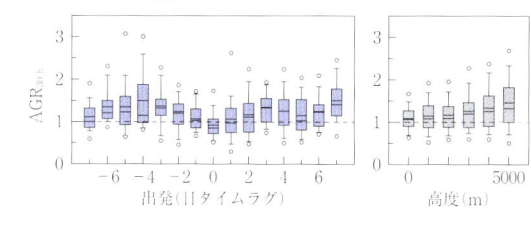
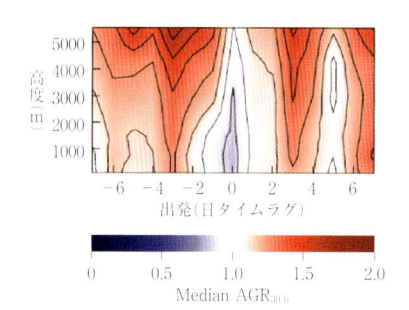

□絵-1　オオソリハシシギが渡り経路の越冬・中継・繁殖地から出発した後30時間までに可能とした対空速度と対地速度の比（AGR [air-to-ground ratio] 30 h）と実際の出発日（0）からの相対日，および高度（m）との関係を箱ひげ図と内挿ヒートマップで示す。箱ひげ図の箱の中の線は中央値と平均値，箱の両端は25-75パーセンタイル，ひげの長さは10-90パーセンタイル，外側の丸は外れ値を示す。ヒートマップの寒色は飛行の助けとなる風況（AGR<1），暖色は飛行の妨げとなる風況（AGR>1）を示す。ヒートマップ内に0.125 AGR間隔を実線で示した。Gill et al. [9]，図2を改変。

口絵-2 2つの調査地でのズグロウロコハタオリの卵の例（Lahti [51]から転載）。ズグロウロコハタオリは、西アフリカのガンビア（左）からカリブ海のイスパニョーラ島（右）へ200年以上前に移入された。上下のペアは同じ個体の一腹卵。色と斑紋の集団変異は移入後に減少し、一腹卵内の変異は増加した。

は じ め に

　ニュージーランドに生息するキウイはニワトリほどの大きさであるが，このキウイのメスが，自身の体の半分ほどを占める 1 個の卵を体内に保持していることを示す X 線写真ほど見る者を驚かせるものもない。卵は鶏卵の 7 倍ほどの大きさである。この事実は生物進化の妙を我々に示してくれる。動物園や博物館では，様々な形態の動物やその動物たちが造り出した卵や巣などを見ることができる。なぜこのような形になったのかという疑問が生じれば，その先に，その疑問を解く手がかりとなる，動物たちの送る多様な生活が見えてくる。

　生活史とは，生物が生まれ，繁殖し，死ぬまでの，生活の諸様相のすべてを指す。なかでも，繁殖に関する形質が特に注目され，どのような卵を，どれだけ産み，どれだけの死亡が生涯のどの時期に起き，生存した子は何歳で繁殖を開始し，生涯にどれだけ繁殖を繰り返すのかということに関心が向けられる。寿命の長短，生まれる子の性比，繁殖時期なども重要な生活史形質である。これらの生活史諸形質をどのようなセットで持つか，言い換えれば，どのような生活史戦略を採るかにより，生涯繁殖成功が高くも低くもなり，これは自然選択の対象になる。

　様々な生物的現象の適応的意義を明らかにする生態学や進化生物学においては，生活史進化の研究は重要な研究テーマになっている。鳥類は生活史進化研究の中心的な研究対象として多くの研究がなされてきた。また，生活史は生物各種の生態を特徴づける形質であり，生活史形質は直接間接に動物の行動，社会形態，環境選択などに関わる諸形質の進化を決定づける。動物の研究はまず対象種の生活史を知ることに始まるといえる。

　このように，研究を計画するに当たって，研究対象の生活史形質は基本的

情報として把握しておくことは当然として，さらに，対象種で明らかにしたいと考えている行動や，他の現象などへの生活史形質の関与のあり方やその重要性を理解することは，研究対象の選択の適否の判断や効果的な手法の選択にもつながり，研究の成功へ大きく寄与する。鳥類研究の最も基盤となるものが生活史研究であり，これまでの生活史研究の成果が，鳥類生態学の様々な分野にどのように関与し，影響を与えたのかを知ることで，鳥類を研究することの学術的な意義が理解できるようになるだろう。

　本書を企画するに至った理由は，鳥類研究のための教科書の必要性を感じる状況が高じていることによる。最近，鳥類研究の指導者が大学等研究教育機関から少なくなり，鳥類研究者を抱える研究機関も限られてきている事実がある。このような状況は，若い鳥類研究者が育ち，日本の鳥類研究を発展させることへの大きな障害となりつつある。このような時代には，まず，たとえ独学でも基本的な鳥類生態学の知識を身につけて，これを活用しながら，さらに高度な研究へと進んでいくための指針としての解説書が必要であると編者らは考える。2002 年に刊行された『これからの鳥類学』(山岸哲・樋口広芳編著，裳華房)は鳥類研究を目指す者には良い指針となった。しかし，すでに長い年月が経過している。その後，各分野での最先端の研究を紹介する書籍や総説論文等は多く刊行されているが，鳥類研究の基礎となる生活史戦略に関する教科書的な書籍は和書では見られない。

　本書は鳥類の生活史戦略という内容で，11 人の著者による論文で構成される。理解しやすいように，全体は 3 部で構成されている。第 1 部は生活史戦略研究の研究史と最新の動向がまとめられている。第 1 章では，生活史進化のパターンと進化を方向づける選択圧(環境要因)の解明の研究史を概説し，生活史研究の現状を解説する。第 2 章は鳥類の生活史進化研究の王道というべき産卵数の進化に関する研究について解説し，最近，その重要性が指摘されるようになった，免疫機能・代謝・内分泌といった生理システムの介在の重要性について述べる。第 3 章では，繁殖時期の選択による適応度の向上に関する研究を解説する。第 4 章は鳥類の行動を至近的に制御する内分泌物質と鳥類の生活史形質との関係について解説する。

　第2部では，鳥類の行動生態と生活史戦略との関係に関する研究を紹介し，生活史研究の重要性を強調している。第5章では，鳥類の生活史戦略の一側面としての営巣戦略を取り上げ，様々な営巣様式を紹介し，特に，対捕食者戦略としての営巣場所選択の実証研究を紹介する。第6章では，鳥類の採餌戦略についての研究史を解説する。採餌戦略の理論的研究と実証研究の成果を解説し，現在も残された課題，新技術を使った新たな研究展開について述べる。第7章は鳥類の親によるヒナへの給餌に関する最新の研究を紹介する。ヒナへの給餌は一般に認識されているような親による献身的な子育ての一環というのではなく，家族内での進化的利益の違いがヒナの餌ねだりや親の給餌配分を複雑にしている。これらの利益対立がどのような結果をもたらすかは，それぞれの種の持つ生活史的条件(産卵数，孵化パターン，性比など)により異なっていると考えられている。第8章では，鳥類の配偶様式や繁殖様式の多様性への生活史要因の関与について解説する。

　第3部では，地球規模での鳥類の環境適応への生活史の関与として，鳥の渡り，島嶼への適応，および外来種の定着に関する研究を取り上げる。第9章は，鳥の渡りの様式を概説し，渡りと密接に関連する生活史形質とその適応進化について紹介する。第10章では，島々の鳥の生活史形質に共通する特徴に着目し，島嶼における鳥の生活史研究の方向性を示す。最後の第11章は，外来鳥類の定着過程における，生活史要因の関与と行動や生活史の可塑的変化についての研究を紹介する。

　鳥類の生活史戦略に関する重要な研究分野については，本書で広くカバーできていると考える。本書は鳥類研究を進めるための重要な情報をもたらし，鳥類研究を目指す若い人々の大きな力となると信ずる。本書の編集に当たっては，北海道大学出版会の上野和奈，今中智佳子氏にたいへんお世話になった。厚くお礼を申し上げる。

2018年8月

江口和洋

髙木昌興

目　　次

第1部 生活史研究の基盤

第1章　鳥類における生活史研究の最新動向

堀 江 明 香

　鳥たちは様々な色・姿・声で人々の目や耳を楽しませてくれるが，その多様性は彼らの暮らしぶりにも及ぶ。孵化してたった2週間で巣立ち，翌年には親鳥として自身が子育てをする種もいれば，巣内で2ヶ月，巣外でそれ以上も親の養育を受けた上，何年にもわたって"若鳥"として暮らしてから，ようやく繁殖を開始する種もいる。また，体サイズは同じくらいであるのに，10卵以上を一度に産む種と2卵しか産まない種もいる。このような，鳥たちの生活史の違いはどのような要因によって進化しているのだろうか。この問いに答える学問分野が生活史進化である。本章では，鳥類における生活史進化の研究史と最新の研究動向として，鳥類の生活史の違いを導く主な選択圧候補を新旧の研究から網羅し，それらが生活史に与える影響がどの程度検証されているか概説する。

1　生活史進化とは

　生活史進化(life history evolution)とは，進化生物学や量的遺伝学の観点で生活史の多様性について説明を試みる学問分野である[1-3]。生活史の把握，それ自体は生物の研究の基礎であるが，生活史進化研究のゴールは生物の生活史の多様性を複合的に説明することであり[4,5]，これは生物学の本質的な課題である。その研究手法は，大きく，遺伝学的なアプローチと表現型的なアプローチに分けられる。前者は，生活史形質(表現型値)を遺伝子型に依存する値と環境の違いによって生じる偏差との関数として考え，生活史の進

化的動向を知ることを目的としており[6]，たとえば，遺伝的な影響と環境によって繁殖開始齢や老化時期の変異をどのように説明できるかといった研究が，野生の鳥類個体群を用いて，近年，急速に進みつつある[7-9]。一方，表現型的アプローチは，生活史形質に働く物理的・生理的・系統的制約や，生活史形質間のトレードオフを考慮した上で，各環境下での最適な生活史を議論するもので[10]，生活史研究としては，より一般的なアプローチである。

　研究対象となる生活史形質としては，出生時の体サイズ，成長パターン，性成熟時の年齢，性成熟時の体サイズ，子の数・サイズ・性比，年齢や体サイズ依存的な繁殖投資，年齢や体サイズ依存的な死亡率，寿命などが重要とされている[2,3]。生活史形質の間には互いにエネルギー的なトレードオフの関係が成り立つことが多いため，各生活史形質は，それぞれの種・個体群に特有な年齢依存的死亡パターンの下で，生涯を通した適応度が最大になるようなバランスで進化する[2,11,12]。この，各年齢での死亡率および投資エネルギー量に影響を与える環境要因こそが生活史の進化を駆動する選択圧である。

　生活史形質に影響する環境要因は3つのステップを踏んで特定される。まず，生活史形質の変異に存在する一定のパターンを見つけ，次にそのパターンを説明する選択圧の候補を絞り込んで生活史との対応関係を検証するための作業仮説を立て，最後に，作業仮説を検証するために，単一の環境要因だけを変動させて生活史形質の応答を見る実験や，複数の要因を考慮したモデルの構築などを行う。生活史形質の変異パターンとしては，緯度勾配に沿ったクライン[13,14]や標高との対応[15,16]，島嶼の効果[17-20]，沿岸と内陸の違い[21-23]などが知られている。生活史進化に関わる研究は上記3つのステップのいずれかに分類可能であり，生活史形質の種内変異・種間変異それぞれを対象に行われてきた。

　Ricklefs[24]は生活史進化の研究史を2つに分けている。第1期はD. Lackをはじめとする鳥類学者が生活史を自然選択の枠組みで捉え，その進化について議論を開始した時期，第2期は生活史理論が成熟してその進化機構を実証しようと研究が進められてきた時期である。第1期は，1940年代

に R. Moreau，D. Lack，A. Skutch の 3 名が発表した，鳥類の一腹卵数の進化に関する論文が発端であり，これらが生活史進化の分野の礎石となっている[5, 24, 25]。1960 年代から始まった第 2 期の流れは現在も続いているが，2000 年前後を境に，鳥類生活史の研究者は成長率や老化，子育て行動などへと，研究対象を多様化させ，餌資源や捕食圧以外の新たな選択圧の探索・検証を精力的に進め始めた。さらには生活史進化の制約となる内的メカニズムの解明が具体的に研究の視野に入った[26, 27]（図 1-1）。複数の要因の影響を同時に検討する統計手法の発展の寄与もあり，2000 年代初め頃からは，生活史進化の研究は次のステージに入ったと考えられる。

このように，現在，鳥類の生活史進化の分野は，生活史形質の進化機構を総合的に明らかにしようとする段階にある。本章では，鳥類の生活史の変異パターンを導く主な選択圧候補を新旧の研究から網羅した上で，それらが生活史に与える影響がどの程度検証されているか概説する。特に，生活史形質の変異が著しく，研究例も多いスズメ目鳥類の研究を中心に紹介する。これらの作業を通して選択圧それぞれと生活史形質との関連を整理し，第 3 期に入った生活史進化の研究がどのような課題を持っているかを示す。

2　生活史形質に影響を与える選択圧

2.1　餌資源量

餌資源量は鳥類の生活史形質に影響する環境要因として最も重要視されてきた[28, 29]。Lack [30]は，一腹卵数は親が育て上げるヒナ数が最大になるように決定されるとし，そのヒナ数は利用可能な餌資源量もしくは親の採餌能力によって規定されると考えた。個体が獲得できる餌由来のエネルギーには限りがあるため，それを生涯の各ステージで繁殖や生存・成長に振り分けねばならない。この仮説を「餌制限仮説」という。

餌資源量が実際に鳥の一腹卵数やヒナ数を決定するかどうかは，主に生活史の種内変異についての研究によって確認されてきた。餌の現存量と一腹卵

A：抱卵期

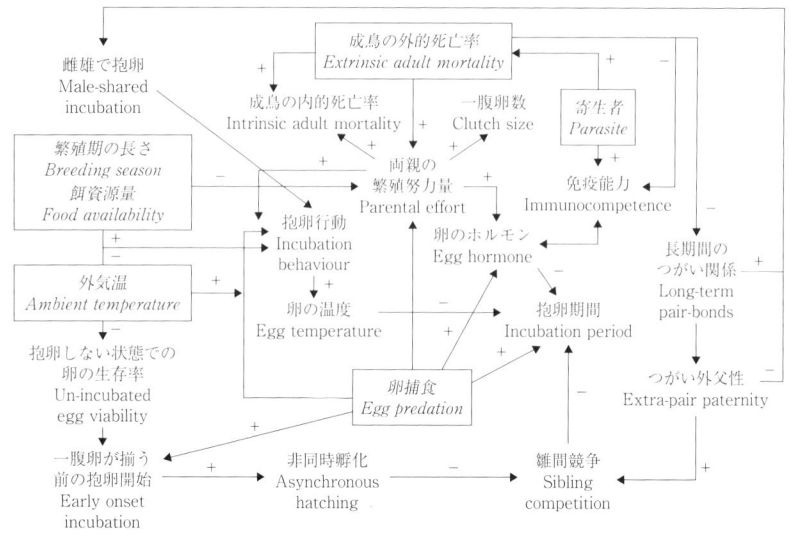

B：育雛期

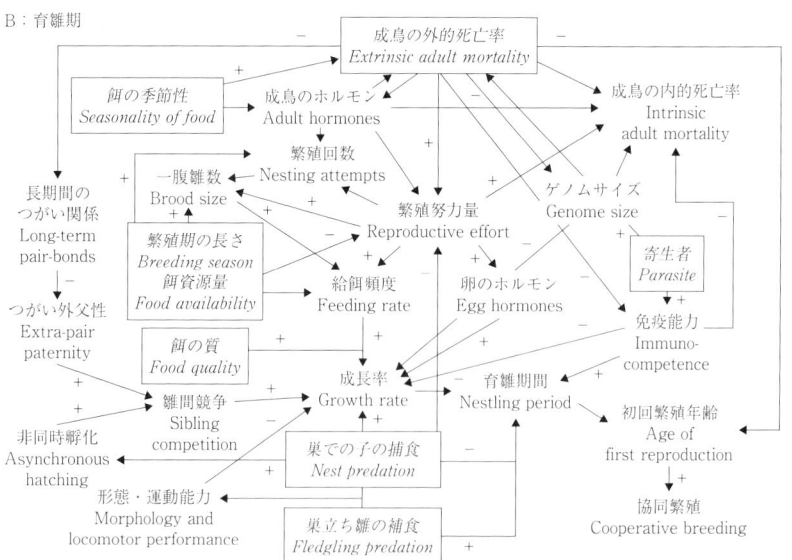

図1-1　鳥類の生活史と環境要因の相互作用の仮説。四角で囲った斜体が環境要因。
資料）Martin [27] を改変。

数の対応関係を年間比較したもの，なわばり内の餌資源量とメスが産む卵やヒナの数の対応関係を見たものなど[31-33]，個体群内の餌資源量の違いに着目した研究以外に，餌の付加実験等の野外実験も多く用いられている[34-36]。これらの研究から，餌資源量が生活史形質の個体群内変異をある程度説明することが示されている[28]。

　一方で，生活史形質の種間・個体群間変異と餌資源量との対応関係はあまり明確ではない。餌資源量で生活史の種間・個体群間変異を説明できるとする研究もあるが[37.38]，餌資源量が説明できるのは繁殖および生存率の可塑的な変化が主であり，生活史形質の種間変異への進化的な影響は小さいと結論づける研究もある[29]。

　重要なのは餌資源量そのものではなく，個体当たりに利用可能な餌資源量だとする意見(「Ashmole の仮説」)もある[39]。気候の季節変化が大きい温帯域では，餌資源量にも季節変化が生じ，餌の少ない冬期の成鳥死亡率が高くなるために繁殖期には個体群密度が抑えられる。さらに温帯域では春先になると爆発的に昆虫量が増加するため，親鳥 1 ペア当たりに利用可能な餌量が多くなる。一方，熱帯域や南半球では季節変化が乏しいために餌資源量に大きな季節変化が生じず，繁殖期の個体群密度は環境収容力に達し，結果的に1 個体当たりに利用可能な餌資源量はむしろ温帯域より熱帯域のほうで少なく，それが一腹卵数の地域差を生んでいると説明される。この Ashmole の仮説は様々な研究によって検証され，概ね支持されているが[14. 40-43]，否定的な研究[44. 45]もある。

　個体が獲得できる餌資源量は，生活史形質にどの程度エネルギーを投資できるかをある程度決定するし，繁殖開始や渡りの時期の決定要因でもある。不十分な餌資源は成鳥のみならず，ヒナや若齢個体の初期死亡要因としても重要であるし，免疫機能を制約することも知られており[46. 47]，生活史進化を説明する上で非常に重要な選択圧であることは間違いない。ただし，その生活史進化への影響力は，他の選択圧や生態の違いなどによって変化する。また，生活史形質の種間変異と餌資源量との関係を検討する場合，方法論にも多少の問題を含む。たとえば，異なる採餌生態を持つ種同士で実際の餌資

源量を比較することは難しいため，広範な種間比較には衛星による光量データなどから算出される一次純生産や気温の季節変化などが用いられている[14, 48]。これらの値は大まかな比較には適当だが，より詳細な検討のためには，餌種や採餌生態の異なる種同士で直接的に餌資源量を比較するための何らかの手法を開発した上で検討することが必要となる。

2.2 エネルギー源以外の必須資源

鳥類が生存・繁殖を行う上で必要な資源はエネルギー源のみではない。餌は単にエネルギー源になるばかりではなく，その中に含まれる様々な有機・無機物が鳥類の生命活動に関わっている。

カロテノイドは植物で作られ，餌を通して取り込まれることで，鳥類の体内で様々な機能を果たしている。鳥も他の脊椎動物と同様，自身でカロテノイドを合成することはできず，餌からカロテノイドを得ている[49, 50]。そのため，カロテノイドは限られた資源であり，鮮やかな羽色発現を通してシグナルとして機能する以外にも，抗酸化力や免疫細胞の活性化，プロビタミンとしての働きなど[51]，重要な複数の機能に分配されている。カロテノイドが生活史に及ぼす影響は，近年，活性酸素などのフリーラジカルへの抗酸化能力として大きく注目されている[52]。フリーラジカルは酸化―還元酵素反応の副産物として生成されるが，その高い反応性のために，フリーラジカルに強く暴露されるとタンパク質や脂質，核酸が過度に酸化され，老化や変性疾患が誘発される[53, 54]。成長や繁殖，免疫などといった体内の化学作用は，適応度を高めるために必須のものであるが，一方で，活発な酵素反応によってフリーラジカルを生じさせる。その過剰な酸化作用を抑制するには，限られた資源である抗酸化物質を投資せねばならないため，投資を受ける複数の生命活動，つまり成長と繁殖，繁殖と免疫などに拮抗作用が生じると考えられる。このように，活性酸素に代表されるフリーラジカルは生活史形質間に働くトレードオフの至近要因ではないかと考えられており，生活史の制約になるかどうか，精力的に研究が進められている[55, 56]。現在はまだ，カロテノイドが生活史形質に与える至近的な影響が検討されているにとどま

表1-1　抗酸化物質と生活史形質の関連性

形　　質	ビタミンE			ビタミンC			カロテノイド			ポリフェノール		
	F	B	M	F	B	M	F	B	M	F	B	M
雄の生産性	0	+	+	+	+	+	+	0	+	?	?	?
雌の生産性	?	+	?	?	?	?	0	+	?	?	?	?
成　　長	+	+	+	+	±	+		+?		?	?	?
免　疫　力	+	+	+	+	+	+	+	+	+	?	+?	?
老　　化	?	?	+	?	?	+	?	+?	+	?	?	+
カロテノイドベースの性的信号	+	?	NE	+	?	NE	+	+	NE	?	?	NE
その他の性的信号	?	?	?	?	?	?	?	+	?	?	?	?

F：魚，B：鳥，M：哺乳類，＋：正の効果，±：ストレスドでのみ正の効果，
＋？：正の効果の可能性が高いが情報不足，0：影響なし，
NE：この分類群には存在しない形質である，？：研究されていない
資料）Catoni et al. [52]より転載。

るが(表1-1)，利用できる抗酸化物質は生息環境や餌の選択などによって異なり，抗酸化物質の利用様式には種間差があることなどから，それらが生活史の種間変異に関与している可能性が示唆されている[52]。

　鳥類は卵生であり，卵は水，炭水化物，脂質，タンパク質，カルシウムからできている[57]。いずれの資源が供給されなくなっても，卵形成に支障が生じると考えられる。いくつかの研究ではカルシウムと鳥類の卵生成の関係が検討されており，実験的にカルシウム源を供給した研究[58]や，土壌の酸性化や酸性雨の影響を調べた研究[59, 60]，カルシウムの地理的変異と一腹卵数の対応関係を調べた研究[61]などがある。いずれも，カルシウム量が多いグループのほうで卵生成は正常であるとか，一腹卵数との正の相関があるなどの傾向が見られている。ただし，他の選択圧との複合的な解析等はなく，カルシウム量が生活史に与える影響力の大きさは定かではない。

　栄養素以外にも必須の資源がある。樹洞営巣種にとって，利用可能な樹洞は繁殖可能性に直接的な影響を与える資源である。樹洞営巣種の中で，自身で巣穴を掘ることの多い穿孔性の種と，すでにある樹洞を利用することの多い二次利用種では，二次利用種のほうが有意に多くの卵を生むことが知られている[62]。これは，二次利用種のほうが営巣場所の確保に制限がかかりやすく，繁殖機会が不安定なためだと考察されている。この仮説は種間だけで

なく，生息環境となる林分の違いなどを通して個体群間での生活史の違いを説明する可能性もあるが，営巣場所の相対量が生活史に与える影響はこれ以上検討されていない。

2.3　卵・ヒナの捕食

　鳥類の生活史形質に影響を与える環境要因として，餌資源量に次いで古くから着目されているのは巣における卵・ヒナの捕食である[29]。生活史理論のモデルは，年齢依存または体サイズ依存の死亡率の違いが生活史の進化の根源となることを示しており[1, 2, 63]，鳥類では卵・巣内ヒナ・若鳥・成鳥の時期それぞれでの死亡率が重要となる。巣における卵やヒナの捕食は鳥類の繁殖失敗の主要因だと考えられており[64-66]，初期死亡要因として非常に重要である。

　巣における子の捕食率は温帯域より熱帯域のほうが高いといわれ，熱帯域に生息する鳥類の少ない一腹卵数を説明しうる環境要因候補の一つだと考えられてきた[13, 64, 67]。また，隔離された島嶼に生息する鳥類は大陸産の鳥類に比べて一腹卵数が少なく[68-70]，K 選択的な生活史特性を持つと考えられているが[17, 71]，そのメカニズムの一つとして，捕食者の少なさが生存率，ひいては個体数を押し上げ，長寿命的でスローペースな生活史形質を進化させると考えられている[20]。

　巣における子への捕食圧が高い場合に，少ない一腹卵数が有利になるメカニズムは，一腹卵数や一腹ヒナ数そのものが捕食率に影響する場合と，影響しない場合に分類した上で以下のように整理されている[72]。前者の例としては，1)捕食者に見つかりにくいように巣の大きさが小さくなり，一腹卵数はその結果として少なくなる，2)巣での捕食率が高い環境では，リスクにさらされる期間が短いほうが適応的だと予想されるため，産卵期間や育雛期間を短くできる，少ない一腹卵数やヒナ数が選択される，3)ヒナ数が少なくて 1 ヒナ当たりの獲得餌量が増えるとヒナの餌乞い頻度が低くなるので，捕食者に見つかりにくい，4)ヒナ数が少ないと給餌のために巣へ出入りする頻度も低くできるため，捕食者に見つかりにくい，といったものがある。後者，

つまり一腹卵数あるいは一腹ヒナ数そのものが捕食率に影響しない場合の例としては，1)1回の繁殖投資量が少ないほうが，捕食されてもやり直し繁殖が容易，2)1回の繁殖投資量が少ないので親の生存率が高くなり，子を捕食されても翌年以降に挽回できる，といった面で，捕食率が高い場合には一腹卵数が少ないことに利益があるとしている。これらはいずれも古典的な仮説だが，実際の検証例は少ない[73 参照]。

　このように，巣での子の捕食が生活史形質に与える進化的な影響は大きいと考えられるものの，一腹卵数とヒナの成長率を温帯域と熱帯域で比較すると，同程度の捕食率であっても常に熱帯域のほうで一腹卵数が少なく，ヒナの成長率が低いという結果も得られており[74]，やはり捕食圧だけでは生活史の種間変異を一括して説明することはできない。さらに，島嶼に特徴的な生活史形質に捕食が与える影響に関しては，実際に島嶼のほうが大陸より捕食率が低いのかどうか，研究によって結果が異なる[70, 75-77]。島嶼の特性（島面積や大陸からの距離，地史的な特性，島内の森林面積や生物相など）は非常に多様であり，それらが捕食率や実際の生活史形質と対応するのかといった点はまだあまり明確になっていない。

2.4　気候条件

　鳥類の繁殖時期は気温や雨量などの気候条件に左右され，多くの鳥はヒナを巣立たせるのに必要な餌資源量が確保できる時期に繁殖を行うと考えられている[78-80]。このように，従来，気候条件の違いはそれによって変化する別の選択圧を通して生活史進化に関わっていると考えられてきた。しかし，降雨や短い日照時間はヒナへの給餌可能時間を制限するし[30, 81]，冷温帯域など，気温が低い中で抱卵・抱雛を行う場合，メス親はより多くの熱エネルギーを投資せねばならない[82-84]。これらの事実は，気候が生活史へ進化的な影響を直接与える可能性を示唆している。特に気温は，親鳥や卵・ヒナの体温調節を介して生活史に影響を与える潜在性を持つことが従来より指摘されており，検証例も増えている。たとえば，巣内の微気候が親鳥の抱卵・抱雛コストや卵の孵化率，卵の発生過程に影響する例[85-87]や，それらを通

して，気温が一腹卵数や卵サイズ，ヒナの成長率を決定する可能性を示した研究[88, 89]がある。また，緯度上昇とともに体サイズが増加するベルクマンの規則の再検討[90, 91]とその生活史への影響なども挙げられる。

　気温そのものと一腹卵数の関係には2つの重要な仮説がある。一つは，一腹卵数が多いほうが放熱を防ぎやすく，低気温下での抱卵に適しているとする「卵冷却率仮説」[92]，もう一つは，高気温下では抱卵前に卵の発生が始まることで卵の生存率が下がるため，熱帯域では少ない一腹卵数が選択されるとする「卵生存率仮説」[93]である。両仮説はともに支持されており[88]，気温が要因となって非適応的な結果を引き起こすこと，さらには一腹卵数の地理的変異がその非適応的な結果を避けるために進化しうることが示唆されている。また，外気温ではなく，抱卵努力量の違いによる卵温度が卵サイズや抱卵日数の変異を生むのではないかという説もあり[89]，いずれにしても，温度は直接的にも鳥類の生活史に影響を与える可能性が高い。

　ベルクマンの規則は，気温の低い高緯度地域に生息する内温性動物は，温暖な気候帯に生息する同属種よりも体サイズが大きいというものである[94, 95]。鳥類でもベルクマンの規則が当てはまることが示されているが[91, 96, 97]，他の生活史形質との対応関係はほとんど検討されていない。鳥類の体サイズは生活史形質としてそれほど注目されていないが，基礎代謝量や水分消失量などの生理機構や[98, 99]，巣・なわばりのサイズ[100, 101]などと強く対応し，実際に体サイズは卵サイズ，育雛期間，成鳥の寿命など，他の生活史形質と強い相関を持つ[102-104]。生活史進化を考える上で体サイズは無視できない形質であり，ベルクマンの規則も緯度勾配に沿った生活史形質の変異パターンと強く関連する可能性がある。

　気温以外の気候条件として，生活史形質に影響すると考えられている選択圧には日長がある。昼行性の鳥類の活動時間は日長に比例するため，繁殖期の日長が長い高緯度地域の鳥類は低緯度地域に比べてヒナへの給餌活動を長く行えると予想される。この給餌可能な時間の違いによって，高緯度地域の鳥類は多くのヒナを育て上げることができるのではないかと考えられる（「日長仮説」[30]）。近年になってこの日長仮説を支持する研究も出ているが

[105]，今のところはほとんど検証されておらず，さらなる実証研究が必要である(第2章も参照のこと)。特に，この仮説が正しいのであれば，同地域に生息し，同じ繁殖期を持つ昼行性鳥類と夜行性鳥類では，生活史の緯度勾配が逆の傾向を示すことになるため，興味深いテーマに発展する可能性もある。

2.5　病原体および寄生者

　鳥類は他の生物と同様，様々な病原体・寄生者から影響を受けている。細菌やウイルスなどの病原体や，外部・内部寄生虫と宿主の関連は，近年，感染への抵抗にかかるコストが他の生活史への資源分配とトレードオフの関係にあるのではないかという視点で生活史進化の分野に関わるようになった[46, 106, 107]。病原体や寄生虫に抵抗する免疫機構のコストには，1)感染への抵抗による食欲不振によって栄養摂取が制限されること，2)免疫機構にかかる代謝エネルギー，3)必要な代謝タンパク量の増大，などが考えられている[108]。

　免疫機構と他の生活史形質にトレードオフの関係が成り立つという仮説については，感染強度と生活史形質の関係を見たものや[109-111]，免疫力の高さと生活史形質の関連を見たもの[112-114]などによって確かめられつつある。また，寄生者の感染強度は緯度低下に伴って上昇することが知られており[115, 116]，低緯度地域に生息する種は免疫力が高いとする研究もある[117]。ヒナや成鳥だけでなく，熱帯域では卵殻に感染する細菌の影響が大きく，抱卵前に卵を長く放置すると感染による卵の死亡率が上昇するといわれている[118, 119]。病原体・寄生者と，それに対する宿主の防御反応は，緯度に沿った鳥類の生活史の違いを説明する新たな選択圧の一つとして脚光を浴びており，複雑な免疫機構がどのように生活史形質と関連するのか，広範な種間・個体群間比較が課題である(第2章も参照のこと)。

　鳥類や一部の魚類，昆虫類では，自身の子を他者に預けて子育てを任せる托卵が知られている。托卵性鳥類の生活史適応についてはよく知られており，托卵鳥は相対的に小さなサイズの卵を1シーズンに数多く産み，胚発生やヒナの成長が著しく早いなどの特徴的な生活史を持つ[120-122]。一方で，托卵

のコストが宿主側の生活史に与える影響はまだそれほど研究されておらず，托卵による初期死亡率の上昇が一腹卵数を減少方向に進化させる可能性を検討した例[123, 124]や，托卵頻度が高い種ほど抱卵期間が短いことを報告した例[125]など，少数にとどまる。托卵には宿主との軍拡競争という視点での研究が多いが，多様な托卵の選択圧が宿主の生活史進化にどう関わっているのか，今後の課題として興味深い。

2.6　種内および種間の密度効果

　鳥類における，個体群密度と繁殖成功や生存率との関係は広く調査されており，個体群密度の増加とともに一腹卵数が減少する[126-128]，密度が高い場合は早く繁殖を開始し[129]，密度が高いと冬季の成鳥の生存率が下がる[130, 131]，巣立ち後の密度が高いと幼鳥の生存率が下がったり，遅く産まれたヒナの出生地分散距離が長くなる[132, 133]といった傾向が報告されている。また，島嶼，特に隔離された小島嶼に生息する鳥類は，成長がゆっくりで少産，子を長く保護するなど，K 選択的な生活史特性を持つが，このような島嶼シンドロームの進化機構として，種内競争の影響が広く議論されている。島嶼では捕食者や寄生者が少なく季節変化も少ないために親鳥の生存率が高く[20]，同種密度が環境収容力に達しているため，餌資源や営巣場所をめぐる種内競争が大陸よりも激しいと考えられている[68]。これら密度と生活史の関係は基本的に，個体群密度が，何らかの資源利用の制限を通して生活史形質に影響した結果だと推察されている。

　密度と生活史形質の相関関係は明らかであるが，これらの研究は主に，密度が生活史形質の “可塑的な変化” を引き起こすかどうかを焦点としていた。密度が個体群内の生活史形質の幅をある程度説明できることは確かであるが，種間・個体群間の生活史の変異に対して，密度が進化的な影響力を持つかどうかといった検討は実はそれほど多くない。研究例としては，留鳥と渡り鳥で，一腹卵数への密度効果のかかり方を比較した例[134]，移入個体群と元の生息地の個体群で密度や生活史形質を比較した例[135]，巣内のヒナ間競争の程度と孵化までの期間を種間比較した例[121]など，少数にとどまって

いる。また，いくつかの種では，密度と対応した繁殖成績の低下が検出されておらず[126, 136, 137]，生活史進化に及ぼす密度効果の強弱を変化させる要因にどのようなものがあるかは，まだよくわかっていない。局所的な性比[138]や，社会性，渡りを行うかどうかなど，それぞれの種の生態・行動の違いが重要性を持つ可能性も高い。

　個体群密度は，資源利用に関する競争以外にも生活史に影響する可能性がある。それは，密度とともに生物同士の相互作用が増加し，それが生活史に影響するという可能性である。生物同士の相互作用としては，捕食者や寄生者との相互作用[139, 140]，あるいは同種他個体との相互作用が想定される。前者は，個体当たりの捕食・感染リスクが密度によって変化するというもので，限りある資源をめぐる競争と同様，生活史進化に影響する選択圧そのものというよりは，外的要因が生活史に与える影響の強弱を決定づけるメカニズムである。密度と捕食率の関係では，群れなどの局所的な密度として，捕食者への集団防衛や，捕食者に対する薄めの効果などの正の効果を持つ場合と[141]，密度とともに捕食率が上昇するような負の効果を持つ場合が知られているが[141-144]，そのような傾向が弱い例や，傾向が認められない例もある[145, 146]。また，哺乳類では，宿主個体群の密度が高い，あるいは宿主の体サイズが大きいほうが寄生する病原体の種数が多くなる傾向が確認されており[147]，鳥類においても同様である可能性がある。ただし，これら密度依存的な捕食者・寄生者との相互作用が生活史形質の進化とどの程度関わってくるのか，実証的な研究はない。

　同種他個体との相互作用が密度によって変化し，それが生活史進化に影響を与えるとする仮説に関しては，さらに検証例が少ない。なわばり性の種での密度上昇は同種他個体との敵対行動などを増加させると考えられており，それに伴って採餌行動やさえずり頻度が変化することが報告されている[148, 149]。また，密度は配偶成功の上昇やつがい外交尾の増加といった繁殖上の利益や，繁殖地の査定時の情報源になるといった正の効果も持つ[109, 150, 151]。これらはいずれも密度依存的な行動の変化であり，鳥類の生活史形質が密度とともに変化するメカニズムとなりうるが，生活史進化との関連

で捉えられている実証研究は今のところほとんどない。唯一，温暖な島嶼では高い同種密度のためになわばり防衛コストも上昇し，利益に見合わない防衛よりも，他の機能にエネルギーを投資するために K 選択的な生活史が進化するのではないかという説があるが[152]，これも鳥類での具体的な検証はない。

3　生活史形質間の相互作用

　トレードオフは生活史進化を考える上で重要な前提であり，鳥類では，繁殖投資と生存率，一腹ヒナ数とヒナ体重，成長率と老化抑制，繁殖開始時期と換羽時期や身体的コンディションなどの間にトレードオフの関係が知られている[153-156]。生活史形質間のトレードオフは，限りある資源を複数の機能に分配することで生じると考えられており，この制約の下で，様々な選択圧が年齢別の死亡率を調節して生活史の最適化を促す。

　生活史形質間のトレードオフがどのようなメカニズムで起こるのかという問いは生活史進化の研究の中心的な課題の一つである[2, 157, 158]。限りある資源を複数の生活史形質に分配する場合に働くトレードオフについては，Y字型の分配ルールが提示されている[159]（図1-2）。たとえば，繁殖と体の維持の2つに資源を分配する場合，獲得した総資源量が両形質に分配できる資源の上限より多かった場合，両形質は正の相関を示すが（図1-2のF），両形質に分配できる資源の上限より獲得資源量が少なかった場合は負の相関を示す（図1-2のG）。実際は2形質ではなく複数の生活史形質への資源分配を想定せねばならず，その分配モデルは図中の H のようになる。枝上のどのポイントでどの程度の資源が輸送されているかによって，両形質の相関関係は正になったり負になったりする[159]。さらに，これらのトレードオフには形質によって優先ルールがあること，資源を利用する際に蓄積されたものを使うのか，そのつど摂取するのかによってトレードオフのかかり方が異なること，さらには，近年検証が進められているホルモンや免疫力と生活史形質の関係も含め，制限ある餌資源の配分が本当に生活史形質間のトレードオフ

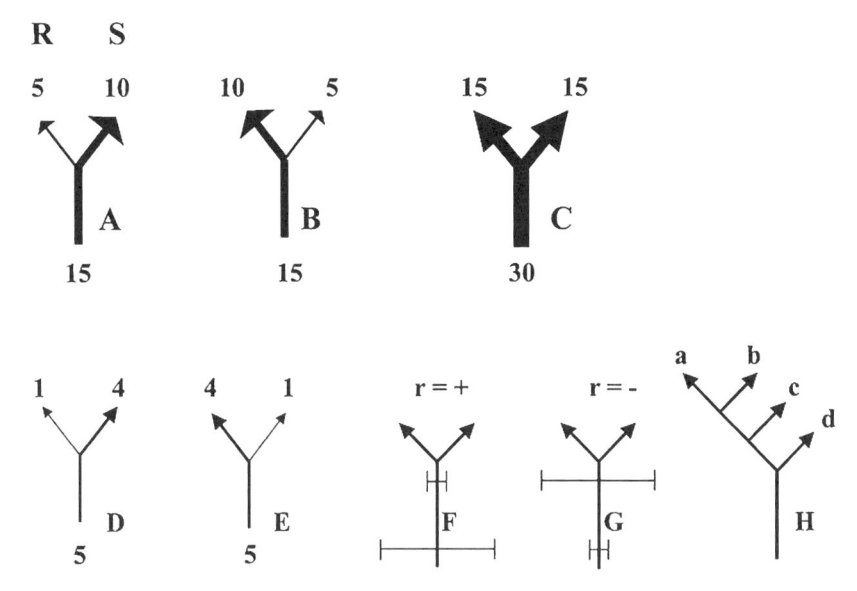

図1-2　トレードオフの概略図。Y字下部に利用可能な資源量を示し，それぞれの表
　　　現型(あるいは遺伝子型)への分配量を各枝に示している。Y字の左枝がR：繁殖へ
　　　の投資，右枝がS：自身のメンテナンスへの投資。解説は本文参照。
資料）Zera & Harshman [159]より転載。

の主要因なのかどうか，さらなる研究の必要性が指摘されている[159]。

　さらに，トレードオフは上記に示したような"資源分配のトレードオフ"
だけではなく，採餌頻度と捕食者からの見つかりやすさのように，エネル
ギー獲得のための行動とその行動に伴う死亡リスクのような"獲得のトレー
ドオフ"や，利用できる環境の幅を広げた場合のコスト―利益関係と，狭め
た場合のコスト―利益関係のどちらをとるかのような，"スペシャリスト―
ジェネラリストのトレードオフ"も存在する[160]。生活史進化の研究で主
に注目されてきたのは"資源分配のトレードオフ"だが，たとえば，親によ
る給餌頻度が高いと巣での捕食率が高まるとするSkutch [44]の仮説は"獲
得のトレードオフ"に当たると考えられ，ヒナの時期に獲得できる餌量と巣
での捕食リスクの間のトレードオフが，一腹卵数や卵・ヒナの成長期間など
の種間差に影響する可能性が考えられる。"獲得のトレードオフ"や"スペ

シャリスト－ジェネラリストのトレードオフ”は，“資源分配のトレードオフ”における獲得資源量（分配前の総量）を規定する制約に当たる。これからの生活史進化の研究では，今まで意識しなかったこれらの制約にも目を向けることが重要になると考えられる。

4　まとめと課題

　姿かたちと同様，鳥類の生活史の多様性には目を見張るものがある。その多様性の中に潜むパターンを探し，その進化要因を見つけ出すのは容易な作業ではないが，鳥たちの生活の秘密を探る，この上なく面白い作業でもある。

　本章で示してきたのは，鳥類生活史の変異パターンと対応のある環境要因のリストアップと最新の研究課題である。全く環境が違うにもかかわらず，低緯度地域と高地，島嶼に生息する鳥類はスローペースで K 選択的という類似した生活史を持っている。環境要因はその組み合わせによって複雑に相互作用し，全く異なる環境・種にも似たような生活史を進化させうる。本章で示した環境要因には，現時点では検証が不十分なものも多く，特に，生活史形質の種間・個体群間変異を説明できるのかどうか，わかっていないものが多かった。また，環境要因が生活史進化に与える影響は個別のものではなく，各要因への適応にトレードオフが働いたり，相乗効果を示したりする可能性がある。環境要因と生活史形質，また生活史形質同士が影響し合う経路を明らかにすること，またこれらの遺伝基盤の解明が重要となる。

　生活史に影響を与える環境要因の検証にしても，その内的メカニズムの検討にしても，重要なことは生活史形質の可塑的な応答ではなく，各要因が持つ進化的な駆動力を検出しなければならないことである。生活史進化の表現型的アプローチの究極の目的は，生活史の発現への生理的・時空間的あるいは系統的な制約への理解を深め，各年齢ステージでの死亡率と生活史イベントへの投資戦略を決定づけてあらゆる種の生活史パターンを説明するのに足る，最小公倍数となる要因群を見つけ出すことである。本章では主にスズメ目鳥類を対象とした研究例を紹介したが，カモやチドリ類など早成性の種や，

カモメ類など海洋性の種も含めて考えた場合，鳥類の生活史の多様性を共通の要因によって複合的に説明することは容易ではない。しかし鳥類には，形態・生活史・生態の変異が大きくて比較的観察しやすく，繁殖投資量が定量化しやすいという利点があり，野外生物学として生活史進化を研究するのに非常に適した動物である。分野横断的なこれからの課題を通して，生物の生活史進化に見られる一般法則の解明が進むことを期待したい。

第2章　産卵数の進化

松　井　　晋

　鳥類の一腹卵数には，個体間，個体群間，種間で変異が見られる。たとえば，同じ個体群内に生息する個体間を比較した場合，餌資源量の豊富な場所になわばりを形成している個体ほど，一腹卵数が増加する種が多く見られる[1]。また，特定の個体群の繁殖成績を経年的に追跡した研究では，餌条件の良い年に個体群の平均的な一腹卵数が増加する種も多い[1]。そして，近縁種間や同一種の個体群間で比較した場合には，多くの鳥類で高緯度地域に生息する種もしくは個体群ほど，一腹卵数が増加する傾向が見られる[2]。このような鳥類の一腹卵数の緯度勾配は，1940年代からすでに知られていた[3-5]。鳥類の一腹卵数に影響する至近要因や究極要因の解明は，大きく分けると2つの手法で進められてきた。1つ目は，親が育てる子の数を実験的に操作することで最適な一腹卵数の進化メカニズムを解明する試みである[6]。そして，2つ目は，異なる地域に生息する鳥類の生活史形質，生理的形質，選択圧などを種間や個体群間で比較するアプローチである[7]。本章では，Lackが提唱した最適一腹卵数仮説を検証するために実施された養育子数の一連の操作実験について説明した後，鳥類の一腹卵数の緯度勾配の解明に向けた個体群間もしくは種間比較の研究を紹介する。また最近注目されている，免疫への投資などを含む生理的なトレードオフも考慮した生活史理論の構築の試みや，主に陸鳥で環境温度と胚発生の関係が制約となって熱帯の鳥類の一腹卵数が少ない方向に進化したのではないかというシナリオについても議論する。

1　一腹卵数の変異

　鳥類の産卵数は，個体群や種によって様々である。たとえば，ウミガラス *Uria aalge* のように 1 回の繁殖試行で 1 卵だけ産卵する種もいれば，シジュウカラ *Parus minor* のように 1 羽のメスが 1 つの巣に 10 卵以上産卵する種もいる(図 2-1)。このように，メス 1 羽が 1 回の繁殖試行で産む卵の数のことを一腹卵数という。世界に生息する約 1 万種の鳥類のうち，陸鳥 5290 種を対象にした研究によると，陸鳥の一腹卵数は 1 卵から 14 卵以上まで種間で変異が見られ，平均的な一腹卵数は 2 卵もしくは 3 卵の種が過半数以上を占めている[2]。また，すべての鳥類種の 3.6％を占める海鳥は，一般的に一腹卵数が少ない傾向がある。たとえば，アホウドリ科やミズナギドリ科の一腹卵数は主に 1 卵，ウミスズメ科やカツオドリ科は 1〜2 卵，カモメ科では 1〜4 卵である[8]。

　鳥類の一腹卵数を制約する要因として，親の年齢[9]，なわばり内の餌量の時間的・空間的な不均一性[10, 11]，親の巣の出入りを制限する捕食者の存在[5, 7, 12]などが一般的に知られている。親の年齢と一腹卵数の関係では，繁殖経験のあるメス親は初めて繁殖する個体より一腹卵数が多く，老齢な個体では少ない[9]。また，オックスフォードのワイタムの森で実施された餌資源量と一腹卵数に関するヨーロッパシジュウカラ *Parus major* の 17 年間の研究では，ヒナの餌資源となる鱗翅目幼虫の密度が高い年ほど，平均一腹卵数が増加することが示された[10]。同じ繁殖期の中でも，鳥類で一般的に遅く産卵した個体ほど一腹卵数が少ない傾向を示すが[13-15]，このような一腹卵数の季節性は，基本的にはなわばり内の利用可能な餌資源量の時間的・空間的な不均一性によって生じると考えられている[10, 11]。

　Boyce & Perrins [16]は，ワイタムの森に住むヨーロッパシジュウカラの 1960〜1982 年の長期研究データ(4489 巣)を集計して，個体群の一腹卵数の最頻値が最も多く子を生産する一腹卵数より少ないことに気づいた。この個体群では，一腹卵数の最頻値は 9 卵だったが，一腹卵数が 12 卵の巣で翌年

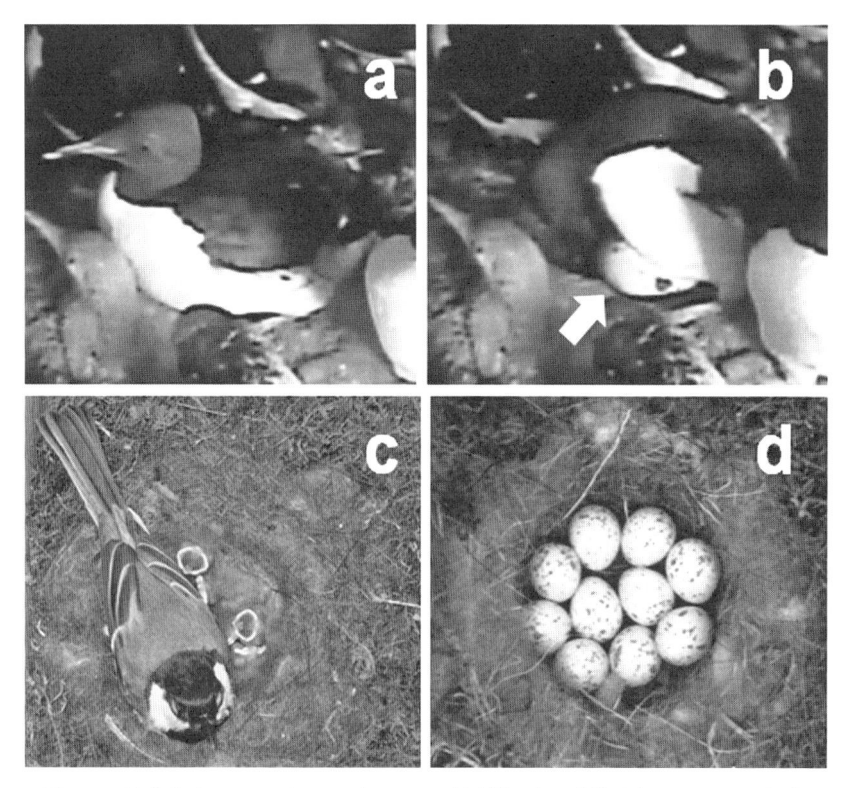

図2-1　(a)抱卵中のウミガラスの親，および(b)岩の上に直接産卵した1つの卵(矢印)を転卵する様子(提供：環境省羽幌自然保護官事務所)，(c)シジュウカラの親と巣内ヒナ，および(b)コケ類で造られた巣の中の10個の卵。

まで生存する子の数が最も多かった。なぜ一腹卵数の個体群の最頻値と最も生産性の高い一腹卵数の最頻値がずれるのだろうか？

　Gillespie [17]は，世代間で最適な子の数が変化するとき，繁殖成績の幾何平均(相乗平均)を使って相対的な適応度を計算できると考えた。イメージしやすいように，環境条件が良い年，悪い年，良い年，悪い年が交互に続く4年間を想定した簡単な例を挙げる。産卵数の多い個体が，良い年に6羽，悪い年に1羽の子を生存させたと仮定すると，4年間の幾何平均は6×1×6×1＝36の4乗根なので2.45になる。一方，産卵数が中程度の個体が良い年に

4羽，悪い年に3羽の子を残すことができたと仮定すると，4年間の幾何平均は4×3×4×3＝144の4乗根で3.46となる。つまり，一腹卵数が多い個体と中程度の個体を比較すると，4年間でともに平均すると3.5羽（相加平均）の子を残したことになるが，相対的な幾何適応度は，一腹卵数が中程度の個体のほうが高くなると考えることができる。このように年による環境変動が大きい場合には，一腹卵数が多い個体より，中程度の個体のほうが，環境条件の悪い年でも良い年でも中庸な繁殖成功を得て幾何適応度が高くなることがあり，これは両賭け戦略（bet-hedging strategy）の一種とみなすことができる。

　そして，Boyce & Perrins [16]はGillespie [17]の考案した幾何平均適応度をワイタムの森のヨーロッパジシュウカラで計算した。すると，幾何平均適応度は一腹卵数が約9卵のときに最も高くなり，この個体群の一腹卵数の最頻値と一致することが示された。つまり，一腹卵数の個体群の最頻値と最も生産性の高い一腹卵数の最頻値がずれる理由は，慣例的には，幾何平均適応度が最大になる中程度の産卵数の個体が自然選択のプロセスで有利になるためだと解釈されている。

2　最適一腹卵数仮説の検証

　Lack [18]は，動物の産卵数や産児数は，独立する（繁殖年齢に達する）子の数を最大にするように自然選択により決定されるという前提の中で，親の保護がある鳥類のような動物では，一腹産卵数は養育可能な最大数になるように決定されると主張した。このLackの最適一腹卵数仮説は，鳥類だけでなく，昆虫，魚類，哺乳類などの他の分類群も巻き込んで，生活史進化に関する理論および実証研究にも大きな影響を与えてきた。そして，Lackがこの仮説の中で予測した養育可能最大数は，Lack clutch sizeもしくはLack clutchと呼ばれている。

　最適一腹卵数仮説が提唱された後，この仮説を検証するため，鳥類ではミズナギドリ目，ペリカン目，カモ目，タカ目，フクロウ目，チドリ目，ハト

目，アマツバメ目，スズメ目などを対象に，巣の中のヒナの数を人為的に操作する野外実験が多数行われた[6]。しかし悩ましいことに，実験的に巣の中のヒナの数を増やした場合でも，多くの鳥類がヒナを巣立たせることができた[6, 19]。これらの結果は Lack の最適一腹卵数仮説と相容れないことから，新たな疑問が生じた。

　なぜ多くの鳥類はもっと多く産卵しないのか？　すなわち，Lack の最適一腹卵数仮説が予測する養育可能な最大数より，多くの鳥類が実際に産む一腹卵数が少なく見えるのはなぜか？　この点について，多くの鳥類学者が労力をかけて検証した。

　Lack の最適一腹卵数仮説は，残存繁殖価に基づく最適な繁殖努力の予測モデル（General life history problem または Reproductive effort model）の観点からも検証されるようになった。残存繁殖価というのは，ある年齢階級の生物が，現在の繁殖が終わった後に残すことが期待される子の数のことである。このモデルに基づくと，現在の繁殖を増加させると，将来の繁殖と親の生存に影響するため，残りの生涯で残すことが期待される子の数が低下する。つまり，現在の繁殖と将来の繁殖との間，さらに現在の繁殖と親の生存との間にはトレードオフが働くため，現在の繁殖への高い投資は残存繁殖価を低下させるという考え方である。

　生物は自己維持と繁殖に対する要求のバランスをとりながら生きていることを最初に示したのは Ronald A. Fisher だった[20]。その後，多くの生態学者が生活史形質間のトレードオフを介して生活史戦略が形成されるメカニズムを調べた[6, 21]。Williams [22] は生物の現在と将来の繁殖はトレードオフの関係に直面すると仮定し，このトレードオフが生活史進化を引き起こすと考えた。このトレードオフの観点から Lack の最適一腹卵数仮説も修正され，「たくさんの子を育てると親自身の生存率が下がるという制約条件があるので，生涯に残す子の数を最大にする卵数は，平均的に巣立ちヒナ数を最大にする卵数より小さい」とする繁殖コストのトレードオフ仮説が登場した[19]。

　この修正された Lack の最適一腹卵数仮説，すなわち繁殖コストのトレードオフ仮説を支持する例としては，チョウゲンボウ *Falco tinnunculus* [23]，

アオガラ *Cyanistes caeruleus* [24]などの研究があり，実験的なヒナ数の増加で巣立ちヒナ数の増加と親の生存率の低下が報告された。しかしヒナ数を人為的に増加させて巣立ちヒナ数が増加しても，親の生存が低下しなかった研究例も複数ある([25, 26]など：詳細は Stearns [6]参照)。これらの野外実験の多くの場合で，親は自身の生存率を下げることなく，操作的に増やしたヒナ数を巣立たせる能力があったことから，親は最大の繁殖パフォーマンスを示していないのではないかと考えられた。

　Lack [18]は最適一腹卵数仮説の中で，「養育可能最大数」は繁殖年齢に達する子の数にすべきだと考えていたが，技術的な困難さのために，その後の実証研究では，養育可能最大数の近似値として巣立ちヒナ数が用いられた。しかし子の養育はヒナの巣立ち以降も続く種も多く，巣立ちヒナ数を調べただけでは養育可能最大数はわからないという問題がある。

　Perrins & Moss [27]は，Lack の最適一腹卵数仮説に内包される仮説として，「個々のメスの一腹卵数は(各個体の能力に応じて)繁殖開始齢まで生存する子の数を最大化する数になる」という個体ごとの最適化仮説(Individual optimization hypothesis)を提唱し，それまで技術的に困難だった繁殖開始までの子の生存を追跡して，繁殖開始齢まで生存する子の数を指標として，Lack の最適一腹卵数仮説を検証した。ワイタムの森のヨーロッパシジュウカラでは，各メスの一腹卵数には変異が見られ，実験的に育てる子の数を操作したグループと親が本来生んだ数の子を育てるグループを比較したときに，人為的にヒナ数を増加させると巣立ちヒナ数は増加したが，実験的に増やしたヒナ数が多いほどヒナの平均体重が減少し，親が本来産んだ数のヒナ数を育てた巣で繁殖開始齢まで生存する子の数が最大になった([26, 28]：しかし，以下も参照のこと Tinbergen & Both [29]，Tinbergen & Sanz [30])。したがって，養育可能最大数として，その近似値の巣立ちヒナ数ではなく，繁殖齢まで生存する子の数を用いると，個々のメスは個体ごとの能力に応じて養育可能最大数の一腹卵を生産していると考えられた。

　しかし，子の生活史形質(子の大きさ，子の成長，子のコンディション，子の生存)や親の生活史形質(現在の繁殖，親の生存，将来の繁殖，親の成長，

表2-1　個体内のトレードオフ(**太字**)と世代間のトレードオフ(*斜体*)

生活史形質1	生活史形質2								
	PS	FR	PG	PC	NO	SO	OG	OC	OS
現在の繁殖(Current reproduction, CR)	1	2	3	4	*5*	*6*	*7*	*8*	*9*
親の生存(Parental survival, PS)	–	10	11	12	*13*	*14*	*15*	*16*	*17*
将来の繁殖(Future reproduction, FR)		–	18	19	*20*	*21*	*22*	*23*	*24*
親の成長(Parental growth, PG)			–	25	*26*	*27*	*28*	*29*	*30*
親のコンディション(Parental condition, PC)				–	*31*	*32*	*33*	*34*	*35*
子の数(Number of offspring, NO)					–	*36*	*37*	*38*	*39*
子の大きさ(Size of offspring, SO)						–	**40**	**41**	**42**
子の成長(Offspring growth, OG)							–	**43**	**44**
子のコンディション(Offspring condition, OC)								–	**45**
子の生存(Offspring survival, OS)									–

資料) Stearns [6, 102]より作図。

親のコンディション)には様々な組み合わせでトレードオフが働くことを見過ごしてはいけない(表2-1)。個体ごとの最適化仮説は，子の数と子の生存のトレードオフに注目しており，本来の一腹卵数の子の数を育てた親が，実験的にヒナ数を増加もしくは減少させた巣の親より，繁殖開始齢まで生存する子を数多く残した場合に支持される[26, 28]。一方で，繁殖コストのトレードオフ仮説は，子の数と親の生存のトレードオフに注目しており，実験的にヒナ数を増加させた巣で，巣立ちヒナ数が増加し，親の生存率や翌年の繁殖生産の低下が見られた場合に支持される[23, 24]。たとえば，ワイタムの森のヨーロッパシジュウカラでは，ヒナ数を実験的に増加させると翌年までの子の生存率が低下し，親の生存率の低下は検出されなかった。このため個体ごとの最適化仮説が示唆され，繁殖コストのトレードオフ仮説は支持されなかった[26]。しかし注意すべき点は，子の数を実験的に操作したときに，子の生活史形質間のトレードオフ，親の生活史形質間のトレードオフ，さらには親と子の生活史形質間の世代間トレードオフは排他的に起こるわけではないことだ[6]。真の意味でLackの最適一腹卵数仮説を検証するためには，詳細は後述するが，Visser & Lessells [31]がオランダのヨーロッパシジュウカラで実施した野外実験のように，卵やヒナの数を操作して，これらの実験操作による親の適応度(繁殖開始齢に到達する子の数と親の生存から算出)の

変化を追跡する必要がある。

3　産卵・抱卵・育雛コストを考慮した検証

　Lack の最適一腹卵数仮説を検証するための多くの野外実験では，ヒナ数を中心に子の数を操作する実験が行われてきたが，Monaghan & Nager [32] はこの手法を用いる際の注意点を指摘した。多くの野外実験では巣内ヒナを育てるための投資しか操作していない。すなわち，育雛のための投資だけでなく，卵生産や抱卵への投資を考慮しなければ，現在の繁殖パフォーマンスが親の能力の限界から引き下げられているかどうかがわからない。Lack の最適一腹卵数仮説を検証した研究の80.4%（78例）が孵化後のヒナ数を操作した実験であり，抱卵期の卵数を操作した実験（25%，24例）や補充産卵させて産卵数を増加させた実験（3.1%，3例）は少ない[6, 32]。親の繁殖努力には巣内育雛期の子の世話だけでなく，卵生産や抱卵のためのエネルギー投資も含まれるため，Monaghan & Nager [32]は，卵生産，抱卵，育雛のコストを実験的に操作した Lack の最適一腹卵数仮説の検証が必要だと指摘した。

　これを検証するため，Monaghan et al. [33]はニシセグロカモメ *Larus fuscus* を用いた野外実験で，通常の一腹卵数を産卵したメス親（3卵）と人為的に1卵多く産卵させて子育てさせたメス親（4卵）を比較し，付加的な産卵に伴って，産卵終了時のメス親の胸筋のコンディション，巣立ちヒナ数，巣立ちヒナ体重が低下することを示した。

　Visser & Lessells [31]はヨーロッパシジュウカラの産卵・抱卵・育雛コストを実験的に操作して，人為的に多く産卵させた後に抱卵・育雛させたグループ（完全コスト），産卵期に他巣から2卵を追加して抱卵・育雛させたグループ（他巣からの卵），孵化後2日目に他巣から同じ日齢の2ヒナを追加して育雛させたグループ（他巣からのヒナ），自然状態で産卵させて産卵数と同数のヒナを育てたグループ（コントロール）を作った。その結果，メス親の適応度（0.5×1回目と2回目繁殖で生産された子の翌年の新規加入個体数＋メスの翌年の生存）は，コントロールと比べて相対的に，他巣からヒナを追加

したグループで高く，他巣から卵を追加したグループでは同程度，人為的に
多く産卵させた完全コストのグループでは低くなった。つまり，育雛コスト
だけでなく，産卵や抱卵のコストを考慮しなければ，各個体に最適な繁殖戦
略を理解できないことが示された。

4　一腹卵数の種間・個体群間比較

　鳥類の一腹卵数の進化に関する研究は，Lack の最適一腹卵数仮説の検証
とは別に，種間や個体群間の比較によっても進められてきた。熱帯性鳥類
（主に陸鳥）は一般的に温帯性鳥類と比べて，一腹卵数が少ない[2]，卵体積
が大きい[34]，抱卵期間が長い[35]，巣内育雛期間が長い[36]，ヒナの成長
率が緩やか[37]，親の生存率が高い[38]という生活史形質を持つ。さらに両
者には，基礎代謝量[39]，精巣サイズもしくは雄性ホルモンレベル[40]，免
疫力[41]といった生理的な形質にも大きな違いがある。このように熱帯性鳥
類は，温帯性鳥類と比べて長寿命で 1 回の営巣で育てる子の数が少ない特徴
を持つことから，スローペースな生活史戦略を持つといわれている
(Stutchbury & Morton [40]，江口[42]，松井[43]の総説を参照)。

　なぜ熱帯の鳥類は一腹卵数が少ないのか？ これは，鳥類の生活史形質の
進化に関する最大の謎の一つである。鳥類の一腹卵数には緯度勾配があり，
一般的に低緯度地域に生息する個体群ほど一腹卵数が少ない傾向を示すこと
は古くから認識されており[3-5]，これまでに排他的でない仮説が多く提唱
されてきた[44]。しかし熱帯性鳥類ではこれらの仮説のほとんどが検証され
ておらず，包括的な理解には至っていない。

　以下では，利用可能な餌資源量に注目した古典的な仮説である日長仮説と
捕食者仮説について説明して，餌資源量や巣の捕食圧による制約だけでは，
熱帯性鳥類の一律に少ない一腹卵数を解明できないことを示す。そして，鳥
類の一腹卵数の進化を解き明かすために最近注目を集めている概念として，
免疫への投資などを含む生理的なトレードオフを考慮して生活史理論を再構
築する試み[45]や，環境温度が胚発生の生理的な制約となって熱帯性鳥類の

一腹卵数を低下させるメカニズム[46, 47]について議論する。なお，本章では詳しく紹介していないが，鳥類の一腹卵数を制約する可能性のある要因として，他にも，卵の細菌感染と抱卵行動の関係[48-50]，卵殻の形成に用いられる環境中のカルシウムの利用可能性[51]，親の生存率と一腹卵数のトレードオフ[52]などがある。

4.1 日 長 仮 説

Lack [53]は，高緯度地域では春から夏にかけて日長がより長いため，昼行性の繁殖鳥類は採餌可能な時間が長くなり，より多くの子を育てることができるという仮説を提唱した。この日長仮説は検証されないまま半世紀以上無視されてきたが，Rose & Lyon [54]はミドリツバメ *Tachycineta bicolor* の個体群間比較により，この仮説を支持する結果を得た。彼らは，ミドリツバメの中緯度(カリフォルニア：北緯36度91分)および高緯度(アラスカ：北緯61度22分)個体群を比較して，一腹卵数のより多い高緯度個体群は，より大きくかつ多くのヒナを育て，1日のうちで親がヒナへの給餌に費やす時間が長いことを明らかにした。さらに，両個体群では1時間当たりの給餌頻度や餌の大きさには違いがなかったことから，高緯度個体群のほうが餌資源の利用可能性が高いわけではなく，長い日長を利用してより多くの子を生産していると結論づけた。ただし，彼らは低緯度地域の個体群について同様の詳しい調査をしたわけではない。また，Pianka [44]は夜行性鳥類でも同様の傾向が見られることを例に挙げて，この仮説に否定的な見解を示しており，統一的な理解には至っていない。

4.2 捕食者仮説

Skutch [5]は，捕食者が親の行動から巣の位置を特定して卵やヒナを襲う場合，一腹卵数が多く，ヒナへの給餌頻度が高い系統ほど巣の捕食リスクが上昇するという捕食者仮説を提唱した。このため，巣における卵やヒナの捕食リスクが温帯より高い熱帯では，一腹卵数が少なく，ヒナへの給餌頻度が低い形質が進化すると考えた。Martin et al. [12]は，亜熱帯(アルゼンチン：

南緯 26 度）と温帯（アリゾナ：北緯 34 度）の 2 地域で捕食者仮説を検証する
ためにスズメ目鳥類を用いた種間比較を行った（アルゼンチンの調査地は熱
帯でなく，2 地域の緯度が近いという指摘もある[55]）。その結果，両地域で
ともに捕食圧の高い種ほどヒナへの餌供給量（餌サイズと給餌頻度を考慮）が
減少し，さらに両地域でともに捕食圧の高い種ほど一腹卵数が少ない傾向が
見られたことから，Skutch [5]の仮説の前提が支持された。しかし亜熱帯の
アルゼンチンでは，温帯のアリゾナよりも全体的に一腹卵数が少ないにもか
かわらず，近縁種の対比較では，日当たりの巣捕食率が低く，親の 1 時間当
たり訪巣回数も多いという Skutch [5]の仮説に反する結果も得られた。これ
らの結果は，各地域内ではヒナへの給餌頻度や一腹卵数に巣捕食のリスクが
関与していることを示唆するが，捕食圧の地域差が一腹卵数の地域差を直接
的に引き起こすわけではないことも示している。

　また，熱帯は温帯よりも卵やヒナの捕食圧が高いという捕食者仮説[5]の
大前提も検証しておく必要がある。熱帯の鳥類は高い巣捕食圧を示すことが
初期の研究で示された[56-58]。ただ，これらの研究の中には，捕食圧を高め
る可能性のある人為的な攪乱環境や島嶼地域で集められたものがあったため
に批判があった[59,60]。また，熱帯の鳥類の巣捕食圧は生息環境[61]，季節
[62]，標高[63]によっても変異がある。さらに，人工的な巣箱で繁殖した熱
帯の鳥類は，自然巣と比べて巣捕食圧が過少評価になることも指摘されてい
る[64]。このように熱帯の鳥類の巣捕食圧を温帯と比較する十分なデータが
得られているとはいえないが，Stutchbury & Morton [40]は温帯（25 種）と熱
帯（9 種）のスズメ目鳥類の巣の捕食圧を種間比較（100 巣以上のデータがある
研究のみを使用）し，巣の捕食圧は温帯より熱帯で高いことを示し，これは
おそらく熱帯でヘビ類や小型哺乳類の多様性が高いことが原因ではないかと
述べている。Schemske et al. [55]も同様に，既報のデータを集計して，熱帯
の鳥類の巣捕食率（64%，n = 27 種）は，温帯の巣捕食率（41%，n = 65 種）よ
りも有意に高いことを示した。また Robinson et al. [65]は上部開放型の巣を
作る鳥類を対象に比較を行って，巣捕食率は温帯の鳥類（47%）より熱帯の鳥
類（71%）で高いことを示した。このように熱帯の鳥類の巣捕食圧は温帯より

高いといえそうではあるが，系統，生息環境，営巣場所による変異があるため，Skutch [5]の捕食者仮説のみで熱帯性鳥類の一律に少ない一腹卵数を説明できるとは考えにくい。

4.3　免疫への投資を含んだ生活史理論

　温帯から熱帯の鳥類の生活史進化を統一的に理解するメカニズムは未解明であるが，これらを解明するためのアプローチとして，生理的な制約が注目されている。Ricklefs & Wikelski [45]は新しい生活史進化モデルを提唱し，熱帯性鳥類が幅広い環境や選択圧の中にいるにもかかわらず，その生活史がスローペースな側に集中するのは，基本的な生理的トレードオフを考慮することによって説明できるのではないかと考えた(図2-2)。つまり，熱帯特有であるが地域や鳥類種によってそれぞれ異なる環境要因(例：多様な病原体，高い巣捕食圧，温帯と異なる季節変動を示す餌資源量)が，免疫機能・代謝・内分泌システムといった別々の生理システムに作用し，それら複数の生理システム間にトレードオフが働いた結果，熱帯性鳥類で一様に見られるスローペースな生活史戦略が進化してきたというシナリオである。たとえば，病原体は免疫システムに影響し，餌資源の制限は代謝，環境の予測不可能性は内分泌システムとの相互関係を持つかもしれない。このモデルはまだ個体群間や種間の比較で検証されていないが，鳥類の生活史進化の包括的な理解を目指す上で重要な役割を果たすだろう。

　生理的な制約も含めた生活史形質のトレードオフは多岐にわたり，その全容はまだ明らかになっていないが，ここでは免疫機能へのエネルギー投資について概説する。生活史進化に関するトレードオフ理論の中に，寄生者に対抗するための免疫機能へのエネルギー投資を含めるべきか否かは，これまで頻繁に議論されてきた[66-68]。この議論では，寄生者に対する防御にエネルギーコストがかかるのかどうかが焦点となってきた。たとえば，感染実験では宿主であるホシムクドリ *Sturnus vulgaris* の代謝が大きく変化したことが示されたが[69]，免疫反応を高めること自体が直接的なエネルギーコストになるかどうかを調べた研究はあまり多くない。Martin et al. [70]は，細胞性

選択圧 Selection pressures

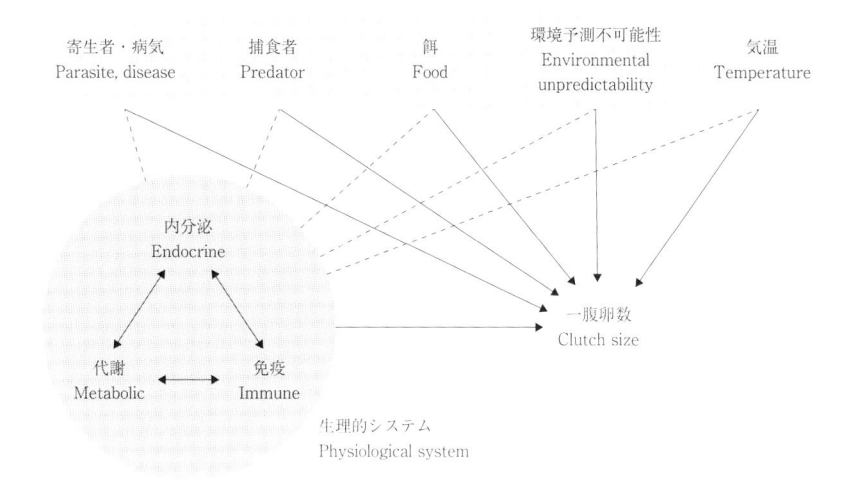

図 2-2　鳥類の一腹卵数に直接的に選択圧として作用する環境要因と，それらが生理
的システムに影響することで一腹卵数の制約になるというシナリオ。外気温が産卵
後の胚の生存率に影響することで，一腹卵数を制約する可能性があることが近年注
目されている。実線矢印は一腹卵数への直接的影響，破線は環境要因と生理的形質
との関係，生理的システム内の矢印は生理的制御ネットワークの相互作用を示す。
資料）Ricklefs & Wikelski [45]および松井[43]を改変して作図。

　免疫の反応を活性化させる植物性凝集素(PHA)を注射したイエスズメ
Passer domesticus とコントロールとして生理食塩水を注射した個体の安静
代謝率(RMR)の比較により，測定した5日間の免疫活動のエネルギーコス
トは，この種の卵生産コストの0.5個分に相当する日当たりおよそ4.20 kJ
になると評価した。
　免疫活動の間接的なコストは，人為的に誘導した免疫反応が，たとえば，
ヒナへの給餌頻度[71, 72]，抱卵行動[73]，幼鳥の生存率[74]といった適応度
に影響する生活史形質に及ぼす効果を分析することによって示されてきた。
もしくは反対に，子の世話に関する生活史形質の変化が，免疫反応に及ぼす
効果を分析することによっても，免疫活動の間接的なコストは示されてきた
[75-78]。そして，多くの種類の免疫反応はエネルギーコストを伴うことがわ

かってきた[79-81]。

　繁殖努力と寄生者に対する防御のトレードオフの実証例もある[82, 83]。ヨーロッパシジュウカラのヒナ数を実験的に増加させると，オス親のヒナへの給餌頻度が上昇し，鳥マラリア原虫 *Plasmodium* spp. の感染率がヒナ数を操作しなかった巣のオス親と比べて2倍高くなった[82]。一方，メス親のヒナへの給餌頻度や鳥マラリア感染率は，実験的にヒナ数を増加させても有意な変化はなかった[82]。同じ個体群の別の研究では，産卵期に最初の2卵を実験的に抜き取ることで，自然状態で産卵させた対照群よりも平均的に1卵多く産卵させた実験群を作り，巣内育雛後期のメス親の *Plasmodium* spp. 感染率を比較した結果，対照群(20%)より実験群(50%)の感染率が有意に高くなった[83]。これらの一連の研究は，繁殖努力と寄生者に対する防御のトレードオフの存在を示唆すると同時に，オス親とメス親でそのメカニズムが異なることも示唆している。

　高い繁殖努力が免疫機能を抑制するメカニズムには2つの解釈がある。1)免疫系とコストのかかる行動との間の資源ベースのトレードオフによって，免疫系が抑制されるという考え方と[67, 84]，2)コストのかかる行動に伴って免疫系の活性化過剰や自己免疫反応が生じるリスクが増加するため，それらを回避する神経内分泌機構によって免疫系が制御されるという解釈である[79]。寄生者に対する防御にエネルギーコストがかかる場合，免疫活動は各個体の成長・繁殖・生存に影響する可能性がある[45]。同様に，寄生者に対する防御に自己免疫反応などが生じるリスクが伴うなら，過剰な免疫反応のリスクを防ぐ生理的制御ネットワークによっても，各個体の成長・繁殖・生存は影響を受けると考えられる[85]。

　近年発展してきた生態免疫学(ecological immunology)の分野では，宿主―寄生者の相互関係を扱った論文の多くで，免疫適格(immunocompetence)の定義が混乱していた[68]。医学や免疫学の分野では，免疫適格とは抗原刺激に対して自然免疫や獲得免疫が適切に反応する能力と限定的に解釈されていた。しかし，進化生物学や生態免疫学の分野では，一般的に，免疫適格は感染による適応度コストを最小化するために外来の抗原に対して個体が反応

する能力と解釈されることが多かった[68]。そこで Owens & Wilson [68]は，自然免疫や獲得免疫による反応だけでなく，寄生者に対して宿主が行動的もしくは形態的に抵抗するメカニズムも感染リスクを最小限に抑える上で重要だと考え，「免疫適格とは，抗原に暴露した生物が感染の適応度コストを最小限に抑える様々な能力」と再定義した。この定義に従うと，たとえば，外部寄生虫を取り除くために規則正しく羽繕いする個体は，そうでない個体よりも免疫適格が高いと表現できる。また感染症を媒介する蚊の吸血を防ぐ厚い皮膚も免疫適格の指標として利用できる。この免疫適格の拡張された定義を使うことで，1)寄生者に対する様々な防御はなぜコストがかかるのか？2)宿主—寄生者の共進化における生理的・行動的・形態的な免疫適格の役割は何か？　3)野外個体群でどのように免疫適格を測定すればよいのか？　という疑問へのアプローチが可能となる[86-88]。今後の研究では，このような拡張された免疫適格を指標に用いて，理想的には各地域の寄生者相を特定し，寄生者に対する防御のエネルギーコストを個体群間もしくは種間で比較することが重要である。

4.4　温度による一腹卵数の制約

Cooper et al. [46]はこれまで見過ごされてきた温度による一腹卵数の制約の重要性を，以下の2点に注目して解説した。1)一腹卵数が多いほど熱慣性が高くて冷えにくいので，一時的に抱卵を中断できる等で抱卵コストが抑えられ，その効果は冷涼な気候ほど大きいこと（クラッチ温度低下仮説 Clutch-cooling hypothesis：[89]），2)胚発生が始まるが正常な発達が保証できない温度が存在し，その場合，一腹卵数が少ないほど，抱卵開始までの間に卵が外気にさらされて胚の発育異常や死亡が起こるリスクが下がること（卵生存能力仮説 Egg-viability hypothesis：[90]）である。そして，彼女らは鳥類で普遍的に見られる一腹卵数の緯度勾配や季節変化は，少なくとも部分的に，このような温度に依存した生理的なプロセスによって影響を受けていると主張した。

　クラッチ温度低下仮説に基づくと，一腹卵数が少ない場合は，クラッチと

しての体積表面積比が大きいため卵の温度が低下しやすくなり，巣を離れて採餌する時間が制限されるか，もしくは，抱卵の質が低下して抱卵期間がより長くなる[91, 92]。また，冷涼な場所ではヒナ数が多いほど，ヒナの体温が低下しにくく，親の抱雛コストも低下すると考えられる[93, 94]。外気温が 12℃で一定のとき，ヨーロッパシジュウカラの 1 ヒナ当たりの夜間の熱生産量はヒナ数の増加に伴って反比例の関係で減少したが，巣当たりの熱生産量はヒナ数(ヒナの合計体重)の増加に伴って上昇した[93]。しかし外気温が 18℃で一定のときには，1 ヒナ当たりの熱生産量は，1 ヒナの巣では高くなるが，3〜10 ヒナの巣ではヒナ数にかかわらず同程度となった[93]。つまり，冷涼な環境ではヒナ数が多いほど 1 ヒナ当たりの熱生産コストが低下する。Royama [94]は，北緯 25〜62 度の 14 地域で繁殖するヨーロッパコマドリ *Erithacus rubecula* の一腹卵数が低緯度ほど少なくなる現象を，ヒナのエネルギー要求(ヒナ数，ヒナの体サイズ，外気温に依存)，親の採餌効率(餌密度に関連)，採餌可能な時間(緯度による日長の長さの違いに起因)を組み込んだモデルで説明した。これらのことから，冷涼な環境下では一腹卵数や一腹雛数が多いほど熱をより長く保持し，抱卵および抱雛コストを軽減できるため，低温条件は一腹卵数を増加させる方向に作用すると考えられる。

　卵生存能力仮説は，産卵された卵が，まだ抱卵が始まる前に，外気にさらされることで胚の発育異常が起こるリスクに注目している[47, 95]。鳥類は 1 日に 1 卵より多く産卵できないため，通常は 1〜2 日に 1 卵ずつ産卵し，産卵期の後半もしくは産卵終了時から抱卵を開始する[96](図2-3)。つまり，抱卵開始前に産卵された卵は，巣内で外気に曝される場合がある。鳥類の胚の最適な発育温度は一般的に 36〜40.5℃の狭い範囲内で，胚の発育が始まる発育ゼロ点(physiological zero：PZ)と呼ばれる温度はおおよそ 24〜26℃と想定される[97]。さらに，卵の温度が約 26〜36℃になると抱卵がなくても緩やかに胚発生が進み，特に最初に産卵された卵では組織成長の非同時や異常発生や胚死亡が起こりやすくなると考えられる[90]。つまり外気温が 26〜36℃(熱帯ではしばしばそうである)では，もし抱卵されないと胚発生異常が起こりやすい。そのため，ただちに抱卵を開始する必要が出てくる。

産卵期 Laying period	抱卵期 Incubation period	巣内育雛期 Nestling period

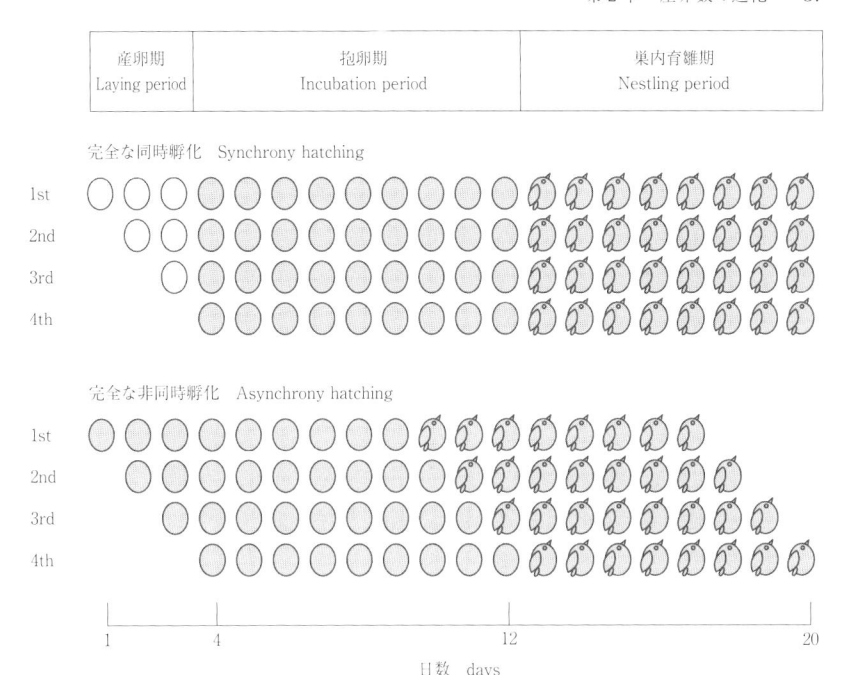

図 2-3　鳥類の抱卵開始のタイミングと孵化間隔の関係性。白い卵は抱卵開始前，灰
色の卵は抱卵されている状態を示す。ここでは同一巣に1日1卵ずつ合計4卵が産
卵された巣を示している。最終卵を産卵してから抱卵を開始した場合は，同一巣の
すべてのヒナが同時に孵化する(完全な同時孵化)。一方で，初卵を産卵してすぐに
抱卵を開始した場合は，同じ巣の中で各ヒナの孵化日がずれる(完全な非同時孵化)。
資料)　Ricklefs [99]を改変して作図。

　一方，産卵後直ちに抱卵を開始した場合，一腹卵数が多いと非同時孵化を
介してヒナ間格差が大きくなるため，ヒナ間競争によって遅れて孵化した小
さいヒナが死亡しやすくなる場合がある[96](図2-3)。実際に，イエスズメ
Passer domesticus では，非同時孵化は発育ゼロ点よりも外気温が高くなる
繁殖期の後半に増加することが知られている[90, 98]。そのため，抱卵しな
いと卵の生存率が低下する気温帯にある熱帯では，産卵直後からの抱卵開始
が必要となり，一腹卵数の制約になると考えられる[47, 96]。
　ただし，発育ゼロ点よりも高い外気温が一腹卵数の制約になるのは，非同

時孵化で生じるヒナ間格差によって巣立ち数が大きく低下する種・環境だけにあてはまるだろう。たとえば，オウム目や多くのブッポウソウ目の鳥類では，親が初卵を産卵してすぐに抱卵を開始するために完全な非同時孵化が起こり，一腹卵数の多い種類では孵化間隔におそらく1週間以上の差が生じ，孵化のずれと似た程度の間隔で一般的には各ヒナが巣立つ[99]（図2-3）。このように非同時孵化に適応的な意義がある種では，外気温による一腹卵数の制約は成り立たない（もしくは外気温による一腹卵数の制約に適応した行動形質を含む繁殖戦略がすでに進化したのかもしれない）。

　卵に対する外気温の影響とはメカニズムが異なるが，ヨーロッパシジュウカラはでは30℃を超える気温になると，ヒナ数の多い巣で高体温症（熱放散が不十分で一定の体温を維持できず体温が上昇する状態）によるヒナの死亡がより高頻度に起こったことから，高い温度条件で繁殖する鳥類では高体温症によるヒナの死亡が一腹卵数の制約になる可能性もある[100]。

　これらのメカニズムに注目すると，クラッチ温度低下仮説は高緯度地域や繁殖前期の大きい一腹卵数，卵生存能力仮説は低緯度地域の少ない一腹卵数や，繁殖期の進行に伴う一腹卵数の減少を説明することが可能である（ヒナの高体温症も卵生存能力仮説と同様に一腹卵数を低下させる方向に作用する可能性がある）。これらの仮説は，一腹卵数の緯度勾配の種間変異を直接的に示しているわけではないが，一腹卵数の種内変異を生み出す進化学的な制約を理解する上で重要な仮説である。これらの仮説を熱帯で検証した研究は限られているので[47, 96]，温帯性鳥類と比較可能な熱帯での実証研究を増やすことが重要である。

5　今後の課題

　一腹卵数の個体内の可塑性，個体間・個体群間・種間の変異が適応的であるかどうかを検証するためには，第一に，個体，個体群，種の各レベルで一腹卵数を制約する複数の主要因を見分けて，最適な一腹卵数の予測の精度を高めなければいけないだろう。しかし現状では，鳥類の一腹卵数を制約する

要因は未解明な点が多く，包括的な理解には至っていない。たとえば，前述の通り，一腹卵数の種間変異には利用可能な餌資源の制限や巣の捕食圧だけでは説明できない緯度間の差がある。熱帯性鳥類は一腹卵数が少ないのは，おそらく熱帯と温帯では一腹卵数に対する餌資源量や巣捕食圧以外の制約のかかり方が異なるためで，卵の生存率に直接影響する外気温の効果や[46]，高い感染症リスクなどの熱帯に特徴的な要因に応答した生理的な機構が関連している可能性がある[45, 85]。このため未知の要因も含めて，一腹卵数を制約する複数の要因を正しく見分けることが，一腹卵数の変異の進化要因を検証する上で，まず必要な条件になるだろう。そしてそれらの制約要因は，それぞれの個体群や種が置かれている生息環境の違いによっても異なってくるだろう。

　様々な環境に生息する各種の鳥類は，異なった選択圧を受け，さらに各選択圧の強さがそれぞれ違うため，環境応答の仕方が異なる遺伝子型を進化させていると考えられる。そして，ある地域に特異的な選択圧は，その地域に棲む鳥類に特徴的な表現型の可塑性や反応基準(reaction norm：環境条件が変化したときに見られる，環境条件と遺伝的支配を受ける表現型との間の連続的もしくは不連続な関係性)を進化させるだろう。

　Martin [101]は，最適一腹卵数仮説を検証した子の数(例：産卵数，抱卵する卵数，育てるヒナ数)の操作実験について問題点を指摘した。これらの操作実験では，人為的に操作された子の数に応答して親が努力量を調節するかどうかという即時的な反応を検証している。このため，一腹卵数の変異の進化的な要因を調べているというより，表現型の可塑性(個体が環境条件に応じて表現型を可塑的に変化させる能力)や至近的な反応を調べたものだと主張した。実験的に子の数を増加させると，親の生存率の低下[23, 24]，翌年まで生存する子の数の低下[28]，さらには繁殖努力と寄生者に対する防御のトレードオフを介した親の鳥マラリア感染率の上昇[82, 83]が検出されている。しかし，これらは現在の繁殖における親の繁殖努力を実験的に操作したときに付加的に生じる表現型の可塑性(例：産卵数の増加)や至近的反応(例：ヒナへの給餌頻度の増減，免疫力の低下，感染リスクの増減)，および

その長期的影響(例：親や子の生存率の低下)に焦点を当てているにすぎない。もちろん，これらは重要な結果だが，各々の種もしくは個体群が歴史的にどのような選択圧にさらされてきたか，それがこの可塑性の大きさをどう説明しうるか，までは考慮されていないので，一腹卵数の進化要因の解明としてはまだ不十分な面がある。

　鳥類の一腹卵数の可塑性に関する従来の研究は，同一個体群内における利用可能な餌資源量の年変動やなわばり間の差異に注目することが多かった[1]。しかし今後は，一腹卵数の可塑性や反応基準は，地域によって異なる複数の選択圧に応答した個体の適応的な反応であるという観点を取り入れることが重要になるだろう。そして異なる地域に棲む個体群間や近縁種間で，餌資源量などの各種の制約の変化に応答した一腹卵数や繁殖努力量の個体内の可塑性，個体間の変異，それらの変異幅を比較して，その地域のどのような選択圧に対して適応的な反応であるのか検証する必要がある。

　これらをまとめると，鳥類が一つの巣にいくつ卵を産むべきかという産卵数の進化を包括的に解明するためには，1)普遍的に一腹卵数を制約する要因となりうる，外気温などの環境要因が卵の生存に与える直接的な影響の季節変化や緯度勾配を明らかにすること[46, 96]，2)餌資源量，捕食リスク，感染症リスクなどの生態学的要因の変化に応答した生理的トレードオフおよび生理的制御ネットワークのメカニズムを明らかにすること[45, 85]，3)複数の個体群や種において，それぞれの地域で特有の環境要因(例：外気温，餌資源量，巣捕食リスク，感染症リスク，環境の予測不可能性)や，生理的要因(例：生理的トレードオフ，生理的制御ネットワーク)が，一腹卵数の個体内の可塑性や，個体群間や種間の変異に及ぼす影響を複合的に理解する必要がある。

　生物の生活史は様々な環境下で，適応度に影響する複数の生活史形質のセットとして多様に進化してきた[6]。熱帯性鳥類は1回の繁殖投資が少なく(一腹卵数が少なく)，寿命が長いスローペースな生活史戦略を持つ。一方で，温帯の多くの鳥類は短寿命で，1回の繁殖投資が多いハイペースな生活史戦略を持つ。このような異なる生活史形質がそれぞれの地域で進化してき

た背景には，発育ゼロ点を超える外気温による胚の死亡リスク，卵・ヒナ・親の潜在的な捕食リスク，利用可能な餌資源量とその季節変化，感染症リスク，渡りや寒い地域での越冬における死亡リスクやその予測不可能性，これらの生理的機構への影響などが関与して，それぞれの種もしくは個体群で生涯繁殖成功を最適化するための生理的・行動的・形態的な形質を多様に進化させながら，それぞれの生息環境で特徴的な生活史戦略が形成されたのだろう。

　一腹卵数と他の生活史形質との関わりを考えたとき，強く制約される他の生活史形質が一腹卵数に影響する可能性がある。たとえば，長距離の渡りや寒い地域での越冬に伴う高い死亡リスクは，高緯度地域で繁殖する鳥類の残存繁殖価を低下させるため，高緯度地域で繁殖する種や個体群ほど現在の繁殖努力を増加させ，一腹卵数を大きくする戦略をとる可能性がある。Pianka [44] は鳥類の一腹卵数の緯度的勾配を説明する仮説の一つとてして，この“危険な渡りに伴う残存繁殖価の低下仮説”を紹介しているが，まだ十分に検証されていない。Martin [101] は熱帯性鳥類の一腹卵数が小さいのは，成鳥の高い生存率が作用していると考えた。渡りや寒い地域での越冬のコストを伴わない熱帯性鳥類で成鳥の生存率が高くなる場合，生涯繁殖成功を最適化する上で，潜在的に子育て可能な数より顕著に小さく一腹卵数を進化させた可能性があるだろう。

　一方で，一腹卵数の強い制約が直接的に作用している場合，一腹卵数を増加させることができない制約が他の生活史形質にも影響する可能性がある。たとえば，卵の生存率に直接影響する外気温や卵表面に付着する細菌が，熱帯で繁殖する鳥類の一腹卵数の強い制約になっている場合，1 回の繁殖で生産できる子の数が限られるため，熱帯の鳥類は長寿命の生活史戦略を進化させた可能性もあるだろう。鳥類の生活史戦略の分野には未解決問題が多く残っている。今後は各生活史形質に対する制約を検証し，複数の生活史形質との相互作用も含めて，鳥類の一腹卵数の進化のシナリオを明らかにしていく必要がある。

42

コラム：r 選択と K 選択

　MacArthur & Wilson(1967)は島嶼への生物の侵入過程において，侵入地での生物の飽和程度の違いによって，異なる2つの方向への選択が働くと説明した。すなわち，生物の少ない，希薄な環境では急速に個体数を増加させる特性を持つ個体が有利であり，一方，すでに多くの生物で飽和した環境では生産力は低くても競争に強いという特性を持つ個体が有利となる。前者を個体群生態学で用いられる人口学的パラメーターである，内的自然増加率(r)の値を高くするような選択の方向で特徴づけられるとして「r 選択」と呼び，後者は飽和個体数(K)を高める選択の方向で特徴づけられるとして「K 選択」と呼んだ。Pianka(1970)は，この考えを島嶼だけではなく生物界一般に拡大し，r 選択的な生活史形質を持つ傾向を r 戦略，K 選択的な形質を持つ傾向を K 戦略と呼んだ。

　表1にそれぞれの戦略を特徴づける生活史形質のセットを示す。r 戦略者は体が小さく短寿命で多産であり，一方，K 戦略者は体が大きく長寿命で少産であるという特徴を持つ。最近では，寿命の長さに注目して，r 選択的な生活史を「ハイペースな生活史」，「fast life history」，「fast-lived life history」，K 選択的な生活史を「スローペースな生活史」，「slow life history」，「slow-lived life history」と呼ぶ傾向が見られる。

MacArthur RH & Wilson EO (1967) *The theory of island biogeography*. Princeton University Press, Princeton.

Pianka ER (1970) On r an K selection. American Naturalist 104: 592-597.

表1　r 選択と K 選択の特徴

	r-選択 （Fast life history）	K-選択 （Slow life history）
気候・環境	不規則に大きく変化 生態的空白	安定，または規則的 飽和状態
寿命	短命	長命
個体数変化	変動が大きい	安定している
死亡	密度非依存的	密度依存的
生存曲線	初期死亡が大きい	初期死亡が小さい
種内・種間競争	おだやか	厳しい
選択される形質	早い発育 小さいからだ 早い繁殖 1回繁殖 小卵多産 高い内的自然増加率	ゆっくりした発育 大きいからだ ゆっくりした繁殖 多回繁殖 大卵少産 高い競争能力

資料）Pianka(1970)を基に作成。

第3章 繁殖開始のタイミングを決める至近および究極的な要因

乃 美 大 佑

　多くの鳥類にとって，1年のうちで繁殖に適した期間は限られる。そのため，どの時期に繁殖を始め，またどれくらいの期間繁殖を行うかといった問題は，鳥類の生活史の中でも非常に重要な項目である。繁殖時期の中でも，繁殖開始のタイミングについてはヨーロッパの鳴禽類を中心に半世紀以上も前から研究が行われており，多くの研究成果が蓄積されている。本章では，繁殖タイミングを決める要因についてこれまでの研究の成果をまとめ，今後の課題について述べる。

1　D. Lack による繁殖タイミングの研究

　現在，産卵開始日の研究は様々な種で行われているが，少なくとも野外で本格的な鳥類の繁殖タイミングの研究を最初に行ったのはイギリスの D. Lack である。Lack は繁殖に巣箱を利用するヨーロッパシジュウカラ *Parus major* とアオガラ *Cyanistes caeruleus* を対象に長期研究を行っており，その成果が *Population studies of birds* (1966) [1] などにまとめられている。

　Lack の研究から，両種とも産卵開始日は3月から4月の気温と相関があり，暖かい年ほど早く繁殖する傾向が明らかになった。Lack は気温と関係するのは餌資源量であると述べている。シジュウカラ科の鳥はオーク(ブナ科の樹木)の葉を主食とする鱗翅目の幼虫をヒナの餌として必要とする。しかしながら，産卵開始から抱卵しヒナが孵化するまでには3週間前後を要し，産卵を始める時期にまだ幼虫は出現していない。Lack は，最も多くのヒナ

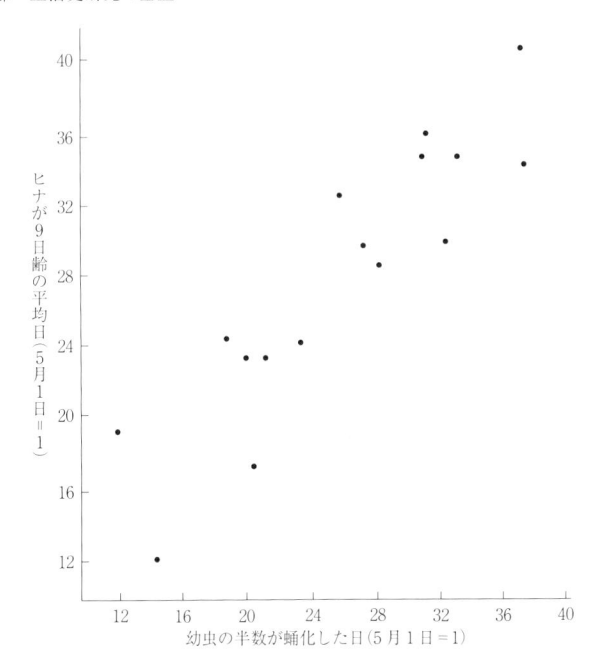

図 3-1　ヨーロッパシジュウカラのヒナが孵化して9日
目の平均値とフユシャクガの幼虫の半数が蛹化した日
の関係

資料）Lack [1] を改変。

を育てられる餌の多い時期に育雛期が重なるように，メスは産卵開始のタイ
ミングを調節している（「予期仮説」Anticipation hypothesis）と主張した。実
際，ヨーロッパシジュウカラは年ごとに幼虫の成長のタイミングに合わせて
繁殖のタイミングを調節していた（図3-1）。

　ところが，個体群の中で産卵開始日はどの年も 2，3 週間程度のばらつき
があり，その結果，幼虫の個体数のピーク時より早すぎたり遅すぎたりする
個体が生じていた。これに対して Lack はなぜ自然選択が遅い個体を排除す
る方向に働かないのか疑問を感じていた。Lack は，産卵開始のタイミング
には他にも別の要因が関わっており，特にメスが卵を産むのに必要な餌を集
めるのに時間がかかるためであると考えた。ヨーロッパシジュウカラのメス

は卵を1日に1個ずつ，9〜10日間かけて産み，これは合計すると自分の体重と同じくらいの重さになる(約18 g)。Lack はオスが頻繁にメスへ給餌を行うことと，メスの年齢によって産卵開始日が異なることから，メスは産卵する上でエネルギー的な制限を受けており，若いメスは年上のメスより餌の制限の影響を強く受けるだろうと述べている。これを支持する例として，冬に庭の餌台で給餌を受けているメスの繁殖開始が早いことを挙げている。Lack は，産卵開始はヒナの時期に餌が十分にあるようなタイミングに調節されるが，産卵開始にはある程度の体調に達することが必要だろうと結論づけている。

　また，Lack は産卵開始の遅い個体の卵数が少ないことにも気づいており，これについてはヒナの時期の餌資源量に見合った卵数に調節しているからだと述べている。なぜなら，遅く始めたメスは卵を産生する上では十分な餌が得られるはずだからである。

　Lack の仮説以後，繁殖のタイミングと繁殖期間の長さは，究極的にはヒナに餌が十分に与えられるような時期によって決まるというのが長年の考え方であった。つまり，野生下の鳥が繁殖可能な期間は日長時間や気温，降水量などの餌生物のフェノロジー(生物の生活の季節的な変化)に影響する環境条件によって制限されているといえる。多くの研究から一般的に個体群レベルでは繁殖のタイミングを餌資源量の季節変化にうまく合わせているようである。しかしながら個体レベルで見ると，やはりどの個体群でもそうした適切な時期よりも遅く始めてしまう個体がいる。こうした結果から，繁殖を早く始めることによるコストとタイミングを合わせることによる利益との間にトレードオフがあるといった，繁殖のタイミングに対する何らかの制限があることが示唆されている[2]。

　平均的には繁殖のタイミングを適切な時期に合わせることから，個体群内での産卵開始日の同調性は高くなると考えられる。コロニー性の種では，産卵開始日は5〜10日以内に収まっている。イギリスのホシムクドリ *Sturnus vulgaris* では1回目の繁殖の産卵開始日は7年間で年ごとに4月9日から19日までばらついたが[3]，いずれの年でも10日以内に収まっていた。ま

た，ハクガン *Anser caerulescens* では，産卵開始日が 10 日以内に収まっており，そのうち 90％は 4 日以内に収まっている[4]。対照的に，他の種では，産卵日は 40〜50 日とかなり長い期間にわたっている[5-7]。van Noordwijk et al. [8]は，仮に早い産卵開始日に対する正の選択が働いているとしても，多くの個体群で平均の産卵開始日が適切なタイミングより数日早くなることはなく，年内の産卵開始日のばらつきは年間のばらつきよりも小さくなると指摘している。それにもかかわらず，後ほど述べるようにわずか数日の違いでも，一腹卵数や適応度に大きな影響を与えることがわかっている。

　種間での繁殖のタイミングの違いはこうした同調性だけでなく，繁殖回数においても大きく異なる。中高緯度の森林に生息するヨーロッパシジュウカラやアオガラ，マダラヒタキ *Ficedula hypoleuca* の個体群の中には餌資源量の増加する期間がわずか 2〜3 週間しかなく，1 回しか繁殖しない個体群がある。それ以外の種では，たとえばオオバン *Fulica atra* では繁殖に必要な餌を得られる期間が長いため，複数回繁殖が可能になる[9]。こうした種や個体群では，選択圧は複数回繁殖することで適応度が高くなるような繁殖開始時期に働くはずである。実際，多くの複数回繁殖種あるいは個体群では 1 回の繁殖で最も多くのヒナを育てられる時期よりも早い時期から産卵を開始する傾向がある[10]。

2　繁殖タイミングの適応度への影響

　Lack が気づいていたように，繁殖成功度は一般的に産卵開始日が遅くなるほど低下する傾向がある[2]。おしなべて早く繁殖する個体は一腹卵数が多く，ヒナの成長率も良く，また多くのヒナを巣立たせ，さらにヒナの回帰率も高い傾向がある。この傾向は多くの分類群で共通しており，たとえばスズメ目[11]，ガンカモ類[12, 13]，海鳥[14]，猛禽類[5]で見られる。

　繁殖形質のいくつかはシーズン経過に伴う低下傾向が顕著である。たとえば，一腹卵数の減少はわずか数日でも見られる。ハクガンでは早い巣で 5 個，遅い巣で 3 個になるが，1 日当たりの減少率は 0.2 個にもなる[13]。またハ

シブトガラ *Poecile palustris* でも 0.1〜0.2 個という報告がある[15]。また，ヨーロッパシジュウカラではヒナの生存率が 1 日当たり最大 10% も低下するという報告もある[16]。産卵開始の同調性の高い種，たとえばホシムクドリですら，1 日当たり 0.3 個も低下し，巣立ちヒナの回帰率も急激に低下することがわかっている[17]。

　なぜこのような繁殖成功度のシーズン低下が見られるのだろうか。大きく 2 つの仮説が考えられている。1 つ目は，繁殖成功度の低下は生息地の質や餌資源量の低下によるという「時期仮説」(Date hypothesis)である。この仮説ではすべての個体が同じように繁殖のタイミングの影響を受けることになる。2 つ目は，繁殖成功度の低下は質の高い個体が早く始め，質の低い個体が遅く始めることによるという「個体の質仮説」(Quality hypothesis)である。これら 2 つの仮説からは産卵開始日や孵化日の操作実験を行う際に，明確な予測が可能となる[18]（図 3-2）。Verhulst & Nilsson [19]では，一腹卵を除去して再営巣させたり，産卵開始日や日齢の異なる一腹卵やヒナを入れ替えたりしてタイミングを操作する 33 の実験研究をレビューしている。一腹卵数への影響については 8 つの研究中 4 つで「時期仮説」が，2 つで「個体の質仮説」が，2 つで両方が支持されている。成長率や免疫，巣立ちヒナの体重，巣立ち成功率を調べたものでは 12 の研究で「時期仮説」が，9 つで「個体の質仮説」が，2 つで両方が支持されている。複数回繁殖率は 8 つ中 7 つで「時期仮説」が支持されており，ヒナの回帰率を調べたものは 7 つ中 6 つで「時期仮説」が支持されている。したがって，繁殖成功度のシーズン低下は概ね「時期仮説」で説明できるといえるだろう。しかしながら，これらの操作実験には問題もある。たとえば，一腹卵を取り除く実験では，遅らせられたメスは同じ時期に産卵をしたコントロールの個体よりも多く卵を産んでいることになる。このように，タイミングの直接的な操作に個体の体調など間接的な影響も絡んでくるため，操作実験上の不備が生じている[19]。

　早く繁殖を行う利点はほかにも考えられる。たとえば，産卵開始が早すぎたとしても，その後の繁殖スケジュールを調整できるだろう。実際，ヨーロッパシジュウカラでは，産卵開始後も気温の低い時期が続くと産卵を中止

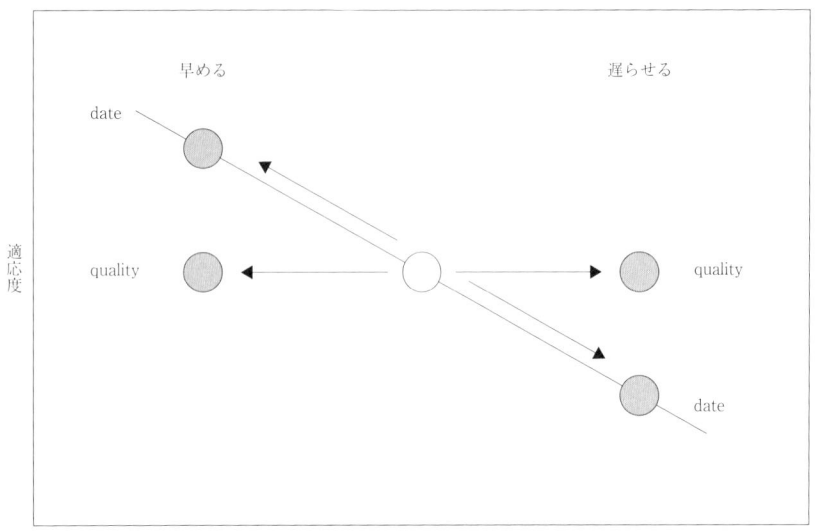

図 3-2　適応度のシーズン変化の仮説。繁殖を早めたり，遅らせたりする実験結果の予想図。白の円は自然巣(コントロール条件)を，灰色の円が実験を行った巣。斜めの直線は自然巣での適応度のシーズン変化を示す。繁殖を早めた場合，適応度が元の巣より高ければ時期仮説(date)が，同時期の自然巣より低ければ個体の質仮説(quality)が支持される。反対に遅らせた場合，適応度が元の巣より低くなれば時期仮説が，同時期の自然巣より高ければ個体の質仮説が支持される。

資料) Verhulst & Nilsson [19]，Drent [52]を参考にして作成。

することがある[20]。また，一度抱卵を始めると途中で中止できないため（胚が死んでしまうため），抱卵開始のタイミングをあえて遅らせることで，孵化したヒナが餌不足に陥らないようにある程度孵化のタイミングを調節できることがヨーロッパシジュウカラでわかっている[21]。

　また，早く繁殖を行う個体は繁殖後の回復の時間を長く取ることができ，渡りの前や冬まで十分に餌を取ることができるため，翌年までの生存率も上げることができるかもしれない。実際，ヨーロッパシジュウカラやアオガラで繁殖開始の遅い個体や実験的に遅らせた個体で生存率の低下が報告されている[22, 23]。

　上に述べたように，おしなべて繁殖開始が早いほど繁殖成功度が高くなる

傾向があるが，例外も多い。たとえば，ヨーロッパシジュウカラやアオガラでは中盤に孵化した巣のヒナの生存率が高い傾向も報告されている[24-26]。また，給餌を行い実験的に早く産卵を開始させた巣では，巣立ち率だけでなく，親の生存率も下がるという結果が得られている[27]。また，アオガラでは育雛期が餌資源量のピーク時期より早く，給餌コストの大きい個体群で親の生存率が低くなるという結果も得られており[28]，これが適切でないタイミングに繁殖する際の親のコストを反映しているといえる。シロエリヒタキ *Ficedula albicollis* やサンショクツバメ *Petrochelidon pyrrhonota* でも早く繁殖を開始したメスの生存率が低いという結果が得られている[29, 30]。

　また，年ごとに傾向が異なるという研究結果も多く報告されている。サンショクツバメではヒナの回帰率は繁殖の早い巣のほうが高い年は 7 年中 5 年で見られたが，残りの 2 年は中盤に繁殖した巣のほうが高かった[30]。ハクガンでは，繁殖期中盤で繁殖成功が高くなる傾向が 7 年中 3 年で見られている[13]。また，ヨーロッパシジュウカラでも繁殖のタイミングと巣立ちヒナの回帰率の関係が年ごとに大きく異なるという結果も得られている[31]（図 3-3）。Charmantier et al. [32]は，ヨーロッパシジュウカラでは，餌資源量のピーク時期が産卵開始日のすぐ後に来る年ではかなり早く始めた個体の適応度が最も高くなるが，餌資源量のピーク時期が遅くなるにつれ，遅く始めた個体の適応度が高くなることを報告している。このように，餌資源の季節消長など環境条件が年ごとに大きく変化することで自然選択の方向性や強度の年ごとの違いをもたらすのだろう。

3　繁殖タイミングに影響する要因

　卵の産生と産卵，つまり繁殖開始のタイミングと育雛期との間には生殖腺を発達させ，つがい相手を見つけ，産卵し，抱卵という期間を挟むため大きな時間的隔たりがある。このことから，産卵開始のタイミングを決める上でその時期の環境の刺激が関わっているはずである。多くの種あるいは個体群で産卵開始日と孵化日の相関が高いことから，餌資源量の多い時期に育雛期

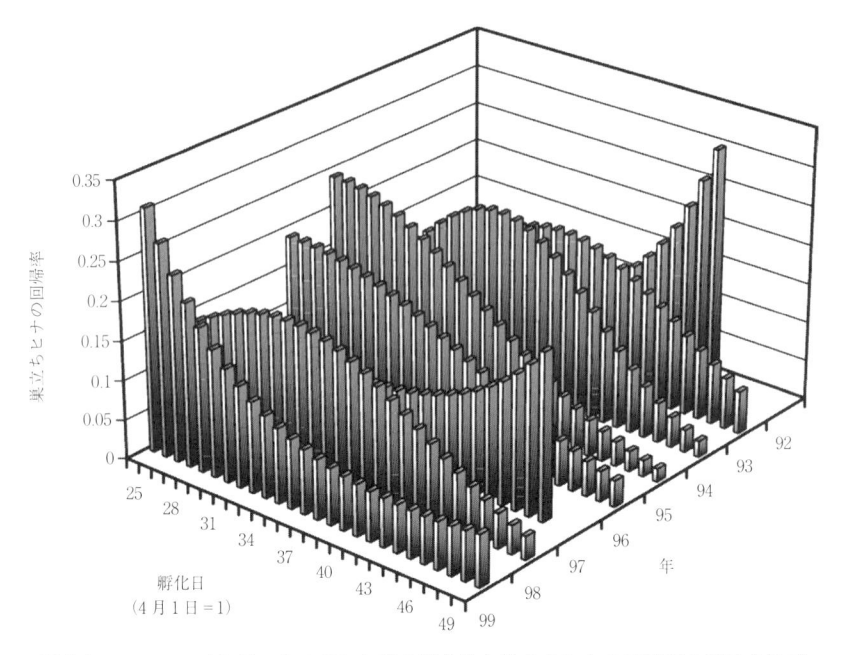

図3-3　ヨーロッパシジュウカラにおける孵化日と巣立ちヒナの回帰率の関係を年ご
とに示したグラフ
資料）Monrós et al. [31]を改変。

を調節できるかどうかは産卵開始日に大きく依存する。よって卵の産生の開
始を調節する環境の刺激や生理学的なメカニズムの理解が繁殖開始のタイミ
ングを理解する上で重要になる。ここからは至近要因を中心に見ていきたい。

3.1　環　境　要　因

3.1.1　日　長　時　間

　春の日長時間の増加が，雌雄の生殖腺の発達を促進するホルモンの増加を
刺激する主因であることがわかっている[33]。日長時間は繁殖時期を決める
最初の手がかりであり適切でない時期に繁殖することを防ぐことができる。
しかしながら，実際には産卵開始日は個体群内でも個体群間でも，また年ご
とにも大きく変化する。日長時間は同じ緯度では同じ季節変化をするため，

日長時間だけではこうした繁殖のタイミングのばらつきを説明できない。したがって，個体間や個体群間，年間のばらつきを理解する上では日長時間以外の手がかりについて考えることになる。

　一方で，種内での個体群間の繁殖のタイミングの違いには日長時間に対する反応の違いに起因するという証拠もある[34]。緯度の同じフランスの大陸と島のアオガラの個体群を比較した研究から，日長時間に対して遺伝的に異なる感受性を持つことがわかっており，日長時間に対する反応の大きさに生息地の餌生物のフェノロジーが関与することが示唆されている[35]（第1章を参照のこと）。他にも日長時間に対する反応は遺伝的であるという証拠がある。たとえば，アカライチョウ *Lagopus l. scotica* とカラフトライチョウ *Lagopus l. lagopus* の雑種個体はちょうど両種の中間の日長時間で反応しており，この反応が遺伝的に決まる形質であることを示している[36]。また，最近のニワトリでの全ゲノム解析から，日長時間と強く関連して繁殖を制御するチロイドホルモン受容体の機能が家禽化の段階で消失していることが明らかになった[37]。さらに，Helm & Visser[38]はシジュウカラの体内時計（日長時間に対する反応のメカニズムの一つ）が遺伝的であることを報告している。しかしながら，個体レベルでの日長時間に対する反応の違いについてはもっと多くの研究が必要である。

3.1.2　気　　温

　Lack[1]にあるように，気温は産卵開始の直接的な手がかりとしても，あるいは，餌資源量に与える影響を通じた間接的な手がかりとしても働いていると考えられる。

　温帯や高緯度に生息する多くの種では，春の気温が年ごとの産卵開始日と強く相関することがわかっている[39]。これは上述のように気温と餌種の生物季節に強い関係があるためである。多くの研究が春の積算気温を用いて分析を行っている。たとえば，van Balen[40]はヨーロッパシジュウカラの産卵開始日のデータを用い，異なる期間で積算気温を計算し，3月1日から4月20日までの積算気温と強い相関を見出している（相関係数：0.782）。しかしながら，単に気温との相関を見ただけでは鳥が直接気温に反応しているか

どうかはわからない。気温が直接繁殖開始の手がかりとなっていることを確かめるには気温以外の条件を揃えた室内実験を行う必要がある[41]。Schaper et al.[42]は，ヨーロッパシジュウカラを用い室内ケージで実験的に気温を操作したところ，3 月から 4 月の，しかも平均気温ではなく気温上昇が産卵開始日に影響していることを突きとめている。

　気温と関係する他の情報源に対して反応している可能性もある。目に見える形の情報源としては開葉が挙げられる。産卵開始のタイミングは，鳥の餌となる昆虫が生息する樹種の開葉時期と強く相関することが知られており[43-45]，開葉は情報源になりうると考えられる。しかし，こうした相関を見る解析からは必ずしも鳥が開葉を情報源にしているとはいえない。開葉がかなり遅れた年でも産卵開始は平年並みで，開葉の度合いの異なる枝を提示する室内実験でも産卵のタイミングに違いはなかったという報告もある[46]。

　また，気温が短期間に生殖腺の発達を促進するなどの直接的な証拠はあるのだろうか。ミヤマシトド *Zonotrichia leucophrys* を用いた研究では，実験的に気温を操作しても卵胞の発達には効果がなかった[47]。さらに，5℃，20℃，30℃それぞれの条件下で黄体形成ホルモンや濾胞刺激ホルモン（第 4 章を参照のこと）の分泌を調べたところ，30℃では短期間のうちに増加が見られたが，5℃や 20℃ではなかった。さらに，これらの気温条件下で日長時間を 9 時間から 15 時間に変えた実験でも，やはり気温の卵巣の発達への影響は見られなかった[48]。また，Schaper et al.[42]の実験でも気温の操作による卵黄や精巣の発達には影響はなかった。しかし，こうした実験研究では，そのほとんどが現実的には野生下の鳥が経験しないような気温や日長時間の変化で行われているという問題があり，今後の研究ではより現実に即した日長時間や気温を使うことが望まれる[49]。

　このように，気温が直接生殖腺の発達に影響しているという証拠はほとんどないのが現状である。したがって，野外の研究で気温と産卵のタイミングを関連づける十分な証拠があるにもかかわらず，気温が繁殖開始に関わるメカニズムについては未だによくわかっていない[50]。

3.1.3　餌 資 源

Lack も気づいてはいたが，産卵開始のタイミングにおける餌の役割を最初に強調したのは Perrins [2] である。Perrins は，鳥が餌資源量が増加する前に繁殖機能を発達させていることから餌資源自体が長期的な予測に使える手がかりではないことを理解していた。その上で，メスは自分自身にリスクとならないぐらい十分に餌の得られるときに産卵を開始すると述べている [2, 51]。よって餌資源の不足はヒナにとっての適切な時期に繁殖を開始することを妨げる制限要因になっていると主張する（「餌制限仮説」Food constraint hypothesis）。ここでは餌制限仮説の実証研究について詳しく見ていく。

給餌によって産卵のタイミングが早まるため，餌資源量は繁殖開始の制限になるという見方がある。Drent [52] は，Perrins の仮説の強みは給餌実験を行うことが理にかなっている点であると述べている。Nager [53] は 38 種で行われた 57 例の研究をレビューし，実際に 61% の研究で有意に産卵開始が早まったことを示している。また，Ruffino et al. [54] による最近のメタ解析でも，給餌は有意に産卵開始日を早め，巣立ちヒナ数も増加させるという結果が得られている（図 3-4）。一方でなぜ研究によって結果が一貫していないのかという疑問も生じる。これについては様々な議論があり，たとえば，実験を行った年の自然に得られる餌資源量が十分にあったために実験の効果が薄くなってしまった可能性や，単純なエネルギーでなくタンパク質や脂肪，カルシウムなど特定の栄養素が関係している可能性も指摘されている [55]。

給餌実験では，多くの研究が産卵開始前の数週間から数ヶ月前という長期間に給餌を行い，そのほとんどで大量の給餌がなされている [56]。一方，Perrins の仮説は餌資源の増加が短期間のうちにメスをエネルギー的な制限から解放し，生殖腺の発達を促進するという考え方であり，これらの実験はこの仮説を検証するにはそぐわないといえる [49]。長期間の給餌はむしろ適切でない時期に産卵をさせる刺激になっている可能性がある。実際，給餌によって産卵が早まった鳥の繁殖成功度が下がるという結果もある [27, 55, 57, 58]。

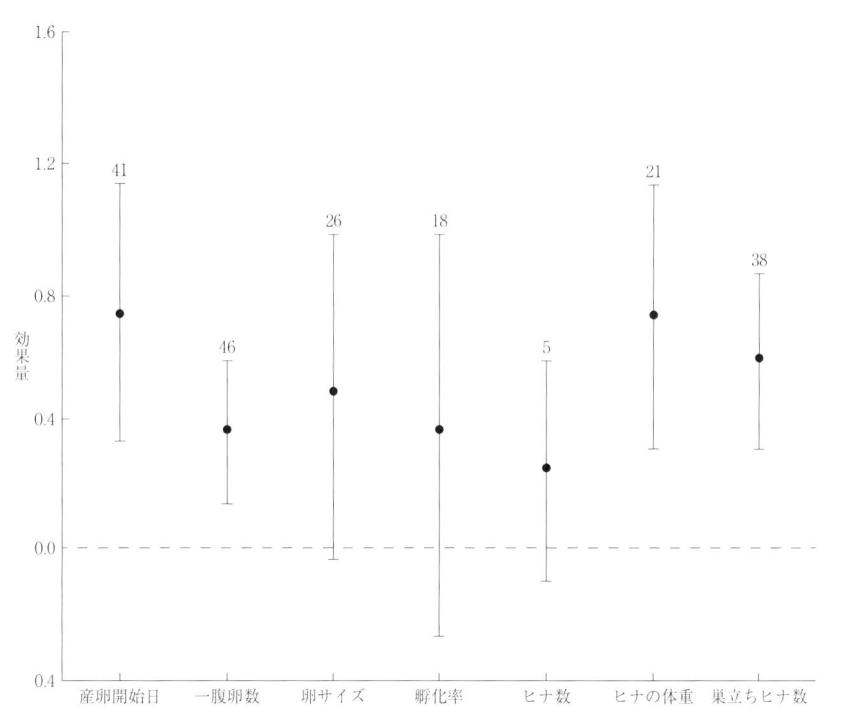

図 3-4　給餌実験の各繁殖パラメータへの影響をメタ解析した結果。数値はサンプル
　　　　サイズ。信頼区間(エラーバー)が0をまたいでいないものは有意な効果があったこ
　　　　とを示す。ほとんどの繁殖パラメータで有意な正の相関が見られる。産卵開始日に
　　　　ついては早まっていることを示す。

資料) Ruffino et al. [54]。

　卵の産生はエネルギー的に高価なので餌資源量は制限になっているという
考え方もある。卵の産生がエネルギー的に要求量の多い過程であることは自
明であると考えられており[53]，このことがエネルギーや栄養が卵の生産を
制限しているという仮説を長らく支持してきた。しかしながら，この仮説を
直接支持するような証拠はほとんど得られておらず，実際に野生の鳥が卵の
産生に関してどのようにエネルギーや他の栄養素に制限されているかほとん
どわかっていない[49]。代謝率を調べた研究では，卵を産む段階は他の繁殖
の段階と比べて16〜27%安静代謝率が高いという結果が出ているが[59-62]，

理論的な予測からは大幅に下回っている[63]。Salvante et al.[64]は，7℃で産卵するときのメスのキンカチョウ *Taeniopygia guttata* は21℃で産卵するときより218%も基礎代謝率が高いことを示した。この実験では，7℃のほうが産卵開始まで時間がかかったが，実際には21℃の場合とほとんど差はなかった(それぞれ6.5日，6.1日)。これについては，飼育下であるためメスが十分なエネルギーを得られたことが影響していた可能性がある[49]。また，1日当たりのエネルギー消費量を調べた研究でも産卵期と他の段階であまり違いが見られないという結果になっている[65-67]。しかしながら，これらの研究は1日当たりのエネルギー消費量の平均値を用いており，このため，個体ごとのエネルギー管理の違いをマスクしてしまっている可能性がある[49]。

　一方，エネルギー的な制限を受けている間接的な証拠はある。ヨーロッパシジュウカラを対象に巣箱を冷やす実験を行った研究では，産卵開始日は変化しなかったが卵の重量は低下するという結果が得られている[68]。また，アオガラを対象に巣箱を温めた実験では，産卵の中断が少なくなることもわかっている[69]。

　繁殖前の体調が産卵開始日を決めるので餌資源量が制限要因になっているという考え方もある。一般的に良い環境条件にあり，質の高い個体は卵の産生に十分な資源を持つため早く繁殖が可能であるといわれている。この説明は直感的に理解でき，それが多くの文献で定説になっている理由である[49]。しかしながら，卵の産生に餌の摂取を必要とする種(income breeder という。小型の種が当てはまる)では体重や体調との関係を予測することは難しいと考えられる。なぜなら，卵を作るために餌を摂取する速度は増加するかもしれないが，繁殖に使われるエネルギーの増加によって相殺されてしまい，見かけ上の体調は一定になる可能性もあるからだ[49]。このことは，なぜ小型のスズメ目の鳥類で繁殖前の体重と産卵開始日が強く関係するという結果を示した研究がほとんどないのかということの説明になると考えられる[49]。ホシムクドリでは繁殖前と産卵期の臓器の重さや栄養貯蓄量を3年間比較したところ，一貫した違いは見られなかった[70]。同様に渡りを行うハゴロモ

ムシクイ *Setophaga ruticilla* では到着時の脂肪量は到着日や卵サイズと関係していたが，より脂肪量の多い個体の産卵開始が早いという傾向は見られなかった[71]。体サイズが大きく，貯蔵したエネルギーによって卵を産生する種（capital breeder という）では，体重や体調は繁殖成功と正の相関があるが[72, 73]，実際に体調の良い個体が早く産卵を開始するという研究結果は比較的少ない。たとえばマガモ *Anas platyrhynchos* では，体調の最も良い個体は最も悪い個体より 15 日も産卵開始が早い傾向がある[74]。また，ハクガンでは渡り前の体調と産卵開始日に相関が見られている[75]。

　Perrins の仮説とは異なるが，熱帯のズグロホシアリドリ *Hylophylax n. naevioides* を使った研究から，餌の存在が生殖腺を発達させる刺激になることが明らかになっている[76]。この研究の興味深い点は餌の視覚的な提示だけでも十分な効果があったことである。

　このように，様々な観点から餌制限仮説の証拠が挙がっている。しかしながら，これらのほとんどは相関を見ているだけで，また状況証拠的なものばかりである。餌資源量の影響における生理的なメカニズムまで扱った研究はこれまでのところ少なく，今後の課題とされている[49]。

3.2　メスの質（メスの年齢，経験，遺伝）

　環境要因だけでなく，メスの質も繁殖のタイミングに影響することが知られている。多くの種で若いメスのほうが年上のメスよりも産卵開始日が遅い傾向がある[77]。産卵開始日に限らず，一般的に年齢とともに繁殖成功度は上がる傾向がある[78]。これには 3 つの仮説が挙げられている。1 つ目は質の低い個体が質の高い個体より先に死亡するために見かけ上年齢と繁殖成功度の正の相関が見られる場合である。2 つ目は実際に経験によりパフォーマンスが向上することである。経験と年齢には大抵強い相関があるため，これらの影響を分けてみることは難しいが，繁殖の経験の影響を示す例がアオガラの研究である。育雛期に実験的に餌を与えたところ，翌年の繁殖開始が遅れる傾向があった[79]。この結果からメスがなわばりレベルでの餌生物のフェノロジーを覚えていて，それを基に繁殖開始のタイミングを調節するこ

とが示唆されている[79]。3つ目は生活史戦略，つまり残存繁殖価(第2章を参照)が年齢とともに低下するために現時点での繁殖投資量が上がるという仮説である[78]。繁殖開始日も生活史形質の一つであり，繁殖時期を年により変えることで，繁殖価を最大化するという生活史戦略があると考えられる。繁殖時期と適応度の関係を年齢別にモデリングした研究がウチヤマセンニュウ *Locustella pleskei* [80]で行われている。

　これらの仮説は互いに排他的でなく，同時に働くと考えられている[78]。ほかのメスの質の影響としては，産卵開始日に高い再現性(早く繁殖を始める個体は別の年でも一貫して早く繁殖する傾向がある)が見られる種もある[81, 82]。また，母―娘間で産卵開始日を比較した研究から産卵開始日が遺伝することもわかっている[29, 81-83]。

3.3　社会的要因(つがい相手の影響，個体群全体の影響)

　多くの研究が環境要因やメスの質に注目してきたが，繁殖には当然オスも関わるためオスの影響も十分にあると考えられる。特に，鳥類の90％は一夫一妻の婚姻形態であり，子育ても雌雄共同で行う種が多いため，オスの質(年齢，社会的順位など)の繁殖タイミングへの影響は重要である。また，つがい関係がどれくらい強いかなど雌雄の相互作用も関わっていると考えられる。メカニズムがわかりにくいこともあり，こうしたオスの影響についてはメスの影響に比べてあまり注目されていないが，証拠も挙がっている。実際，年齢の高いオス(老化の影響もあるが)とつがったメスは繁殖が早くなるという報告がある[84-86](図3-5)。また，質の高いオスは概して質の良い(餌資源の多い)なわばりを確保できることが知られているため[87]，これがメスの産卵開始やその後の繁殖成功に結びついている可能性がある。さらに，オスは直接メスの繁殖生理にも影響しており，たとえば飼育下のシロガシラシトドでは気温を上げるとオスがいるときのみ，抱卵斑や卵黄の発達を開始することがわかっている[88]。ほかにも，前年と同じペアで繁殖した場合や，ペアの継続時間が長いほど，産卵開始日は早くなり，繁殖成功度が高くなる結果も多く報告されている[89-91]。また，産卵開始日に対してオスの間接的な

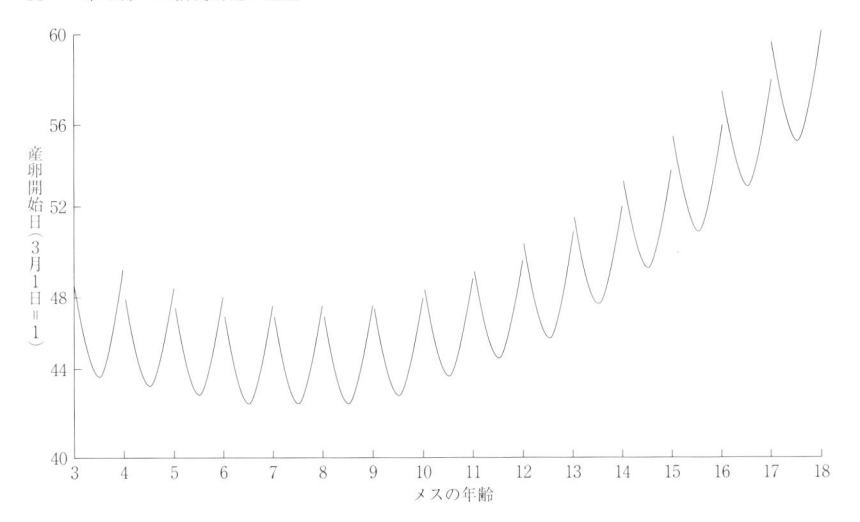

図 3-5　コブハクチョウにおける雌雄の年齢と産卵開始日との関係。メスの年齢の影響はグラフ全体での傾向を示しており，オスの年齢の影響はそれぞれのメスの年齢における個別の曲線（3歳が最小値）で示されている。

資料）Auld et al. [85]を改変。

遺伝的な影響も示唆されている[81, 92]。Teplitsky et al. [92]ではアカハシギンカモメ *Larus novaehollandiae scopulinus* の産卵開始日がオスのみ遺伝し，メスには遺伝しないという結果が得られている。この原因として，オスの求愛給餌がメスの産卵前の体調に影響している可能性が指摘されている[92]。

　ペアだけでなく，個体群全体のタイミングが影響することもある。コロニーを形成し，同調的に繁殖を行う種では，早く繁殖を始める個体が非同調の個体となり，繁殖成功度が下がってしまう場合がある[93]。キンカチョウでは実験的にオスのさえずりを流した集団では産卵開始がより同調するという結果が得られている[94]。

4　結論と今後の課題

　多くの研究から，産卵開始には階層的な手がかりが使われるという証拠が得られている。日長時間は目安となるタイミングを決め，気温や餌資源量は

より細かくタイミングを合わせるのに必要である。餌資源量が繁殖のタイミングに影響するという考えは進化生物学や生態学では一般的であったものの，日長時間に着目していた神経内分泌学的な研究とはつながっていなかった[49]。また，日長時間以外の環境の手がかりの重要性は広く受け入れられていたにもかかわらず，気温や餌資源量がメスの生殖腺の発達するタイミングやスピードに与える影響を実験的に調べた研究は多くない[49]。実際，個体が環境の情報を処理して適切に繁殖のタイミングや生理メカニズムを調節するしくみについてはほとんどわかっていない[44, 95]。気温と餌資源量のいずれにおいても，可能性のあるメカニズムについては多くの知見があり，そうした知見を野生の個体群に応用していくことがより詳細な理解につながっていくと考えられる[49]。実際近年こうした生理学と生態学をつなげる動きが始まっている[96]。

　また，多くの研究から早い繁殖が適応度上有利であることが示唆されているが，実際にはこれまで産卵開始日の進化的な変化が生じたという証拠はほとんど見つかっていない[49]。この謎を解決する上でも，雌雄の繁殖のタイミングにおける至近的なメカニズムと，雌雄の適応度と繁殖のタイミングの関係を合わせて理解する必要があるだろう。

第4章　内分泌物質と生活史

富 田 直 樹

　内分泌物質(以下，ホルモンとする)は脊椎動物の行動を至近的に支配する。鳥類の生活史においては，様々な場面で重要な役割を担う。たとえば，性ホルモンのアンドロゲン(雄性ホルモン)の一種で，攻撃性を高めるテストステロンがある。1回の繁殖で複数の卵を産む鳥において，巣内では常に孵化のタイミングや卵サイズの違いに起因して親から与えられる餌をめぐるヒナ間競争が起こり，後に孵化したヒナの生存は脅かされる。近年，卵黄内にテストステロンが含まれ，その濃度が産卵順と規則的な関係にあることがわかった。特に，後から孵化する卵には多くのテストステロンが含まれることがあり，その生理作用によってヒナは孵化後すぐに活発に餌乞いすることができる。これは，環境条件に応じて適応度を高めるためのメスによる資源の配分と考えられ，母性効果と呼ばれる。本章では，ホルモン，特に性ホルモンのテストステロンを中心に鳥類の生活史との関係について，これまでの研究を概観し，今後の展開を検討する。

1　はじめに

　生活史理論の大部分は，これまで述べられてきたように何かしらのトレードオフを軸として研究や議論が展開されている[1, 2]。トレードオフは，生活史形質，行動，生理機能など，様々な段階において現れることが示されている。たとえば，メスの親鳥が第1回目の繁殖で世話をする卵の数を実験的に増やした場合，続く2回目の繁殖時の産卵数は減少し，さらに繁殖期終了

後の生存率も減少する[3]。これは，現在の繁殖に多くの投資を払うことで，
生存や将来の繁殖に影響を与えるトレードオフの存在を示している。また，
行動間のトレードオフを示した研究では，たとえばオスに実験的にテストス
テロンを投与することで交尾行動などの性行動の増加が確認された。一方，
抱雛などの子の世話に費やす時間と頻度は減少した[4]。これらの生活史形
質，行動，生理機能の間で見られるトレードオフには，必ずといっていいほ
ど至近的な要因として，内分泌系の制御機構が伴っている[5-9]。そのため，
生活史戦略の採りかたを至近的に左右するホルモンは，生活史の重要な部分
を占めているといえる。Ricklefs & Wikelski[10]や堀江[11]は，現在では個
体内の内分泌系，免疫系，代謝系といった生理学的な機構の制約が生活史形
質の進化に影響することを考慮し，環境に応じた表現型可塑性とその生理的
基盤の解明を行うことにより，生活史形質の進化機構を総合的に明らかにす
る段階にあるとしている。

　鳥類のホルモンに関する研究は，繁殖期における雌雄の繁殖行動の活発化
とその至近要因となる日照時間とホルモン分泌の関係の解明を主体として，
なわばり形成，つがい形成，さえずりや羽色などの性的二型の発達，換羽や
渡りなど，至近的な要因として様々なホルモンが重要な働きを担うことが明
らかにされている。

　本章では，生活史形質の決定機構として，これまでに野生下および飼育下
の両方で多くの比較研究が行われている鳥類の内分泌機構の研究を概観し，
今後の展開を検討する。具体的には，繁殖に直接関わる性ステロイドホルモ
ンのアンドロゲン（雄性ホルモン）の一種であるテストステロンを中心として，
それに関係する雌雄の生活史とメスの生活史戦略の一つである母性効果につ
いて紹介する。

　その他のホルモンについては，繁殖に関するホルモンの季節変動と分析方
法などを解説した酒井[12]や和田[13]，ストレスとコルチコステロンの関係
について最新の研究を紹介した風間[14]，ホルモンをはじめとした渡りの至
近的な制御機構を解説したウィングフィールド・ラメノフスキー[15]などを
参照されたい。

2　ホルモンとは

　本題に入る前に，まずはホルモンとは何かについて簡単に説明しよう。ホルモンを含む生理学の教科書は，真島[16]やシュミット＝ニールセン[17]などいくつもあるので，詳細はそちらを参照されたい。

　ホルモンとは，「限定された器官または構造で産生・放出され，離れたところにある他の構造または機能に特異的な効果をもつ物質」と定義されている[17]。つまり，一部の例外を除いて，ある特定の器官の細胞で産生されたホルモンは，内分泌腺から毛細血管に分泌され，血液によって特定の標的器官に運ばれる。その細胞には個々のホルモンと特異的に結合する受容体(レセプター)が存在し，ホルモンと結合する。この特異性によって，産生細胞から標的細胞にホルモンを介して情報が伝達され，種々の生理作用が発現する。したがって，ホルモンによって伝えられる情報の量は，分泌されるホルモン量だけでなく，標的細胞の受容体の数，およびホルモンと受容体の結合の親和性によって決定される[12]。ホルモンは，化学構造の違いから「ステロイド」，「ペプチド・タンパク質」，および「アミノ酸誘導体」の3つのグループに分類される。

　ステロイドホルモンは，ステロイド骨格と呼ばれる炭素の6員環が3つと5員環が1つの特徴的な基本構造からなるコレステロールに由来し，脂溶性である。この構造を少し変えることによって，生理作用の異なる一連のステロイドホルモンが産生される。アンドロゲンなどの性ホルモンはこれに含まれる。ペプチド・タンパク質ホルモンには，鳥類の抱卵や育雛行動と関係し，近年注目されているプロラクチン(prolactin)があり[18-20]，アミノ酸誘導体には，神経伝達物質由来のノルアドレナリンなどがある。これらのグループに分類されるホルモンは，種類によって脂溶性か水溶性かの性質が異なる。

　脊椎動物では，これまでに多くのホルモンが発見されており，様々な働きを持つことが確認されている。ホルモンによって制御される生理機能は，消化などの代謝機能と体内の浸透調整などによって恒常性(ホメオスタシス)を

維持・調整することと，成長や発生，生殖に関係したものと大きく2つに分けることができる。性ステロイドホルモンは，後者の機能と関係している。

3　テストステロンと雌雄の生活史

　テストステロン（testosterone）は，性ステロイドホルモンであるアンドロゲン（androgen，雄性ホルモンとも呼ばれる）の代表的なホルモンで，オスの二次性徴や生殖などに関係する。主に精巣から分泌されるが，副腎皮質や卵巣からも分泌される（図4-1）。性ステロイドホルモンには，他に卵巣から分泌されメスの二次性徴の発現や，卵管の発達，卵胞への卵黄の蓄積，産卵の誘発と関係するエストロゲン（estrogen，卵胞ホルモン）や黄体ホルモン（corpus luteum hormone）がある。代表的なものとして，エストロゲンにはエストラジオール-17β（estradiol-17β），黄体ホルモンにはプロゲステロン（progesterone）がある[21, 22]（図4-1）。

　精巣から分泌されるテストステロンの調節には，脳の中枢にある視床下部や下垂体が深く関わっている（図4-1）。日長などの環境の変化が中枢神経系で感知されることによって，まず視床下部から生殖腺刺激ホルモン放出ホルモン（gonadotropin-releasing hormone，GnRH）が分泌され，下垂体に作用する。下垂体では，濾胞（卵胞）刺激ホルモン（follicle-stimulating hormone，FSH）や黄体形成ホルモン（lutenizing hormone，LH）の分泌が促進され，生殖器官を刺激し，精巣からはテストステロンが分泌される。これを「視床下部―下垂体―生殖腺軸（HPG axis）」という（図4-1）。

　GnRH，FSH，LH，およびテストステロンとの間には，負のフィードバック機構が働いている（図4-1）。たとえば，下垂体から分泌されたLHの増加は，視床下部からのGnRHの分泌を抑制したり，精巣から分泌されたテストステロンは，下垂体に作用してLHの分泌を抑制したりする。このように，ホルモンは相互に関連し合いながら，繁殖期に特定のホルモンの分泌が促進されるといった調整が行われている。この調整に影響する主な環境要因としては日長があり，その変化に脳内の松果体が反応し，情報が視床下部

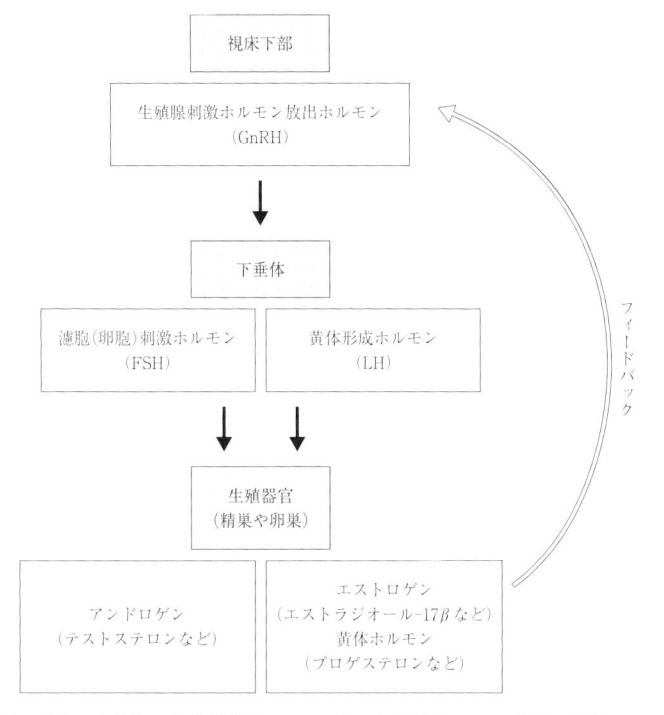

図4-1　視床下部—下垂体—生殖腺軸(HPG axis)による性ホルモン分泌の調整

へと伝えられる。そのため，テストステロンなどの性ステロイドホルモンの分泌は，規則正しい年周期を持つ。ちなみに，副腎皮質においては，「視床下部—下垂体—副腎(HPA axis)」を介して，副腎皮質刺激ホルモン(adrenocorticotropic hormone，ACTH)などのホルモンが働く。

　テストステロンの生理作用は，1)精巣および副性器の発育，精子形成を促進し，オスの二次性徴を発現させる，2)基礎代謝を増加させ，筋肉や肝臓などの器官における蛋白同化の促進によって，骨格や筋肉の成長を促進させる，3)中枢神経系に作用して，闘争的行動を出現させたり，繁殖行動を促進したりする。アンドロゲンにはほかに，テストステロンが5α還元酵素により変化したジヒドロテストステロン(dihydrotestosterone，DHT)や，肝臓や筋肉などの組織でテストステロンと可逆的な変化をするアンドロステンジオン

(androstenedione)がある。テストステロンと比較して，ジヒドロテストステロンは受容体との親和性が高く，アンドロステンジオンは生理作用が弱いなどの性質がある。

3.1　テストステロンとオスの生活史

　テストステロンと鳥類の繁殖に関わる形質との関係については，主に自然条件下で対象とする形質の個体差と血液や糞などに含まれるテストステロン濃度との相関関係を観察する方法や，なわばりの侵入者など闘争相手を模した剥製の提示実験，ホルモンの錠剤やチューブを皮下に埋め込むことで人工的に血中ホルモン濃度を上昇させる操作実験([14]を参照)などで検証されてきた。これにより鳥類のオスでは，テストステロンの生理作用に基づいて，繁殖行動ではなわばり形成やオス間の攻撃性の強化，さえずり・歌の発達[23, 24]，求愛や交尾行動の促進[25, 26]，生理学的には精子形成の促進[27]，形態的には筋肉の発達[28]などの繁殖に関わる形質がテストステロンによって調整されることで，適応度の増加につながることがこれまでの多くの研究によって示されている(図4-2)。

　さらに，テストステロンは，代謝や免疫機能など生活史形質における生理機能にも影響を及ぼす[5, 29]。これらの形質のいくつかは，テストステロンによって負の影響を受けることも知られている(図4-2)。たとえば，血中のテストステロン濃度が高いオスは，免疫機能が低下し，生存率が低くなることがある[29]。ユキヒメドリ *Junco hyemalis* において長期的に行われた一連の生活史研究では，自然条件下で血中のテストステロン濃度が高いオス，あるいは実験的に血中のテストステロン濃度を高められたオスのいずれも，対照群と比較してなわばりサイズは大きく，繁殖成績も向上し，さらにつがい外受精の頻度も高まった[30-33]。一方，このようなオスは，給餌頻度などのヒナへの投資や自身の生存率が減少するとともに免疫機能も低下し，換羽も抑制された。つまり，繁殖に関わる形質間における行動や生理機能のトレードオフは，テストステロンによって調整されることが示された(図4-2)。このようなテストステロンによる形質間のトレードオフの調整は，相対的なテ

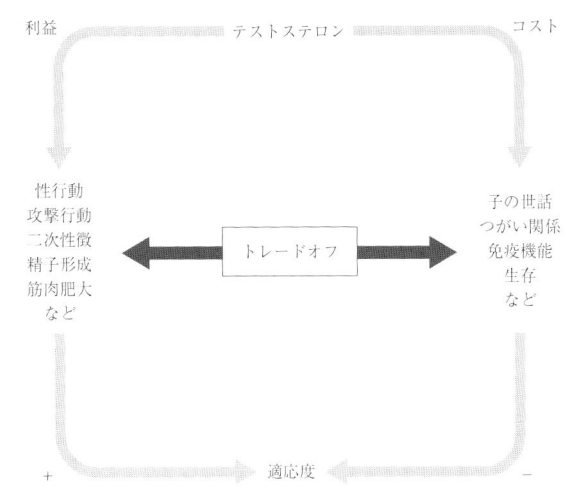

図 4-2 オスのテストステロンとその影響下にある形質
資料) Hau & Wingfield [110] を改変。

ストステロン濃度を用いた種間比較においても同様の結果が得られている[34, 35]。

　また，分泌されるテストステロンの量は，繁殖ステージと関連して大きく変動し，さらに配偶システムによっても異なることが知られている。多くの社会的一夫一妻の鳥類では共通した血中テストステロン濃度の変動がある。つまり，繁殖期早期のなわばり争いの時期から増加し，つがい形成の時期にピークを示し，育雛期には減少する[36]。対照的に，オスによる子の世話がない一夫多妻の鳥類では，オスは複数回行われるつがい形成と交尾に精力を注ぐ。そのため，テストステロン濃度は繁殖期を通して高い傾向にある[37]。つまり，テストステロンは，配偶システムや種特異的な生活史に応じて多様な働きを示すことがわかる。

　このように，これまでの種内・種間の比較研究によって，オスの生活史形質，行動，生理機能の間で見られたトレードオフは，テストステロンの影響を受けて至近的に調整されると考えられている(図4-2)。しかし，近年の操作実験において，人工的に高められたテストステロンに対してオスの性行動

は反応を示すが，オス間の攻撃や子の世話に関する行動については必ずしも反応を示さないという結果も得られている[38]。Lynn [38]は，捕食者や気温の低下，餌環境の悪化など生態的な制約が，テストステロンによるトレードオフの制御機構の特異性の進化を作り出すと主張している。今後の課題として，種および個体群内の包括的な分析結果のさらなる蓄積と他分類群との比較研究の必要性が提案されている。

3.2 テストステロンとメスの生活史

テストステロンは，雄性ホルモンといわれるようにオスの生活史形質，行動，生理機能などに影響を与えるホルモンとして，これまでに多くの鳥類でその機能が調べられてきた。メスにおいてもテストステロンは，卵巣や副腎皮質で産生・分泌されている。分泌量はオスと比較してはるかに少ないが，オスと同様に繁殖ステージと関連して変動することや配偶様式によって異なることが知られている[39, 40]。さらに，いくつかの種でメスの繁殖に関わる形質とテストステロンの関係が実験的に検証されており，オスとは異なる結果も報告されている[39]。ここでは，メスのテストステロンと繁殖に関わる生活史形質，行動，生理機能との関係を概説し，今後の課題を示す。

メスの血中テストステロン濃度は，繁殖ステージと関連して変動し，その変動パターンはオスと似ている。つまり，これまでに報告されたほとんどの種で，テストステロンは産卵直前あるいは産卵期にピークを示し，その後育雛期にかけて減少する[39]。この時期のピークは主に卵生産に関連したものと考えられており，テストステロンは卵黄物質の取り込みが行われる卵胞の卵胞壁で産生される[22]。このテストステロンは，卵胞の発育を促進するエストロゲンに変換されるとともに[16]，輸卵管における卵白の主成分タンパク質であるアルブミンの調整も行う[41]。また，産卵直前あるいは産卵期にメスが分泌するテストステロンは，母性効果として雛の行動などに影響を及ぼす卵黄内のテストステロンと関係すると考えられている([42]，本章第4節参照)。

配偶様式によってもメスのテストステロン濃度は異なる[39]。たとえば，

多様な配偶様式を持つヨーロッパカヤクグリ *Prunella modularis* では，一夫多妻や多夫多妻の状況に置かれたメスは，オスの繁殖投資をめぐり他メスに対して激しい追い払いや威嚇を行う[43]。このようなメスと一夫一妻のメスで，糞に含まれるテストステロンの濃度を比較すると，前者のほうが有意に高く，さえずりの頻度も多かった。また，オスを除去することでメス間競争を誘発すると，テストステロン濃度が上昇するとともに競争時に特有な鳴声の頻度も増加した。つまり，テストステロンは，卵生産やオスの繁殖投資などの資源をめぐるメスの行動や形質において，その状況に応じた機能を示すと考えられる。

　テストステロンとメスの繁殖に関わる形質との関係については，その生理作用に基づく操作実験によって，オスと同様に同性個体への攻撃頻度の増加[44-47]や体重の増加[48]が確認された。さらに，繁殖期のオスのような振る舞いを見せるメスもいる[49-51]。たとえば，セキセイインコ *Melopsittacus undulates* では，操作実験により血中テストステロン濃度を高められたメスは，通常のメスでは観察されない蠟膜の変色，さえずりの増加や求愛行動（求愛給餌やマウンティング）が確認された[49, 51]。一方，生活史形質や子の世話について，オスと同様に間接的あるいは直接的に適応度の減少につながる事例も確認された。たとえば，産卵の遅れや抱卵斑の未発達[46]，クラッチサイズの減少[52-54]，ヒナへの給餌頻度や抱雛時間の減少[53, 55]，巣立ちヒナ数の減少[53-55]，免疫機能の抑制[47, 56]などがある。しかし，種や個体群が異なると，体サイズ[50]，抱卵時間や巣の防衛頻度[46]，ヒナへの給餌頻度[55]，自身の生存[54]など，テストステロン濃度の上昇の影響を受けなかった形質もあった。

　このように，テストステロンによるメスの生活史形質間のトレードオフの調整の有無は，たとえ同じ種や個体群内であっても，オスと異なり統一した見解が得られていない。また，これらの操作実験の結果には懐疑的な意見も出されている[57, 58]。たとえば，人工的に高められたテストステロン濃度がメスが自然条件下で経験しない濃度であること，高濃度のテストステロンにさらされる期間が繁殖期を通してなど長期間に及ぶこと，テストステロン

の影響が異なると考えられる飼育下と自然条件下のデータが混同されていることなどの指摘がある。近年は、テストステロンの錠剤やチューブの移植による操作実験に代わり、視床下部から放出され下垂体を刺激するGnRH（第3節参照）を投与することで、個体のテストステロンの産生能を定量化し、生活史形質との関係を観察する方法も用いられるようになった[59]。メスのテストステロンに関する研究事例は、オスに比べてまだ少ない。そのため、今後も新しい調査方法の検討とデータ蓄積、比較研究を行い、テストステロンによって至近的に調整されるメスの生活史形質を理解することが必要である。

4　テストステロンを介した母性効果

　前節で紹介したように、メスの体内でもテストステロンは産生され、生活史形質や行動などに影響することが明らかとなっている。さらに、メスの体内で産生されたテストステロンは、自身が産む卵へも移行し、それがヒナの表現型や生活史形質に影響を与えることが近年明らかとなった。ここでは、メスの生活史戦略の一つである母性効果（maternal effect）、特に近年注目されるようになった卵に含まれるテストステロンを介した母性効果について紹介する。

　親、特にメス親は遺伝形質以外のメカニズムによって子の表現型や行動に影響を与えることができる。これは、「母性効果」と呼ばれ、様々な動物群で見いだされている[60]。特に、鳥類は、母性効果の検証において優れたモデル生物とされている。なぜなら鳥類の胚発生は、メス親の体外で、相対的に大きな密閉された卵の中で進む。そのため、一旦産卵されると、メス親は胚発生に必要な資源を調整することはできない。したがって、造卵期の母性効果は、卵のサイズや質（卵黄内のホルモンなど）を介して子の成長や生存の繁殖成功に強い影響を与えることができる。研究の進展に伴い近年では、メス親が適応度を最大にするため、自身が置かれている環境に応じて、子の成長や発達、行動などの表現型を調節できる適応的な表現型可塑性の効果として認識されるようになった[60]。

　鳥類では，カナリア *Serinus canaria* で初めて卵黄内にメス親由来の複数のステロイドホルモンが含まれること，卵黄内のホルモン濃度はクラッチ内の産卵順と規則的な関係にあることが，Schwabl [61] によって報告された。このうちテストステロンは，クラッチ内で先に産まれた卵ほどその平均濃度が低く，産卵順に伴って増加する傾向を示した。テストステロン濃度が高い産卵順が後の卵から孵化したヒナは，同じクラッチ内のヒナと比較して，餌をめぐる社会的順位が高くなった。さらに，卵黄内のテストステロンが，孵化したヒナの成長や行動にどのような影響を与えるかを調べるため，卵黄内にテストステロンを直接注入し，人工的にその濃度を高める操作実験が行われた[62]。その結果，テストステロン濃度を高められた卵から孵化したヒナは，対照群と比較して，餌乞い時間が長くなり，成長速度は高まった。これは，テストステロンの生理作用(本章第3節参照)によるものと考えられ，親からの餌をめぐるクラッチ内のヒナ間競争において，ヒナ間の孵化タイミングがずれること(非同時孵化)で起こる，後に孵化したヒナの不利な点を和らげる効果を持つと考えられた(図 4-3)。

　このようなクラッチ内の各卵で異なるメス親由来のテストステロンの配分(differential allocation)は，非同時孵化を引き起こす餌環境や捕食者などの生態的な制約の中で適応度を最適にするためのメス親の配分と考えられた(非同時孵化調節仮説 Hatching asynchrony adjustment hypothesis [63])。これは，ヒナ間の成長や生存の違いを生みだす卵サイズ差[64]や，抱卵開始のタイミングと関連する孵化タイミングのずれ[65-67]に加わる新たな母性効果として注目された。

　まずは，卵黄内のテストステロンが，卵内の胚の発生や孵化後のヒナに対してどのような効果を持つかを紹介する。続いて，クラッチ内とクラッチ間のテストステロンの配分に影響する要因を紹介する。

4.1　卵内の胚と孵化後のヒナに対する卵黄内のテストステロンの効果

　卵黄内のテストステロンが持つ卵内の胚や孵化後のヒナに対する効果は，主に卵黄内のホルモン濃度を直接測定するか，あるいは卵黄内に直接ホルモ

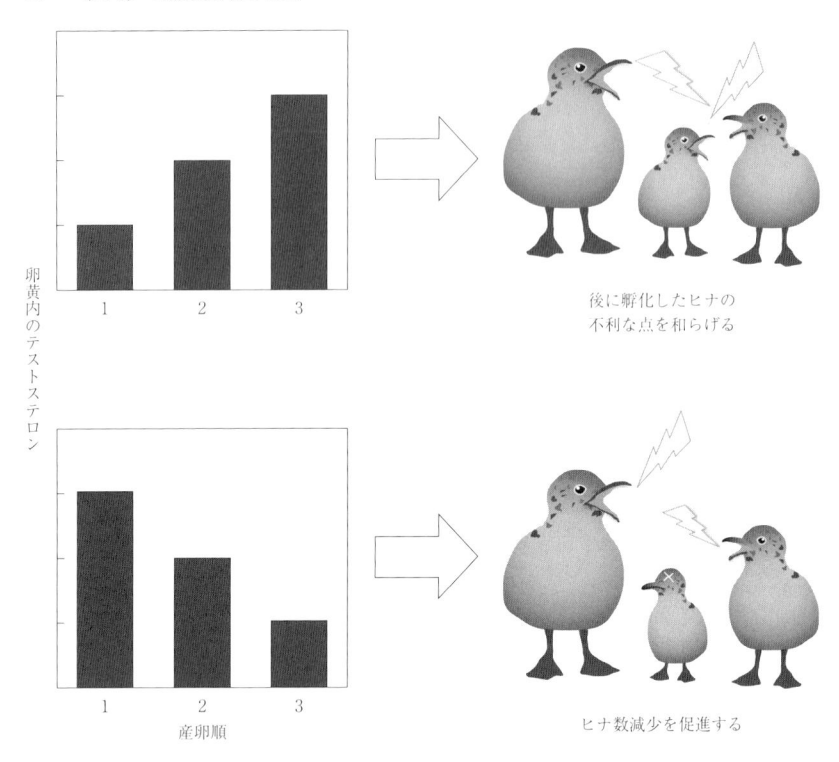

図 4-3　卵黄内のテストステロンと産卵順の関係がクラッチ内のヒナ間競争に与える影響

ンを注入し，人工的に卵黄内のホルモン濃度を上昇させるかして，この卵から孵化したヒナの形質や行動を観察する方法で検証されてきた。両者ともに，卵の鋭端に注射針で穴を開け，注射器で卵黄の採取あるいはホルモンの注入を行う。卵の穴は，医療用のシールでふたをして，巣に戻し，孵化するのを待つ。卵に雑菌が入ると卵は腐ってしまうため，実験器具の消毒や作業は慎重に行う必要がある。さらに，卵黄内のホルモン濃度は，抱卵とともに変化するため[68, 69]，メス親由来のホルモンを測定するためには，産卵後できる限り早く，遅くとも24時間以内には卵黄を採取する必要がある。また，卵黄内のホルモンの分布は均一ではなく，同心円状に濃度が異なることも

知っておく必要がある[70, 71]。卵黄の採取や卵黄からのホルモン抽出，注入実験などの注意点は，Groothuis & von Engelhardt [72]や von Engelhardt & Groothuis [73]に詳しいので参照されたい。

これらの研究によって，卵内の胚やヒナにおいても，成鳥と同様にテストステロンの生理作用に基づく卵黄内のテストステロンの効果が確認されている。たとえば，胚やヒナの成長速度の上昇[74, 75]，孵化時の殻割りや餌乞いの際に必要な首の筋肉量の増加[76, 77]，餌乞い行動や餌とり競争の活発化[62, 78]，なわばり防衛行動の増加[79]，巣立ちまでの生存率の上昇[80, 81]などの胚やヒナの生存に関わる形質や行動が，テストステロンによって調整されることが示されている。一方で，ヒナの成長速度の上昇と関連した免疫機能の抑制[82, 83]や巣立ちまでの生存率の低下[84]など，事例は少ないがコストとしての負の効果も成鳥と同様に報告されている。このように胚やヒナに対する卵黄内のテストステロンの効果については，クラッチ内のヒナ間競争の調整に注目が集まり，これまで巣立ちまでの比較的短期間しか観察されてこなかった。しかし，近年は長期的な効果を調べた研究もある。たとえば，ユリカモメ *Larus ridibundus* では，人工的に卵黄内のテストステロン濃度を高めた卵から孵化した個体の約1年後を観察した[85]。その結果，対照群の個体と比較して，頭部の羽衣の黒色味や雨覆の白色は強まり，行動もカモメ類に特有の傾斜姿勢のディスプレイや攻撃的なつつきの頻度が増加し，より早く成鳥の特徴を示した。これは，孵化後の早い段階でテストステロンの影響を多く受けることで，成鳥になってからのテストステロンの感受性が高まったため，あるいは HPG axis が活性化されたためと考えられている。つまり，卵黄内のテストステロンは，長期的に行動や形質に影響を与え，適応度の増加につながることを示唆した。また，他にも性的二型を示す種では，卵黄内のテストステロンは，短期あるいは長期のどちらにおいても性特異的な影響を示すことも報告されており，研究を行う際には注意が必要である[86-88]。

4.2　クラッチ内のテストステロンの配分

　先に紹介した卵黄内のテストステロンと産卵順との規則的な関係は，テストステロンの生理作用とクラッチ内の孵化タイミングに関連して，鳥類の母性効果をよく特徴づけている。産卵順に伴って卵黄内のテストステロン濃度が増加する種は，カナリア以外にもよく報告されている[63, 89]。一方，これとは逆の傾向や産卵順とは関係性がない種もいる[63]。たとえば，巣内で兄弟殺し(siblicide)が起こるアマサギ *Bubulcus ibis* では，3卵の巣において，卵黄内のテストステロン濃度は，最終卵が先の2卵と比較して有意に低くなった[90]。これは，非同時孵化において先に孵化したヒナが生存に有利になるホルモンの配分で，特に餌環境が悪いときにはヒナ数減少(brood reduction)を促進すると考えられ，非同時孵化調節仮説の一部として解釈されている(図4-3)。

　さらに，種ごとの平均的なテストステロン濃度だけでなく，個体ごとにクラッチ内のテストステロンの配分を見ると，メス親の年齢[91]，産卵時期[92, 93]，行動特性[94]，餌環境[95]によっても異なることが明らかとなってきた。たとえば，ユリカモメのテストステロンの配分は，産卵順に伴って平均的に増加する[93]。ただし，クラッチ内の初卵と最終卵のテストステロンの濃度差は，産卵時期が遅くなるほど大きくなった。この研究において，産卵時期の早い巣は，クラッチ内の最終卵の産卵前後まで抱卵が開始されず，産卵時期が遅いほど徐々に初卵産卵後の早い段階で抱卵が開始された。つまり，産卵時期の遅い巣ほど非同時孵化の程度は大きくなり，ヒナ間の格差は大きくなる。したがって，クラッチ内のテストステロンの配分は，非同時孵化と関連したヒナ間の格差を和らげる機能を持つことを支持した。また，探索行動の活発さから個体によって‘大胆な(bold)’と‘慎重な(shy)’の2つの行動特性に分けられるヨーロッパシジュウカラ *Parus major* では[96]，クラッチ内のテストステロンの配分は，産卵順とともに前者で増加し，後者で減少した[94]。産卵時期も2つの行動特性間で異なり，前者のほうが早く産卵を始める。つまり，年や季節によって変化する餌環境に対して，より多

くのヒナを巣立たせるのか，あるいはヒナ数減少を引き起こすのか，両者が
採る戦略の違いを反映していることがわかる。

このように同じ種や個体群であってもメス親の形質や生態的要因によって
クラッチ内のテストステロンの配分は個体ごとに異なり，それぞれ適応的に
機能すると考えられている。ただし，非同時孵化の程度やヒナ数減少の役割
には，卵サイズやクラッチサイズなど他の要因も複雑に絡むため，今後は実
験的な検証も必要である。

4.3 クラッチ間で異なる卵黄内のテストステロンの配分

卵黄内のテストステロンの配分は，クラッチ間でも，メス親が置かれてい
る環境や自身の形質，さらに性選択に関連したオスの形質などの影響で大き
く異なる。たとえば，営巣する地域の巣の密度やなわばりへの侵入者の存在
が影響する事例がある[97-100]。イエスズメ *Passer domesticus* では，巣箱の
近くにつがい以外のオスを産卵期に提示することでメス親を刺激し，血中と
卵黄内のテストステロン濃度にどのような影響があるかが検証された[98]。
その結果，メスは侵入者に対して強い警戒を示したが，それによって血中の
テストステロン濃度が高くなることはなく，むしろ使用中の巣箱が周囲にた
くさんあるほど(巣密度が高いほど)高くなった。一方，卵黄内のテストステ
ロン濃度は，予想に反して血中のテストステロン濃度とは負の相関関係を示
し，メス親の警戒が強いほど高くなった。さらに，侵入者を提示されたメス
親では，対照群と比べて卵黄内のテストステロン濃度は，使用中の巣箱が周
囲に多いほど高くなった。つまり，メス親の経験した侵入者の存在と巣密度
の相互作用が，卵黄内のテストステロン濃度に影響したと考えられている。

また，性選択に関連したオスの形質が影響することもある[101-103]。ヨー
ロッパシジュウカラでは，産卵日や産卵時期の気温の他に，喉の黒帯の面積
が大きなオスとつがいになったメス親の卵重は増加した[103]。さらに，卵
黄内のテストステロン濃度は，オスの巣密度やなわばりの質の他に，オスの
羽毛の黄色味が濃いほど，高くなった。性選択に関連してつがい相手の形質
が，適応度を高めるように卵の質に影響することが示された。これらのほか

に，メス親のコンディションや攻撃性[104, 105]，餌資源[95, 105]なども関係
することが報告されている。

5　今後の課題

　卵黄内のテストステロンを介した母性効果については，まだ解明されてい
ないことが多くある。たとえば，メス親から卵黄内へのテストステロンの移
行に関するメカニズムである。このメカニズムは，卵胞への卵黄物質の取り
込みが始まる急速な卵胞成長期におけるメス親の血中テストステロン濃度を
反映することや，卵巣の卵胞壁からの直接的な分泌など，いくつかの可能性
が挙げられているが，未だに解明されていない[70, 71, 106]。つまり，卵黄内
へのテストステロンの移行は，メス親による能動的で適応的な操作なのか，
あるいは環境要因などによる制約なのかは，議論が続いており，テストステ
ロンをはじめとしたホルモンを介した母性効果の進化を解明するための重要
な課題となっている。

　本章では，主にテストステロンについて述べたが，鳥類の生活史戦略の採
りかたを至近的に左右するホルモンはほかにもいくつもあり（[18]など），こ
れらが複雑に絡み合って生活史形質や行動として表れている。また，ホルモ
ン以外にもカロテノイド[107, 108]や免疫グロブリン[109]など生活史形質に影
響する生理的な機構は存在する。生活史進化の研究を発展させるために，今
後は表現型可塑性とこれらの生理的な機構との関係を解明する必要がある。

第2部　行動と生活史

第5章　営巣戦略

中　原　　亨

　鳥類の多くは繁殖期に入ると巣を造り始め，営巣場所は行動圏の中心となる。巣は R. Dawkins のいうところの「延長された表現型」[1]の典型例であり，様々な選択圧の下で進化してきた。その結果，営巣様式は種によって異なっており，営巣環境も幅広い。この多様性は生活史形質とも大いに関係がある。また，営巣戦略は繁殖成功に影響する。特に捕食リスクと営巣戦略の関係性は興味深く，捕食リスクの大小に応じた営巣戦略の変化がいくつも報告されている。本章では鳥類の多様な営巣様式を紹介したのち，営巣様式と生活史との関係性，鳥類の営巣場所選択のプロセス，そして捕食リスクに応じた営巣戦略について解説する。

1　はじめに

　鳥類の「巣」は，「卵や子の生存や発達を補助する外的構造」と定義される[2]。親鳥は巣を造り，その中に卵を産んで温める。巣の持つ機能として最も重要なものは，温度の維持である。鳥類の卵は，低温下では発生を開始せず，高温下では胚発生が阻害されるので死亡リスクが増加する。そのため，胚発生が始まってから孵化するまでの間，卵は適切な温度で保たれる必要がある。一般的な鳥類の抱卵温度は 30〜40℃ であり[3]，親鳥はこの温度を維持しなくてはならない。またスズメ目 Passeriformes などの晩成性種のヒナでは，孵化直後は羽毛が生え揃っておらず，内温性を獲得できていないため，低温下では体温が低下してしまう。巣は，胚発生時や育雛時に外界の温度変

化の影響を直接受けないようにし，巣内を保温する役割を担っている。最適
な温度条件を実現するために，親鳥は巣内の状態を調節することもある。た
とえばエナガ *Aegithalos caudatus* では，産卵日の遅い巣ほど産座に使用さ
れる羽毛の量が少ないが，断熱効果の低下は見られない。これは季節的な気
温の上昇に合わせて羽毛の量が決められていることを示唆する[4]。このほ
かにも，鳥類の巣は，強い日射を遮る・風雨から守るといったシェルターの
役割も担っている[5, 6]。

　しかし，巣の重要性は種によって異なる。たとえば，カモ目 Anseriformes
などの水鳥の多くは早成性であり，巣で産卵し抱卵するが，ヒナが孵るとす
ぐにヒナを連れて巣から離れてしまう。こうした種では巣は抱卵のためだけ
に必要なものであるため，構造は単純である[7]。一方，晩成性の種は，ヒ
ナの孵化後もある程度成長するまで餌を運び，巣を利用し続ける。晩成性種
のヒナは，孵化直後は目が見えず，羽毛も生えておらず，立つこともできず，
巣の外に出てしまうと生存できない。そのため巣はヒナが巣立つまでの長期
にわたって必要とされる。

　また，造巣に関わるコストの大きさも様々である。一般に，造巣に要する
エネルギー消費は大きく[8, 9]，たとえば，巣材を集めるのに親鳥が 1000 回
以上行き来することも少なくない[6]。しかし，卵やヒナを外部環境から保
護するという機能を達成するための巣の形態は，それぞれの種の生活史や営
巣環境により大きく異なり，それに応じて造巣コストも大きく異なる(次節を
参照のこと)。

　このように，それぞれの種における巣の重要性，言い換えれば，巣によっ
てもたらされる利益と造巣のコストの関係に基づいて，鳥類では多様な営巣
様式が広まっている。

2　営巣様式の分類

　鳥類の営巣様式は多様である。Collias & Collias [6]は，おおまかな進化の
流れに従って，鳥類の営巣様式を A：自然界の熱を利用して卵を温める，

B：自然界の熱を利用しつつ親鳥も抱卵する，C：親鳥が抱卵する，D：他種を利用する，の大きく4つのタイプに分類している。分類方法や分類基準によってはさらに細かく分ける場合もあるが[5, 10, 11]，ここでは Collias & Collias [6]の分類に従って営巣様式を紹介する(表5-1)。

A：自然界の熱を利用して卵を温める

自然界では，太陽光・火山活動・微生物による有機物の分解などにより熱が発生する。ツカツクリ科 Megapodiidae は，親鳥は抱卵を行わず，このような自然界の熱を利用して卵を温める(図5-1-a)。オーストラリアの乾燥地帯に生息するクサムラツカツクリ *Leipoa ocellata* は，直径3 m，高さ1 mほどの砂のマウンド(塚)を作る。メスはその内部に卵を産み，太陽光や分解熱を利用することによって巣内の温度を一定に保つ[6]。

B：自然界の熱を利用しつつ親鳥も抱卵する

チドリ科 Charadriidae では砂地の窪みなどに直接産卵する種が多く見られる(図5-1-b)。通常は自ら抱卵を行うが，南半球などの高温環境下で繁殖する種では，巣材や砂の中に卵を埋めて保温することもある[12-14]。また，オーストラリアに生息するカエデチョウ科 Estrildidae は，巣内に産卵し自ら抱卵も行う一方で，暑い日中は抱卵を行わない[6]。

C：親鳥が抱卵する

鳥類では親鳥が抱卵するのが普通である。このようなタイプは，巣の形態によりさらに5つのサブタイプに分けられる。

C-1：巣を造らない

地面・岩場・樹木などに直接産卵し，抱卵する[5, 6, 10]。コウテイペンギン *Aptenodytes forsteri* やキングペンギン *A. patagonicus* は，抱卵囊を用いて卵を温める[15]。

C-2：穴に営巣する

樹木・地面・アリ塚やシロアリの巣などに自ら穴を掘って巣を造る種と

表 5-1　様々な営巣様式

営 巣 様 式	代表分類群・代表種	備 考
A：自然界の熱を利用	ツカツクリ科 Megapodiidae	地熱・分解熱を利用
B：自然界の熱を利用 　（親鳥も抱卵する）	チドリ科 Charadriidae カエデチョウ科 Estrildidae	地熱を利用 気温の高い時間帯は抱卵しない
C：親鳥が抱卵する	C-1：巣を造らない 　ヨタカ目 Caprimulgiformes 　ウミガラス Uria aalge 　シロアジサシ Gygis alba 　コウテイペンギン Aptenodytes forsteri, 　　キングペンギン A. patagonicus	［場所］地面 ［場所］岩場 ［場所］樹上 抱卵嚢で温める
	C-2：穴に営巣する 　キツツキ科 Picidae, 　カワセミ科 Alcedinidae 　サイチョウ科 Bucerotidae, シジュウ 　　カラ科 Paridae 　ミズナギドリ科 Procellariidae 　カンムリウミスズメ Synthliboramphus 　　wumizusume	［場所］樹洞(一次) ［場所］樹洞(一次)・崖・アリ 　　塚やシロアリの巣 ［場所］樹洞(二次) ［場所］地面 ［場所］岩の隙間
	C-3：屋根のないカップ型の巣を造る 　メジロ科 Zosteropidae 　ハト科 Columbidae, サギ科 Ardeidae 　アホウドリ科 Diomedeidae 　ツバメ科 Hirundinidae 　カイツブリ科 Podicipedidae	最も一般的 ［形状］深いカップ型 ［形状］皿型 ［場所］地面 ［場所］崖・軒下 ［場所］水上
	C-4：ドーム型の巣を造る 　タイヨウチョウ科 Nectariniidae, セ 　　ンニョムシクイ属 Gerygone 　ツリスガラ科 Remizidae 　サイホウチョウ属 Orthotomus 　ハタオリドリ科 Ploceidae 　カササギ Pica pica	熱帯に多く, スズメ目以外では 　珍しい ［巣材］コケ・植物・クモの巣 ［巣材］綿毛・獣毛 ［特徴］巣の本体はカップ型だ 　が, 大きな葉が上部を覆う屋 　根になっている ［特徴］丁寧に植物を編み込む ［特徴］木の枝で大きな巣を作る
	C-5：集合巣を造る 　シャカイハタオリ Philetairus socius, オ 　　オハタオリドリ亜科 Bubalornithinae, 　　オキナインコ Myiopsitta monachus, 　　ヤシドリ Dulus dominicus	非常に少ない
D：他種を利用する 　（托卵する）	カッコウ科 Cuculidae, テンニンチョウ科 　Viduidae, ミツオシエ科 Indicatoridae, 　コウウチョウ科 Icteridae	

資料）Collias & Collias [6]に基づく分類。

図 5-1　様々な営巣様式。(a)自然熱を利用するオーストラリアツカツクリ *Megapodius reinwardt* の巣(撮影：江口和洋氏)，(b)砂上のコチドリ *Charadrius dubius* の巣，(c)タカサゴシロアリの巣に営巣するリュウキュウアカショウビン *Halcyon coromanda bangsi* の巣(上の穴が実際に使用された巣穴。下の2つは掘りかけた穴。写真提供：矢野晴隆氏)，(d)ドーム型のカレドニアセンニョムシクイ *Gerygone flavolateralis* の巣，(e)大きなドーム型のカササギ *Pica pica* の巣，(f)典型的なカップ型のハイイロオウギビタキ *Rhipidura albiscapa* の巣。

(図5-1-c)，既存の自然樹洞や岩穴・他種の造った巣穴を利用する種が存在する。前者であっても必ずしも自ら穴を掘るわけではなく，既存の穴を利用することもある[16]。樹洞営巣を行う前者を一次樹洞営巣種，後者を二次樹洞営巣種と呼ぶ。これらの種は穴に巣材を運び込んで使用するが，使用する巣材の量は様々であり，フクロウ科 Strigidae・ブッポウソウ科 Coraciidae・カワセミ科 Alcedinidae，枇榔島や耳穴島のカンムリウミスズメ *Synthliboramphus wumizusume* の繁殖個体群などはごく少量の巣材を用いるか，巣材を用いない[10, 17, 18]。

C-3：屋根のないカップ型の巣を造る

　屋根のないカップ型は最も一般的な巣の形態である。細かく見れば形状は多様であり，産座の深いものから(図5-1-d)，産座が浅く皿型に近いものまで存在する[10, 11]。営巣場所もまた多様であり，樹木や草本に巣を造るものが多いが，地面・崖や軒下・水上に造るものもいる。

C-4．ドーム型の巣を造る

　ドーム型の巣とは屋根状の構造物を持つ巣の総称である。カップ型と比べて多くの巣材を必要とし，完成させるまでに時間がかかるが，より巣内を隠蔽し，外界から隔離することができると考えられている[6]。形状は多様で，側面に入口のある縦長の巣を枝からぶら下げるもの(図5-1-e)や，カップ型の産座の上部を大きな葉が屋根のように覆うもの，丁寧に植物を編み込んだもの，木の枝を組んだもの(図5-1-f)などがある。

C-5．集合巣を造る

　複数の小部屋からなる集合巣を造り，集団繁殖を行う種もいる。最も有名なものはアフリカのシャカイハタオリ *Philetairus socius* で，最大幅は9mにもなる樹上の共同巣で100つがい以上が繁殖する。この大規模な巣は，巣内の温度のばらつきを抑える効果がある[19]。また，共同で作る分厚い屋根は猛禽類や哺乳類による捕食の低減に効果があるとされる[6]。

D：他種を利用する

　托卵性鳥類は抱卵や育雛を宿主に任せるので，自らは巣を造らない[6]。

Collias & Collias [6]では他種の巣を乗っ取る・他種の古巣を利用する種もここに挙げられているが，托卵鳥とは異なり，それらは産座を作ったり巣を修復したりする上，自ら巣を造ることもある[6]。さらに，多くは自ら抱卵を行う。こうした点を考慮すると，他種の巣を利用するだけの種はタイプ C に分類したほうがよいだろう。

3 営巣様式の進化と生活史

上記のように，鳥類の営巣様式は非常に多様化しているが，現生鳥類では親が滞巣し抱卵するタイプの営巣様式が一般的である。この様式は，ワニ類で見られるような，卵を土中に埋めて自然熱を利用するタイプから進化したと考えられている[6]。現生鳥類に近縁な獣脚類(オビラプトル類やトロオドン類)では，卵の上に覆いかぶさる成体の化石が見つかっており[20, 21]，親の滞巣は現生鳥類の進化以前に進化していたことが明らかになっている。しかし，これらの獣脚類において親が自然熱に頼らずに抱卵していたかについては議論の分かれるところでもある。確かに，これらの獣脚類の卵は，卵を埋めるタイプよりも抱卵するタイプの現生鳥類の卵と特徴が類似しているし[22]，さらにオビラプトル類では抱卵温度が現生鳥類に匹敵するという推定結果もある[23]。一方で，部分的に卵が土中に埋められた巣の化石も発見されている上[24]，オビラプトル類では現生鳥類ほど内温性が進化していなかっただろうという研究結果もある[25]。卵を全く土中に埋めないようになったのは真鳥類の出現以降ではないかと考えられてはいるが[22]，いつ自然熱に頼らないようになったのか，未だ結論は出ていない。

現生鳥類の営巣様式に関しては，それぞれの種の持つ習性や利用する生息場所などが密接に関連しており，なおかつ，反復的進化・収斂進化・平行進化が何度も生じているため，細かな進化の道筋をたどるのは困難とされてきた[6]。しかし，遺伝情報に基づく分子系統樹が登場したことによってその一端が解明されつつある。たとえば，前述のツカツクリ科にはマウンドを作って分解熱を利用するタイプのほかに，穴を掘って地熱などを利用するタ

イプが存在する。近年の分子系統樹に基づいた解析により，現生種の中では前者のほうが祖先的であること，後者は前者から独立に3回進化していること，一度だけ後者から前者への進化も生じていることが明らかになった[26]。ツカツクリ科の営巣様式の進化には，新たな熱源のある地域への分散を可能にする飛行能力の進化や，分散先で得られる熱源の種類が関係していると推測されている[26]。

　鳥類最大の分類群であるスズメ目における巣の形状の進化も詳細が明らかになってきた。現生のスズメ目鳥類の巣の形状は主にカップ型・ドーム型であるが(樹洞営巣もよく見られるが，樹洞内の巣材の構造によってカップ型・ドーム型に分類することができる)，カップ型のほうが多数派である[6, 27]。また，カップ型はドーム型よりも構造が単純であることや，ドーム型の巣はふつうカップ構造を造るところから始められることなどから，スズメ目の祖先的な巣の形状はカップ型であると信じられてきた[6, 27]。しかし，分子系統樹に基づく科レベルの比較研究において，むしろドーム型のほうがスズメ目の巣の祖先的な形状であることが判明した[28](図5-2)。さらに，祖先的なドーム型からカップ型への独立な進化は少なくとも4回生じていた(そのうち3回がオーストラリアで起きていた)[28]。カップ型の巣はドーム型よりも少ない巣材を用いて短期間で完成させられる上，捕食者に遭遇した際に親鳥はドーム型よりも逃げやすいと考えられる。一方で，ドーム型はカップ型よりも捕食者の目や環境の変化にさらされにくく，カップ型の巣よりも保温効果がある[29, 30]。各タイプの巣における利益やコストは，進化的時間スケールの中で変動すると考えられるが，ドーム型からカップ型が進化したという事実は，ドーム型が適応度上有利だった環境が，形質が分岐した当時にはカップ型が有利な環境へと変化したことを示唆する。先行研究における鳥類の分岐年代の推定値を照らし合わせると，スズメ目においてカップ型の巣が初めて出現したのは始新世のオーストラリアだと考えられ，その頃には大陸の分裂とともに大規模な気候・生息環境の変化や新たな捕食者・寄生者の種分化があったと考えられる[31-35]。カップ型を有利にする選択圧になったのは，こうした変化だったのかもしれない[28]。

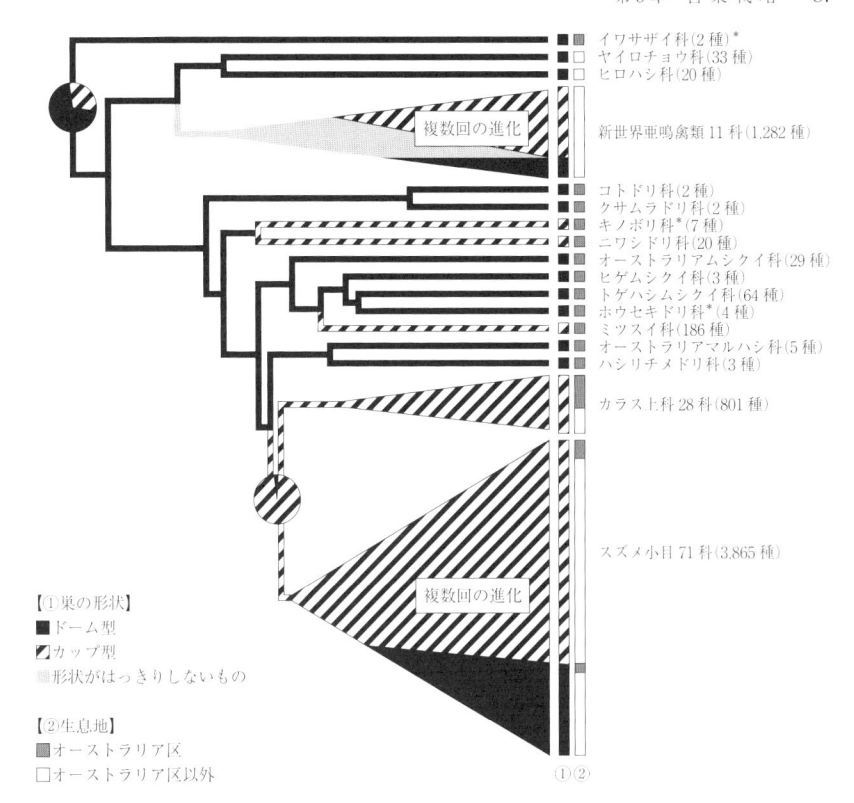

イワサザイ科(2種)*
ヤイロチョウ科(33種)
ヒロハシ科(20種)
新世界亜鳴禽類11科(1,282種)

複数回の進化

コトドリ科(2種)
クサムラドリ科(2種)
キノボリ科*(7種)
ニワシドリ科(20種)
オーストラリアムシクイ科(29種)
ヒゲムシクイ科(3種)
トゲハシムシクイ科(64種)
ホウセキドリ科*(4種)
ミツスイ科(186種)
オーストラリアマルハシ科(5種)
ハシリチメドリ科(3種)

カラス上科28科(801種)

スズメ小目71科(3,865種)

複数回の進化

【①巣の形状】
■ドーム型
▨カップ型
▨形状がはっきりしないもの

【②生息地】
▨オーストラリア区
□オーストラリア区以外

① ②

図 5-2 スズメ目の巣の形態進化の模式図。祖先的なドーム型からカップ型への進化は，新世界亜鳴禽類，キノボリ科―ニワシドリ科，ミツスイ科，カラス上科―スズメ小目のクレードで生じている。系統樹は Hugall & Stuart-Fox [95]，種数は IOC6.1 に基づく。*は，主に樹洞に営巣する分類群を表す。

資料）Price & Griffith [28]を一部改変。

　Bennett & Owens [36]は，営巣様式の多様化は鳥類の生活史形質の多様化を促した主要因の一つであると考えている。彼らは，営巣様式の異なる祖先的系統の比較により，穴やコロニーのような，「安全な」場所で営巣する系統群のほうが，地面やカップ型の巣のような捕食に遭いやすい「危険な」場所で営巣する系統群よりも，繁殖努力が小さく，孵化率や巣立ち率が高く，抱卵期間・育雛期間・繁殖開始までの期間が長いことを明らかにした[36]。Martin [37]もまた，巣の捕食率が低いほど育雛期間が長いことを明らかに

している。安全な場所における営巣では各年齢での死亡率が低くなるため，ゆっくり成長し，1回の繁殖努力が小さいといったスローペースな生活史の進化が引き起こされたのだろう[36]。一方で，危険な場所における営巣では死亡率が高くなるため，逆に早く成長し，短期間に大きな繁殖投資を行うハイペースな生活史が進化したと考えられる。

4　営巣場所選択

　鳥類の営巣場所は森林・岩場・砂浜・水上といった自然環境から都市部の街路樹や人工物に至るまで多岐にわたっている。営巣場所の選択は，繁殖成功に密接に関わる。捕食リスクの高い場所や，温度変化や風雨の影響を受けやすい場所に営巣してしまった場合，繁殖がうまくいかない可能性がある。最適な営巣場所を選択することは，より多くの子孫を残す上で重要である。

4.1　階層的な営巣場所選択

　動物の生息場所選択は階層的なプロセスであると考えられている[38]。鳥類の営巣場所選択も例外ではなく，複数の空間スケールにおいては異なる選択プロセスがある[39]。具体的には，景観スケールにおいては，ある景観要素(森林，草地，市街地など)の占める面積や連結性(connectivity)，異質性(heterogeneity)などが営巣場所を含む行動圏の決定に影響する[40, 41]。一方で，より小規模な空間スケールでは，植生や樹種といった局所的環境や捕食リスクの大きさなどが営巣地点や営巣する高さなどの決定に影響する[42]。たとえば，ポーランドの湿地に営巣するクイナ *Rallus aquaticus* では，巣を中心とした生息場所の選択に際して，景観スケール(半径200 m)においては抽水植物の被度が，なわばりスケール(半径14 m)においては植生密度が影響する[43]。同様にコクイナ *Porzana parva* では，なわばりスケールにおいては植生密度と水深が，より小さな営巣場所スケール(半径3 m)においては植物の草丈が重要となる[43]。また両種とも，なわばりスケールにおいて重要な植生密度が高いほど，巣の生存率が増加することがわかっており，小規

模空間スケールにおける捕食リスクの関連性がうかがえる[43]。

　階層ごとに異なる選択プロセスがあるために，同様の指標でも，その重要性が階層間で異なる場合もある。北アメリカに生息するセグロミユビゲラ *Picoides arcticus* の研究では，なわばりスケール（半径 250 m）で見ると，営巣に利用可能な枯れ木の密度よりも利用可能な餌資源量のほうが営巣環境をよく説明する一方で，営巣場所スケール（半径 12.5 m）では枯れ木の密度が生息場所の選択に重要である[44]。北海道に侵入したカササギ *Pica pica* においても，行動圏スケール内（半径 150 m）の森林面積は営巣場所選択に有意な影響を与えないものの，なわばりスケール（半径 50 m）で見ると巣は高木の多いパッチに作られている[45]。

4.2　古巣の利用・巣の乗っ取り

　鳥類がエネルギーと時間を費やして造り上げた巣は，繁殖後も壊れずに残ることが多い。こうした古巣は，同一個体・同種他個体・他種に再利用されることがある。古巣はダニなどの寄生虫やウイルス・菌・細菌が残っている可能性があるため病気感染のリスクがある[46]。また，場所を記憶できる捕食者に巣を襲われたことがあると，通常よりも捕食リスクが大きくなる[47]。一方で，古巣の再利用には，造巣にかかるエネルギーコスト・時間的コストを削減することができるという利点がある。そのため，同一個体が翌年以降も同じ巣に再営巣するような執着性（nest-site fidelity）を見せる例がしばしば報告される。Shields [48]がアメリカ・ニューヨーク州クランベリー湖のツバメ *Hirundo rustica erythrogaster* を標識して調べた研究では，前年に使用した古巣の再利用率は高く，特にオスの場合には，前年も繁殖した個体の60％以上が同じ巣を再利用していた。また，メスはオスに比べて再利用率が低かったが，前年繁殖に失敗したメスでは全く古巣の利用が見られなかった一方で，前年繁殖に成功したメスの35％が古巣を再利用していた[48]。さらに，カナダのツバメでは，新巣と古巣での繁殖成功に有意差がないことが報告されているほか，先行研究との比較により古巣の再利用率に地域差があることが示されている[49]。これらの研究は，ツバメが地域的な古巣利用のコ

ストを認識し，営巣戦略を変えることによって繁殖成功を最大化させている可能性を示唆する。こうした古巣の再利用は大型鳥類でもよく観察されており，ハクトウワシ *Haliaeetus leucocephalus* などの猛禽類やシュバシコウ *Ciconia ciconia* などは，同じ個体やつがいが複数年にわたって同じ巣を修復しながら再利用する[50-52]。また，前述のツバメの研究では，同一年に同じ巣で複数回繁殖することも報告されている[48]。

　他種の古巣を利用する例としては，猛禽類によるカラス科 Corvidae の古巣の利用が古くから知られている。たとえば，カナダや中国ではチョウゲンボウ類やトラフズク *Asio otus* などの猛禽類がカラス科の古巣を数多く利用する[53, 54]。カナダのコチョウゲンボウ *Falco columbarius* は，カササギよりも高い位置に作られるアメリカガラス *Corvus brachyrhynchos* の巣を好む[54]。この選好性は巣上での視認性の確保や，ネコなどの哺乳類捕食者の回避と関係があると考えられており，古巣の中から条件の良い巣を選択していることがうかがえる。

　樹洞営巣性鳥類においても，同種・他種の古巣の利用はよく見られる。樹洞内には古い巣材や糞・ヒナの死体などが残りやすい上に古い巣材の蓄積によって入口から巣までの距離が短くなる。そのため，他の営巣様式と同様，寄生や感染・捕食に遭うことによる適応度上のコストは存在すると考えられる[55]。しかし造巣コストがかかるという問題もまた存在する上[56]，営巣可能な樹洞の数には制限があるため，古巣の利用は頻繁に生じている。Aitken et al. [16]は，5 年間にわたって延べ 193ヶ所の樹洞をチェックし，使用された樹洞の再利用率を調べた。そして，前年に使用された樹洞の約 37％が翌年にも同種・他種に再利用されており，中でも大きな樹洞が再利用されやすかったことを報告している[16]。大きな樹洞は大きなクラッチサイズを許容できるため，繁殖成績を向上させるかもしれない[57]。樹洞営巣種もまた，より条件の良い「物件」を選択しているのだろう。

　造巣中・営巣中の巣を他者が乗っ取る例も報告されている[58]。巣の乗っ取りは営巣者の反撃に遭うリスクがある一方で，成功すれば造巣コストを削減することができる。アオツラミツスイ *Entomyzon cyanotis* はしばしば，

協同繁殖を行うハイガシラゴウシュウマルハシ *Pomatostomus temporalis* の巣を乗っ取る。巣が乗っ取られやすいなわばりは一部であり，繁殖集団がまとまって採餌に出かけて留守になった間に乗っ取りの機会を得ている可能性が指摘されている[59]。乗っ取り時には，反撃リスクの少ない巣を見極めて選んでいるのかもしれない。

4.3　営巣場所選択の変化がもたらす分布拡大

営巣場所選択傾向の変化は種の分布拡大をもたらすこともある。たとえば，カササギは世界各地で都市部への進出が確認されている[60]。その理由の一端として，中国や日本では人工物への営巣率の増加が挙げられている[61，62]。カササギは通常は樹木に営巣するが，九州北部では，1980 年代から1990 年代にかけて電柱営巣率が急激に増加し，現在は 90% を超えている[62，63]。電柱は巣材を置きやすいため，樹木営巣に比べて造巣コストが小さい。その上，地上性捕食者が巣に接近できず，さらに横枝がないため巣からの視認性もよく防衛しやすいという利点がある[62]。そのため，電柱営巣は樹木営巣よりも繁殖成功が高く，電柱営巣率の増加に伴い，それまで一部に限定されていたカササギの分布域は急速に拡大した[63]。

5　対捕食者戦略

巣の捕食は大多数の鳥類における重要な繁殖失敗の原因である[37，64-66]。そのため，無事に子を巣立たせるには捕食リスクに応じて営巣戦略を変化させることがしばしば必要になる。捕食リスクと営巣戦略の関係についてはLima [47]において詳しくレビューされている。

5.1　営巣場所選択による対捕食者戦略

捕食者は巣の場所を記憶している可能性があり，長期間同じ地域を行動圏にする可能性もある。森林や草原においては，捕食者が以前捕食を行った場所に戻ってくる可能性が高いことが報告されている[67，68]。Lima [47]は，

このような状況下では，巣の捕食に遭った場合に，異なる場所になわばりを移して繁殖することが将来の捕食回避につながる可能性があることを指摘している。実際，樹洞営巣種であるホオジロガモ *Bucephala clangula* では，巣の捕食に遭ったメスは，翌シーズンには繁殖に成功したメスよりも2倍ほど遠くまで移動して繁殖する[69]。ハイイロオウギビタキ *Rhipidura albiscapa* では，巣の捕食に遭ったメスは同一シーズンの再営巣時により遠くに分散することが報告されている[70]。キンメフクロウ *Aegolius funereus* の育雛中のオスでは，実験的に巣箱の上で生きたミンクに4時間遭遇させただけでも繁殖分散距離が増加し，翌年も同じ巣箱を使用した個体の割合(20%)はミンクに遭遇しなかった場合(75%)よりも低かった[71]。また，オウゴンアメリカムシクイ *Protonotaria citrea* では，繁殖成績の良かった個体ほど土地執着性(site fidelity)が強く，翌年も同じなわばりを使用する一方で，繁殖成績の悪い個体ほど分散しやすいことが示唆されている[72]。

　捕食を回避するための営巣戦略は大きな繁殖分散だけではない。鳥類は，捕食リスクに応じて営巣する局所環境を変えることもある[47]。ムジセッカ *Phylloscopus fuscatus* は，捕食者のシベリアシマリスが多い年には，シマリスが接近しにくい高い位置や，シマリスが避ける孤立した茂みに営巣する傾向があった[73]。カササギでは，ハシボソガラス *Corvus corone* によるハラスメントで再営巣を余儀なくされた場合，ハシボソガラスの近寄らない人家近くに営巣場所を移すことが報告されている[74]。アカオカケス *Perisoreus infaustus* は，カラス科の混合声のプレイバックによって捕食者の存在を提示すると，前年より2倍以上遠くに移動するとともに，より樹木密度が高いところに巣を移した[75]（図5-3）。ダイトウメジロ *Zosterops japonicus daitoensis* のオスは，齢の進んだ個体ほど高い位置に隠蔽度の高い巣を造ることから，加齢による捕食リスクの認知の向上に伴って，より安全な場所に営巣するようになると考えられる[76]。

　しかし，捕食後の繁殖分散や営巣場所の移動が必ずしも最良の選択肢というわけではない。なぜならば，情報不足により新しい場所の捕食リスクの評価ができなかったり，新しい場所への移動により捕食リスク以外の営巣条件

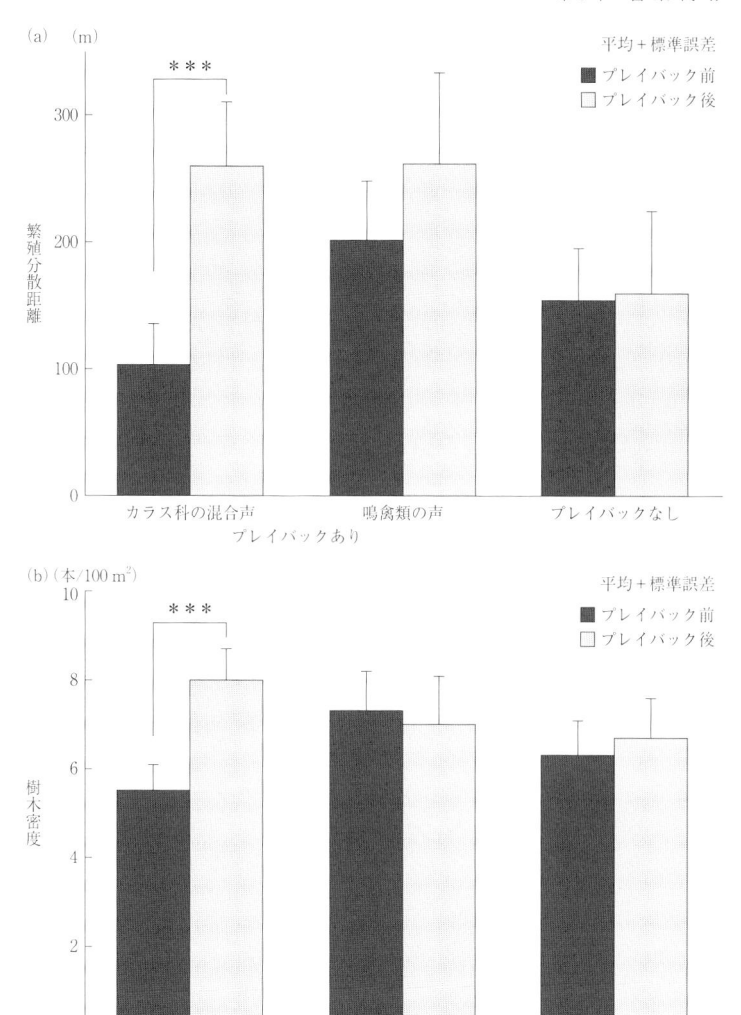

図 5-3　プレイバック前後のアカオカケス *Perisoreus infaustus* の(a)繁殖分散距離と,
(b)営巣場所の樹木密度の変化。***は $P < 0.0001$ を表す。樹木密度(本/100 m²)は,
巣の東西南北に設定した4つの 2 × 50 m のプロット内にある樹高 15 m 未満のトウ
ヒの本数をもとに算出されている。

資料) Eggers et al. [75]の表から作成。

が悪化してしまう可能性があったりするためである[47]。たとえば，シマリ
スの多い年にムジセッカが営巣する高い位置や孤立した茂みは，強風にさら
されやすいことによる温度低下のリスクや，採餌場所までの距離が増えると
いうコストを伴う[73]。同様に，捕食リスクが高いときのアカオカケスの分
散先は通常よりも気温が低く，クラッチサイズの減少との関連性が指摘され
ている[75]。

　また，一度捕食に遭ったとしても，必ずしも将来同じ場所で再び捕食に遭
うとも限らない。そのため，捕食に遭った経験や捕食者の存在があっても土
地執着性が強い例はいくつも報告されている。ズグロホシアリドリ
Hylophylax naevioides では，捕食に遭った直後は別の場所で繁殖するものの，
その後元の場所に戻ってきて繁殖する[77]。オウゴンアメリカムシクイでは，
繁殖に失敗したオスのうち，隣のなわばり個体が繁殖に失敗したものよりも
成功したもののほうが，翌年も同じ土地を利用した割合が高かった[72]。同
様に，実験的に卵を除去されて繁殖に失敗したミツユビカモメ *Rissa tridac-*
tyla は，周辺個体も同様に卵を除去された場合よりも，周辺個体が繁殖に成
功している場合のほうが，翌年に同じ繁殖地に戻ってくる割合が高かった
[78]。こうした例からは，鳥類が営巣場所の質を知るために，自巣が捕食に
遭った経験だけでなく，近隣に営巣する他個体の情報も利用していることが
推測できる[47]。

　さらに，繁殖分散や巣の移動といった対捕食者戦略は，特定の捕食者にの
み有効であり，他の捕食者には効果的ではないことも考えられる[47]。たと
えば，繁殖分散は局所的な行動圏を持つ捕食者に対しては有効だが，広い行
動圏を持つ捕食者には有効でない[79, 80]。また，シマリスの多い年にムジ
セッカが営巣する傾向にある孤立した茂みは，シマリスが避ける一方で，親
鳥の行動が目立ってしまう。こうした場所ではツツドリ *Cuculus optatus* の
托卵に遭いやすい可能性があることが指摘されている[73]。さらに，巣の位
置を高くすることは地上性捕食者には有効かもしれないが，視覚を利用する
捕食性鳥類や托卵鳥に対してはむしろ不利になる可能性がある。

　鳥類の中には，他種の防衛行動を利用して捕食者の接近を防ぐことのでき

る場所に営巣する種も存在する。利用されるのは猛禽類やハチ・アリなどの
昆虫であり，巣に近づく者に対して激しく攻撃して巣を防衛する。オナガ
Cyanopica cyana はツミ *Accipiter gularis* の防衛圏内に営巣すると，捕食率
が低下することが知られている[81]。ツミによる防衛の恩恵を受けることが
できるためか，ツミの巣の近くに造られたオナガの巣の隠蔽度は低い[81]。
また，アカエリサボテンミソサザイ *Campylorhynchus rufinucha* では，真
社会性カリバチの一種である *Polybia rejecta* や *Pseudomyrmex* 属のアリの
巣のそばに営巣した場合，ハチやアリの防衛行動によって巣立ち率が向上す
ることが報告されている[82, 83]。

　しかし，防衛種がずっと防衛行動を行い続けるわけではない。ツミの場合，
ハシブトガラス *Corvus macrorhynchos* の侵入に対する防衛行動は，ヒナが
巣立ちする抱卵開始後55日目あたりから急激に減少する[84]。そのためオ
ナガはツミの繁殖スケジュールに合わせて，最も捕食を回避し，最も繁殖成
功を増加させることができる時期に同調して繁殖を行う[84]。また，Ueta
[85]では，ツミが年々防衛行動を行う頻度と範囲を減少させた結果，近くに
営巣するオナガの数が激減してしまったことが報告されている。

　Lima[47]は，防衛種の巣に近づきすぎた場合，逆に不利益を被る場合が
あることも指摘している。たとえば，アオガン *Branta ruficollis* の巣はハヤ
ブサ *Falco peregrinus* の巣から遠ざかるほど捕食に遭いやすくなる一方で，
ハヤブサの巣に近すぎる場合にはハヤブサからの攻撃が増加するとともに，
放棄率が増加した[86]。しかし，防衛種のごく近傍で営巣できる場合もある。
髙木・高橋[87]は，スズメ *Passer montanus*，ニュウナイスズメ *P. rutilans*，
ハクセキレイ *Motacilla alba* が営巣中のトビの巣下部の巣材の隙間に営巣す
ることを報告している。このような至近距離で営巣できるのは，トビがめっ
たに小鳥類を餌としないからなのだろう。また，カワセミ科 Alcedinidae や
キヌバネドリ科 Trogonidae は使用中のシロアリの巣やアリ塚に営巣するこ
とがある(図5-1-c)。これらも防衛の恩恵を受けていると考えられるが，な
ぜアリやシロアリからの攻撃を免れているのかは未だよくわかっていない
[5]。

5.2　巣の特性に基づく対捕食者戦略

捕食リスクに応じた営巣戦略は営巣場所を変えることだけにとどまらない。巣の隠蔽度を高くすることもまた，対捕食者戦略である。巣の隠蔽度が高ければ，視覚を利用して餌を探す捕食者に発見される確率は低くなる。前述のアカオカケスやダイトウメジロにおける，捕食に遭った後や加齢後の巣の隠蔽率の増加は，捕食リスクを認知した結果だと考えられる。ハイイロオウギビタキはなわばり内に複数の巣を造り，そのうち最大7割を未使用のまま放棄する[70, 88]。放棄巣は産卵巣よりも隠蔽度が低いので，放棄巣が産卵巣に選ばれなかったのは，捕食回避のためではないかと考えられる[88]。

　しかし，巣の隠蔽は，視覚を利用して餌を探す捕食者に対してのみ有効な戦略である。ノドグロルリアメリカムシクイ *Dendroica caerulescens* やクロズキンアメリカムシクイ *Wilsonia citrina* では，隠蔽度と捕食の有無の間に明確な関係性は見られなかった。この理由の一つとして，嗅覚や聴覚などを利用して餌を探す捕食者が巣を襲っている可能性が挙げられている[89, 90]。

　隠蔽度を高くすることはコストも伴う。オジロライチョウ *Lagopus leucurus* では，隠蔽度の高い巣ほど捕食を受けにくいものの，代わりにメス親が哺乳類による捕食に遭いやすくなることが報告されている[91]。これは，捕食者の接近時に，隠蔽度の増加がもたらす視認性の低下が，巣にいる親の対応を遅らせた結果かもしれない。Götmark et al. [92]は，隠蔽度と視認性との間にはトレードオフがあると考えて，ウタツグミ *Turdus philomelos* を対象に，自然巣の隠蔽度の調査と，隠蔽度を変えた人工巣の捕食実験を行った。その結果，ウズラの卵を入れた人工巣の捕食は隠蔽度の増加とともに減少したが，自然巣の隠蔽度は中間的であり，隠蔽度の高い場所が選択されているわけではなかった。これは，過度の隠蔽度の高さがもたらすコストの存在を示唆している。

　例は少ないが，経験に応じて巣の構造を変える種もいる。ヨーロッパのカササギは通常はドーム型の巣を造るが，繁殖経験の少ないものはカップ型の巣を造る[60, 74]。イギリスでは，繁殖初年は実に35％もの個体がカップ型

の巣を造るが，それ以降は 10％まで減少する[60]。カップ型の巣はドーム型
の巣よりも捕食や乗っ取りに遭いやすく繁殖成功が低いことから，カササギ
は齢を重ねるとともにリスクを認識し，ドーム型の巣を造るようになると考
えられる[74]。

　以上のように，捕食回避による利益とコストの間にはトレードオフが存在
し，最適な戦略はこれらの利益・コストの大きさに依存して変化すると考え
られる。そして鳥類は捕食リスクを認識し，その変化に応答して柔軟に営巣
戦略を変えることができると考えられる。Lima [47]の総説には，ここで
ピックアップした研究例以外にも多くの例が紹介されている。より深く知り
たい方は参照されたい。

6　まとめと展望

　鳥類の巣は，抱卵や育雛において好適条件の維持や捕食回避に重要な役割
を果たしている。進化的時間スケールにおいて生じた巣の捕食リスクの違い
と営巣様式の多様化は，各年齢での死亡率の違いを生み出し，成長スピード
などの生活史形質の進化を促したと考えられる。また，生態的時間スケール
において，捕食リスクは，鳥類の営巣戦略の可塑的な変化を引き起こしうる。
捕食リスクの大小に応じて，鳥類は営巣場所を変える・巣の隠蔽度を変える
といった戦略で対応する。しかし，営巣戦略の決定には，特定の捕食者によ
る捕食リスクだけでなく，特性の異なる他の捕食者による捕食リスク・病気
や外部寄生者の感染リスク，造巣コスト，気象条件なども影響する。そのた
め最適な営巣戦略はこれらのリスクやコストと，戦略によって得られる利益
の大きさに依存して変化すると考えられる。

　営巣戦略は歴史のある古いテーマであり，繁殖失敗の主要因である巣の捕
食との関係は長い間注目されてきた[47]。巣のデザインや営巣戦略は，明ら
かに巣の捕食リスクの影響を受け，複数の生活史形質とともに進化してきた
と考えられる[93]。しかし，進化的・生態的時間スケールのそれぞれにおい
て，営巣戦略や生活史形質がどれだけ巣の捕食リスクの影響を受けるのかに

ついては，未だよくわかっていない。巣の捕食リスクへの可塑的な反応の程度は種によって様々であり，その程度自体（反応基準 reaction norm：第2章を参照）が進化しうる[93, 94]。また可塑的な反応の程度は，別の発現形質とのトレードオフによる制約も受けるかもしれない[93, 94]。こうした理由により，巣の捕食リスクに対する鳥類の反応は非常に多様化している。今後，営巣戦略や関連した生活史形質の進化的背景をより詳細に理解するためには，これらの問題を考慮していく必要があるだろう。

第6章　採　餌　戦　略

上 野 裕 介

　「食べる」という行為は，あらゆる動物にとって最も基本的な行動である。生命維持に不可欠なエネルギーを獲得するだけでなく，繁殖や子育てを行うためにも多くの餌を必要とする。一方で生態系は，食う・食われるの関係で成り立っており，ほかの動物に食べられないことも重要である。自らはより多くの餌を獲得し，同時にいかにして捕食者から自らの身を守るのか，本章では，鳥類を中心に動物たちが進化の過程で成立させてきた生活史戦略の一つとしての採餌戦略と，その謎を解明してきた研究者たちの仕事，そして未だ残された課題について紹介する。

1　はじめに——鳥類の生活史と採餌戦略

　多種多様な行動や生態，色彩，形態など，鳥類が持つ様々な生活史戦略は，自然淘汰や性淘汰などの適応進化の結果として生じたものである。採餌もまた，適応進化における重要な選択圧として作用することで，より採餌効率の高い最適な採餌行動に近づくように，鳥類の行動や生態，色彩，形態などの進化とあわせて変化してきたと考えられる。すなわち，より多くの餌を効率的に獲得することができる個体ほど，生存率が高く，より多くの子供を残す可能性が高かった結果，そのような採餌効率の高い行動や生態，表現型を持つ個体の頻度が世代を経るごとに増加し，個体群内の大半を占めるようになったと考えることができる。

　たとえば，魚を捕らえやすいように水中遊泳に適した形態に進化したペン

ギン類や，様々なサイズの種子や餌を効率的に利用しやすいようにくちばし
や体の大きさを変化させ，多くの種に分化したガラパゴス諸島のフィンチ類
[1]では，餌環境の違いが採餌戦略の違いを生み，結果的に行動や形態に変
化をもたらしたといえる。

　また，ワシやタカなどの猛禽類では，オスに比べてメスのほうが大きいと
いう体サイズの性的二型が見られ，この性的二型が採餌行動の違いを生み出
している。たとえば猛禽類のオオタカ *Accipiter gentilis* では，メスは体重が
1 kg ほどあり，700 g 前後のカラスやカワラバト（ドバト）*Columba livia* な
どの大きな獲物を積極的に捕食するのに対し，メスに比べて体の小さいオス
は，スズメ *Passer montanus* やムクドリ *Sturnus cineraceus* などのより小型
の鳥を捕食することが知られている[2]。また行動圏面積も雌雄で異なって
おり，繁殖期のオスの行動圏は，メスの2倍以上もあることがわかっている
[2]。ほかにも，繁殖期間中の親鳥の栄養状態や孵化したヒナの成長段階な
どによって，採餌エリアや餌メニューを変化させる種も多くいる。たとえば
サギ類では，ヒナが小さなうちは小型の餌を多く巣に運び，雛が成長するに
つれて大きな餌を運ぶことが知られている[3]。

　このように種による採餌戦略の違いは，単に鳥の採餌行動の多様性を生み
出すだけでなく，繁殖生態や表現型の多様性といった他の生活史戦略と密接
に関わっている。

2　最適採餌戦略と鳥類の意思決定

　「食べる」という行為が生存にとって不可欠である以上，鳥類は，より採
餌効率を上げ，最適な採餌行動に近づくように進化してきたと考えられる。
このような適応進化を経て成立した最適な採餌行動を「最適採餌戦略(opti-
mal foraging strategy)」と呼び，それらを理論的に理解しようとする最適化
のためのアプローチを「最適採餌理論」と呼ぶ。このような最適採餌戦略や
最適採餌理論の検証は，特に行動生態学[4]の分野において多くの動物を対
象に実施されてきたが，中でも鳥類研究が果たしてきた役割は大きい。その

理由の一つとして，鳥類は他の動物に比べて野外での採餌行動の観察が容易であるという利点が挙げられる。

　はじめに「最適な戦略とは何か」について考えてみよう。適応進化という視点で考えるならば，最適とは，自然淘汰の過程でより多くの子孫を残すことができる戦略のことである。この子孫を残す，つまり個体が次の世代に残す子の数（繁殖成功の期待値）を適応度（fitness）[5]と呼び，複数の戦略間で適応度の大小を比較することで，より適した戦略を判定することができる。このような最適な戦略という考え方は，対象とする個体や個体群がとりうる戦略の中で，どのような戦略が進化するかを予測するための理論的な枠組みや明示的な仮定など[6]，問題を整理して考えるためのヒントを提供してくれる。たとえば，どのような餌を採餌すべきか，採餌場所をどのように選択し，どのくらい滞在するかなど，個体の適応度が最大になるような行動を明らかにする必要性を，私たちに示している。

　さらに最適採餌戦略は，動物による資源獲得のための戦略や様々な制約条件下での意思決定の最適化事例とみなすことができ，最適化モデルの考え方は動物が直面する意思決定問題の一般的な理解に適用できる[6]。そのため最適化モデルは，行動経済学や社会学，人類学[7]など，人間の行動を理解しようとする学問分野でも導入されている。そこでここからは，鳥類の採餌戦略を理解するために，1）何を食べるべきか（餌メニューの選択），2）どこで採餌するべきか（採餌場所の選択），3）群れるべきか，単独でいるべきか（採餌集団のサイズ），という3種類の意思決定を見ていく。

3　何を食べるべきか——餌メニューの選択

3.1　大きな餌と小さな餌

　まず，以下のような場面を想像してほしい。目の前に2つの餌がある。一つは大きくて栄養価の高い餌であり，もう一つは小さくて栄養価も低い餌である。もし選り好みできる状況であれば，誰しも大きくて栄養価の高い餌を

選ぶだろう。

　では，大きくて栄養価の高い餌を得るために，より多くのコストがかかる場合はどうだろう。たとえば，餌をとるために遠くまで行かなければならない(移動のエネルギーと時間)，捕食者から目立つ場所を通るなど危険を冒す必要がある(捕食リスク)，クルミや貝の殻を割るなど食べるための処理に手間がかかる(ハンドリング時間)といったコストである。他方，たとえ小さくて栄養価の低い餌であっても，身の回りの安全な場所に，しかも多量に存在している状況であれば，それらを採餌するという戦略もありうるだろう。このように採餌における意思決定は，得られる餌の質や量とそれを得るためのコストとの間でトレードオフ関係にある。

3.2　餌獲得のコストを考える

　大きくて栄養価の高い餌を得るために，より多くのコストがかかる場合，大きな餌と小さな餌のどちらを選べばよいのだろうか。この問いは，古くから数学的に予測式が導かれ，検証されてきた[4, 6-10]。

　ここで，大きい餌と小さい餌の2種類の餌を利用可能な捕食者がいる状況を考える。大きい餌は，E_1 のエネルギー価値を持ち，餌を食べるための処理にかかる時間(ハンドリング時間)を H_1 とする。小さい餌は，E_2 のエネルギー価値を持ち，処理に H_2 の時間がかかるとする。このとき，それぞれの餌の価値(処理時間当たりのエネルギー価値)は，E/H で表すことができ，大きい餌と小さい餌の処理時間当たりのエネルギー価値を比較すると，次の式のいずれかで表すことができる。

$E_1/H_1 \quad > \quad E_2/H_2 \quad \cdots\cdots(1)$

$E_1/H_1 \quad = \quad E_2/H_2 \quad \cdots\cdots(2)$

$E_1/H_1 \quad < \quad E_2/H_2 \quad \cdots\cdots(3)$

　ここで(1)式は，大きい餌のほうが小さい餌よりも処理時間当たりの価値が高いことを示しており，この場合は大きい餌を食べる戦略が有利である。(2)式は，大きい餌と小さい餌が処理時間当たりで比べると等価であり，餌の獲得しやすさといった別の要因を考慮しないのであれば，いずれを選択し

ても同じである。最後に(3)式は，小さい餌のほうが大きい餌よりも処理時間当たりのエネルギー価値が高いことを示しており，餌のサイズとエネルギー価値が逆転している。しかし，ここで示した(1)，(2)，(3)式は，いずれも餌を獲得するために支払う必要のあるコスト(餌の探索時間や自らの捕食リスクなど)は考慮していない。

　次に，この餌を獲得するために必要なコストを加えた式を考えてみよう。ここでは大きな餌と小さな餌の価値を，餌の探索にかかる時間(S)と餌の処理にかかる時間(H)をあわせた時間，すなわち餌を探し，発見し，捕らえ，処理を済ませて食べるまでの一連の動作にかかる合計時間($S + H$)当たりの餌のエネルギー価値に換算し，比較している。なお説明をわかりやすくするために，捕食リスクや移動にかかるエネルギーなど，餌の探索にかかる時間以外のコストについては，今回は式に含めていない。

$$E_1 / (S_1 + H_1) \quad > \quad E_2/H_2 \quad \cdots\cdots (4)$$
$$E_1 / (S_1 + H_1) \quad = \quad E_2/H_2 \quad \cdots\cdots (5)$$
$$E_1 / (S_1 + H_1) \quad < \quad E_2/H_2 \quad \cdots\cdots (6)$$

　ここで，餌の探索にかかる時間(S)が左辺のみに現れているのは，大きい餌ほど探索にかかる時間が長い，つまり大きい餌ほど発見が難しく，捕らえにくいと仮定しているためである。一方で右辺は，小さい餌は大きい餌と比べるとはるかに短い探索時間，つまり時間を気にせずともよいほど，すぐに捕らえることができると仮定しているため，餌の探索にかかる時間(S)は式に含めていない。つまり，すぐに手に入る小さな餌を食べるべきか，時間をかけてでも大きな餌を探すべきかという問いの答えは，大きな餌の手に入りやすさ(大きな餌の密度や遭遇可能性，捕獲しやすさ)と，捕らえた餌の処理にかかる手間によって決まることになる。

　これら(4)，(5)，(6)式は，採餌戦略におけるいくつかの予測をもたらしてくれる。まず常に(4)式が成り立つ状況であれば，探索に時間をかけてでも大きな餌を食べる戦略が優れている。このような場合，捕食者は，大きな餌を専門に狙うようになるだろう(特に特定の餌や餌種を選択的に捕食する生物のことをスペシャリスト specialist [11]という)。この大きな餌を専門に

狙う鳥類の例として，猛禽類や大型の魚食性鳥類などの上位捕食者が挙げられる。他方で，常に(6)式が成り立つ状況であれば，探索に時間をかけて大きな餌を専門に食べることは非効率であり，小さな餌を選り好みなく食べる戦略が優れているだろう(スペシャリスト specialist に対して，様々なタイプの餌を利用する生物のことをジェネラリスト generalist [11]という)。この小さな餌を選り好みなく食べる鳥類の例として，林内で昆虫を食べる小鳥類などが挙げられる[11]。なお，常に(5)式が成り立つ状況では，大きな餌を食べても，小さな餌を食べても理論的には採餌効率は変わらない。このように右辺と左辺の大小関係が決まれば，最も効率的な採餌方法も決まる。もし，これらの大小関係が変化しない比較的安定した環境が続く状況であれば，自然選択を通じて特定の餌タイプを効率的に利用するための行動や生態，形態へと進化していくことが予想される。

3.3　餌獲得コストが変化する場合

　最後に，(4)，(5)，(6)式の状況が代わる代わる出現するような場合を考えてみる。たとえば餌の密度が時間や場所によって大きく変化する状況では，餌の探索時間も大きく変化し，餌獲得のためのコストも変化する。この場合は，スイッチング(switching [11])という戦略が有利になる。これは，大きな餌が短時間で手に入る状況であれば(4)式のように大きな餌を専門的に利用し，大きな餌が減って探索に時間がかかる状況になれば(6)式のように小さな餌を主に利用する戦略である。スイッチング戦略を採ることで，様々な状況においても餌を見つけやすくなり，1種類の餌量が減少したとしても飢餓状態に陥る危険性が低くなるメリットがある[11]。

4　どこで採餌するべきか──採餌場所の選択

　野生の鳥類にとって，決まった場所に常に一定の餌量がある状況は稀であろう。なぜなら餌生物の分布や数は，季節やその他の要因によって変化するからである。

4.1　餌の分布と予測可能性

最適採餌戦略は，餌の分布パターンと分布の予測可能性によっても変化する。ここでは餌の分布パターンを，大きく3通りに分けて整理する(図6-1)。

まず，餌が一様に分布している状況が考えられる(図6-1：一様分布)。餌の分布の予測可能性は高く，どこで採餌したとしても採餌効率は一定である。効率的な採餌を行うためには，ある場所で採餌を行い，採餌効率が低下してきたならば，速やかに別の餌場に移動を行うことが必要である。

2つ目は，餌がランダムに分布している状況が考えられる(図6-1：ランダム分布)。このような状況では，餌の分布の予測可能性は低く，採餌場所の違

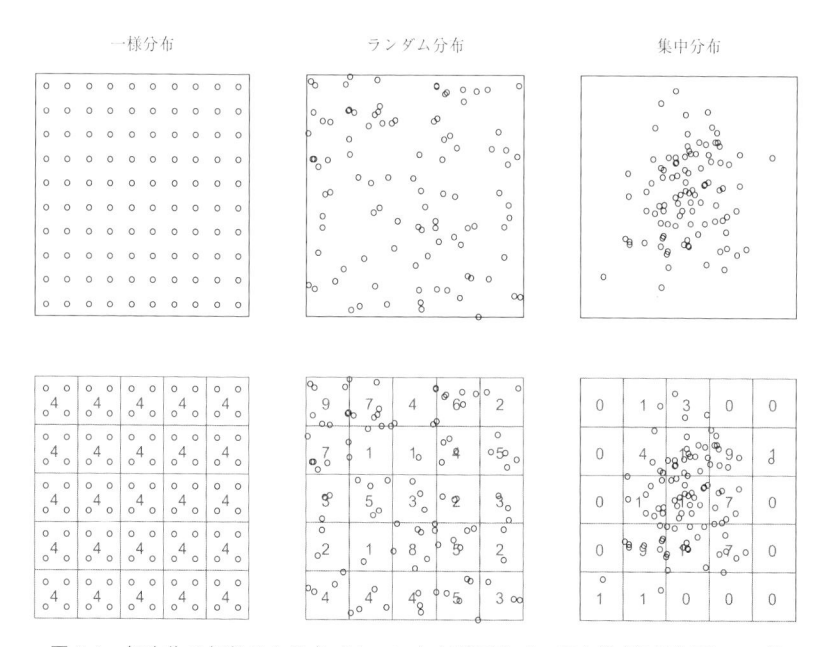

図6-1　餌生物の仮想的な分布パターンと方形区内での存在数(著者作図)。いずれの分布も，餌生物(白抜き丸)の数は100個としている。一様分布では，いずれの方形区においても餌の数は一定であるが，ランダム分布や集中分布では方形区によって餌の数は大きく異なる。ランダム分布に比べて集中分布では，餌は特定の範囲の方形区に集中する傾向がある。

いにより採餌効率がばらつく。

　3つ目は，餌が集中分布している状況が考えられる（図6-1：集中分布）。このような状況では，餌がどこに集中しているのか予測可能性は低いものの，一旦餌が集中分布する場所を見つけることができれば，多くの餌を効率的に採餌することができるだろう。

　では，このような餌の分布パターンとそれに伴う予測可能性の違いにあわせて，鳥たちはどのような採餌戦略を採っているのであろうか。以下，具体例を見ていく。

4.2　餌場にとどまるべきか，移動するべきか

　繁殖期の親鳥は，餌をヒナが待つ巣に持ち帰る必要がある。このように，餌を捕らえた場所で食べるのではなく，巣などの決まった場所に持ち帰る行動を central-place foraging [12]と呼ぶ。繁殖期のヒナの成長や生残は，親鳥によるヒナへの給餌量に大きく依存するため，親鳥はより速く，より多くの餌を運ぶ必要がある。このため餌を捕まえるたびに巣に戻っていたのでは効率が悪く，ある程度まとまった量の餌を確保してから巣に戻ることになる。

　ホシムクドリ *Sturnus vulgaris* は，繁殖の最盛期には巣と餌場（ガガンボの幼虫がいる草地）の間を毎日 400 回も往復する[6]。餌が豊富にいる草地では，最初の 2〜3 匹の餌は簡単に見つかるが，それ以降はくちばしにくわえた餌が邪魔になり，徐々に次の餌を見つけるまでに時間がかかるようになる[6]。ここで餌の探索をあきらめると，わずかな餌を巣に運ぶために多くの移動時間を費やすことになり，一方で餌の探索をあきらめなければ，効率の悪い餌探しに時間を費やしてしまうことになる。したがってこれら両極端の中間に，ホシムクドリにとって最良の選択，つまり「ヒナに餌を運ぶ正味の速度を最大にする」タイミングがあるといえる[6]。この予測から導かれることは，ホシムクドリにとっては，巣と餌場の間の移動時間と餌の探索時間の2つが制約条件であり，巣と餌場との距離によって最適な採餌戦略が異なるということである（図6-2）。

　ホシムクドリの例で考えるならば，巣と餌場が近ければ，多くの餌をくち

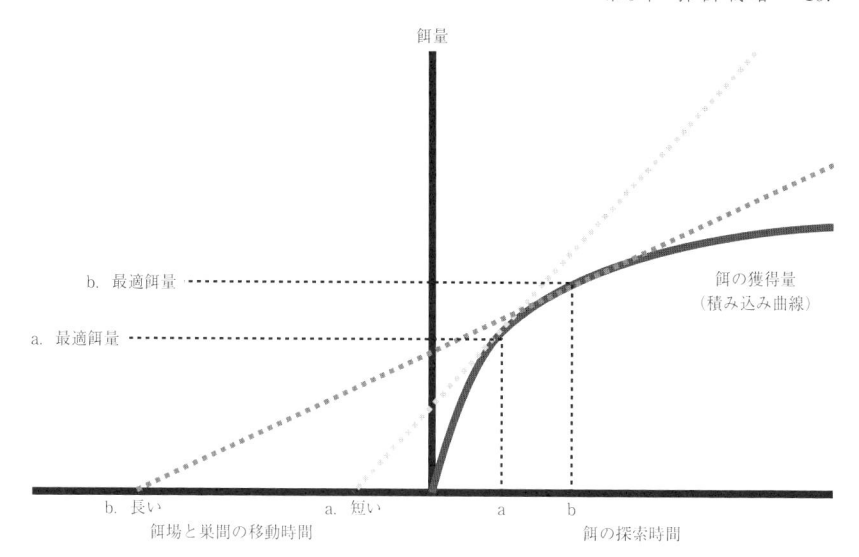

図6-2 最適な餌運搬量の考え方。一度に多くの餌を得ようとすると探索時間が余計
にかかるようになり，餌場が遠いほど移動時間が長くかかるようになる。餌運搬速
度は，餌量／(探索時間＋移動時間)で計算され，時間当たりの餌量が最大になると
き(直線と曲線の接点)が最適な餌運搬速度となる。

資料）Davies et al. [6]，Kacelnik [12]を基に作図。

ばしにくわえて餌を探すよりも，頻繁に巣に戻ることで身軽になるほうがよ
い。逆に巣と餌場が遠ければ，少々，餌の探索効率が落ちるとしても移動時
間に見合った餌を確保するまで巣に帰ることは得策ではないことがわかる。
このように非常にシンプルな仮定から，最適な餌場利用について考えること
ができる。なお Kacelnik [12]は，野生のホシムクドリの親を訓練し，餌運
びの様子を観察することで，この餌量に関する予測を検証し，予測結果が実
際のデータとよく一致することを明らかにしている。

4.3 餌場を使い分ける

北極域のヒメウミスズメ *Alle alle* の親鳥も，上述のホシムクドリの例で
予測されたように，巣と餌場の移動時間の長短によって獲得する餌量を変化
させている。しかし，彼らの選択はもう少し複雑である。ヒメウミスズメの

餌場となる海域では、餌となる魚の分布はパッチ状で、分布場所の予測可能性も低く、営巣場所（繁殖コロニー）からの距離にもまちらであり、親鳥にとって過酷な環境といえる[13]。そのためヒメウミツバメは、餌量は少ないものの巣から数日で往復可能な近い餌場（short trip）と、餌量が多いものの10日から数週間かかる遠い餌場（long trip）を使い分け、近い餌場ではヒナのために魚を捕らえて頻繁に巣と餌場を往復することで子育てを行う一方、自らの栄養状態が悪くなると餌が豊富な遠い餌場へと出かけ短期間で必要な餌量を満たそうとする[13]。つまり、ヒナへの給餌と自らの生残のどちらを優先すべきかというトレードオフによって餌場を使い分ける例は、同じ海鳥であるキタオオフルマカモメ Macronectes halli やコガタペンギン Eudyptula minor [15]などでも知られている。

5 群れるべきか、単独でいるべきか——採餌集団のサイズ

野外の鳥を観察すると、群れで採餌を行う種がいる一方で、なわばりを作り、なわばり内に侵入する他個体を追い払おうとする種もいる。また同じ種であっても、たとえばサギ類は半群で採餌する個体をつくら作り、集団で採餌する個体を多く見かける一方で、単独で採餌する個体もいる。これらは、どのような採餌戦略の違いによるものなのであろうか。

5.1 群れの効果1：対捕食者防御

手はじめに群れの効果を考えてみよう。鳥類が群れを作る大きな理由に、対捕食者防御と採餌効率の向上があある。このうち薄める対する群れの効果には、1）攻撃されるリスクを低下させる効果や、2）捕食者を混乱させる効果。3）捕食者への警戒性の向上や共同防衛の効果などがあることが知られている[6]。

1）大きな群れでは、周りによく似た他個体がいるため、単独でいる場合に比べて自身が捕食者の標的となるリスクを分散させることができる。これを、

群れによる薄めの効果という。

2) 群れが捕食者を混乱させるわかりやすい例として，鳥類ではないものの，シマウマ *Equus quagga* が挙げられる。シマウマには特有の縞模様があり，各個体が群れの中で様々に動き回ることで視覚的に捕食者を混乱させ，捕食者が狙いを定めづらくする効果があると考えられている。

3) 群れには，捕食者への警戒性の向上や共同防衛の効果もある。群れを作ることによって，捕食者に対する監視の目が多くなり，捕食者の接近に群れの中のいずれかの個体がいち早く気づくことができるようになるだろう。たとえばモリバト *Columba palumbus* は，大きな群れほど捕食者であるオオタカに捕獲されにくい（オオタカの捕獲成功率が低下する）ことが知られている[16]。この理由は，より早くオオタカに気づいた群れの中の一羽が飛び立つことで，他の個体も追随し，群れ全体としての捕食者からの回避行動もより迅速になるためと考えられている[17]。

5.2　群れの効果2：採餌効率の向上

群れには，採餌効率を高める効果もある。鳥類では，集団ねぐらや繁殖コロニーを作る種が多い。このような集団ねぐらや繁殖コロニーは，鳥たちにとって餌場などの情報交換の場となっているかもしれない。これは「情報センター仮説[18]」と呼ばれる考え方である。もし情報センターとしての機能があるならば，餌場を見つけられず空腹の鳥たちは，餌探しに成功した他の鳥の後についていくことで良い餌場を見つけることができるかもしれない。その検証を試みた例として，ここではサンショクツバメ *Hirundo pyrrhonota* とワタリガラス *Corvus corax* の採餌行動に関する研究を紹介する。

Brown [19]は，サンショクツバメの167ヶ所のコロニー（コロニーサイズ1～3000巣，平均319.2巣）において，巣に餌を持ち帰り，再び採餌に出かける親鳥の様子を観察した。その結果，餌を持ち帰ることができた個体（餌の昆虫を捕獲できた個体）と，餌を持ち帰ることができなかった個体（手ぶらで巣に戻ってきた個体）では，次に採餌に出かけるときの行動が異なっていた。つまり，餌を持ち帰ることができた個体は，他個体に追従することなく餌場

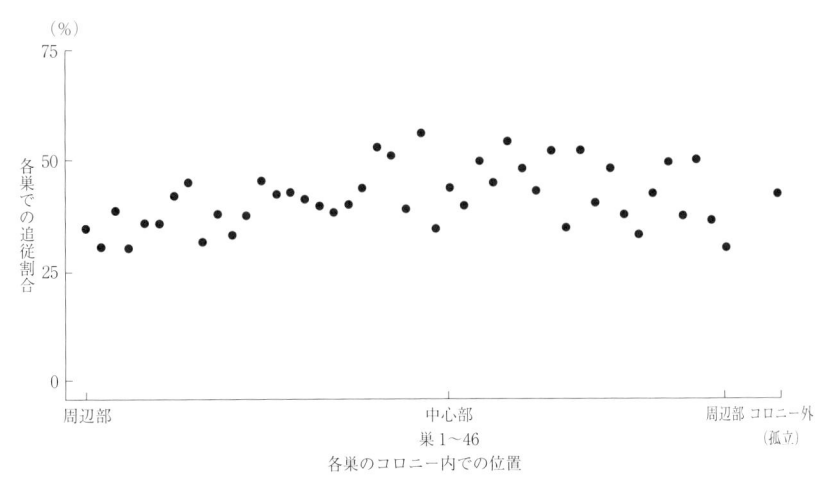

図6-3　サンショクツバメの巣を計46巣観察し、巣にいた個体が各巣から飛び去る際に、他個体に追従していた割合とコロニー内での巣の位置の関係を表した図。

資料）Brown [19]を改変。

に出かける頻度が高かったのに対し（追従せず83.3%、追従17.7%、n＝3134）、餌を持ち帰ることができなかった個体は、他個体に追従して餌場に出かける頻度が高かった（追従せず15.1%、追従74.9%、n＝1809）。さらに、コロニー内のいずれの個体も約40%前後の追従率を示し（図6-3）、特定の個体が先導する傾向も、あるいは追従する傾向も認められず、コロニー内のすべての個体が情報センターとしてのコロニーの恩恵（餌場の情報）を得ていることが示唆された。一方で、コロニーの中心付近に巣がある個体ほど他個体に追従して採餌に出る頻度が高く（おおよそ50%、図6-3）、情報の受け取りやすさにはコロニー内で場所による差があるのかもしれない。

　Wright et al. [20]は、1500羽ほどもある大きなワタリガラスの若鳥の集団ねぐらにおいて、群れによる餌の発見のしやすさについての実験を行った。彼らは、ねぐらから2〜30 km離れた場所にヒツジとウサギの死体を置き、色付きのビーズで覆っておいた。ワタリガラスは、死体を食べるときにビーズも一緒に飲み込み、ねぐらでペレットとして吐き戻すため、ペレットを調べることで、どの死体を食べたのかを知ることができる。その結果、各死体

からのビーズは，ねぐらの中でも特定の場所に現れる傾向があり，そのこと
は採餌した個体が同じ場所で寝ることを意味していた。さらに，ねぐらにで
きたビーズの塊は日ごとに大きくなり，一緒に採餌し，ねぐらを共有する個
体の数が増えていることを示した。すなわち，餌の場所を知らない個体が新
たに集団に参加し，一緒に採餌を行うようになったことを示している。

　このように集団ねぐらやコロニーにおいて餌場の情報を交換していると示
唆される研究がある一方で，鳥たちが実際にどのようなコミュニケーション
手段によって情報交換を行っているかはよくわかっておらず，情報センター
仮説以外の別の見方もなされている。すなわち餌を見つけた個体が積極的に
餌場の情報を交換せずとも，単に空腹の個体が一方的についてきてしまう
「盗聴センター（eavesdropping center）」や，対捕食者防御など採餌効率以
外の理由で餌場に個体を集める「リクルートセンター（recruit center）」と
しての可能性も指摘されている[6]。

5.3　集団採餌と単独採餌

　集団採餌と単独採餌を使い分ける鳥もいる[21]。オランダの湖では，
4000〜5000 羽のカワウ *Phalacrocorax carbo* の群れが，水面が開けた場所で
小型の浮魚群を採餌[22]していた様子が観察されている。カワウは，平均 10
秒の極端に短い潜水を繰り返し，中層の魚類を表層近くまで浮上させる[23]。
この方法は，濁りの大きい環境変化の大きな場所で，有効と考えられている
[22]。他方，集団採餌が行われるのと同じ水域では，春先に単独採餌を行う
個体も見られる。このような単独採餌を行う個体は，湖底の深場にある魚類
の越冬場所付近で採餌を行い，効率よく餌を得ることができ，結果的に繁殖
においても有利になるだろう[24]。亀田[21]は，このように同じ水域であっ
てもカワウの採餌方法が異なる理由として，それぞれの個体が能力や状況に
応じて，採餌方法と採餌場所を選択し，効率よく餌を得ている可能性を指摘
している。

5.4　最適群れサイズ

　ここまでは群れのメリットを述べてきたが，群れサイズが大きくなりすぎることによる弊害もある。群れサイズが大きくなると，群れそのものが捕食者に狙われやすくなったり，群れ内での餌をめぐる競争が厳しくなったりすることで，1個体当たりの餌獲得量や適応度も減少すると考えられる(図6-4)。餌もまた有限な資源である以上，食べれば減る。採餌効率(採餌時間当たりの餌獲得量)が，ある場所での餌の量と相関しているのならば，総採餌時間や採餌個体数が多くなるにつれて残りの餌の量も減少し，採餌効率も低下する。また群れを形成することで感染症にかかるリスクの上昇や，ねぐらや繁殖空間の不足など，新たな問題も生じる。したがって群れを作ることによる防衛効果と餌獲得量などは，密接に関連しているものの，理論的には群れのメリットを最大化する最適群れサイズが予測できるはずである(図6-4)。

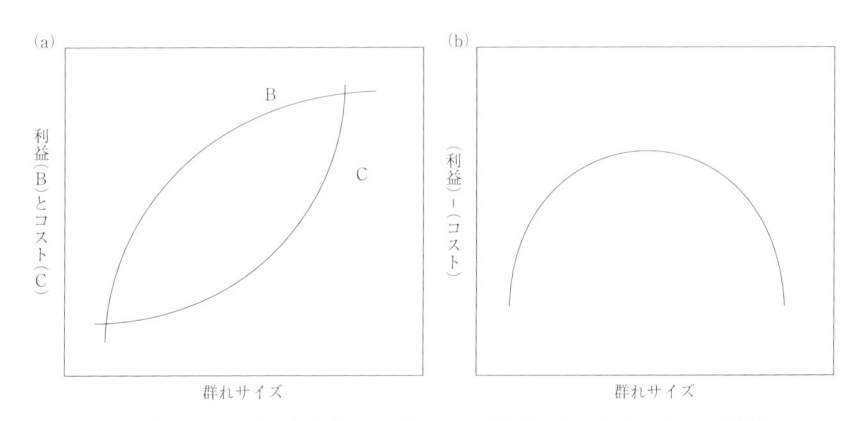

図6-4　最適群れサイズの考え方。(a)群れサイズと群れ内の個体が受ける利益とコストの関係式。群れサイズが大きくなるにつれて群れ内の個体が受ける利益も大きくなるが，ある程度の大きさの群れになると，それ以上に群れサイズが大きくなっても利益はほとんど増えなくなる(頭打ちになる)。一方で，群れが大きくなることによって生じるコスト(弊害)は，群れサイズが大きくなるほど増大し，いずれ利益を上回る。(b)群れの利益とコストの差分をとることで，個体が受ける正味の利益を計算でき，最適な群れサイズがあることがわかる。

6　今後の課題と可能性

　最後に，今後の研究の可能性について述べたい。採餌戦略に関する研究の歴史は古く，20 世紀半ばから 21 世紀初めにかけて盛んに研究されてきた。とりわけ最適採餌理論の登場によって，採餌戦略の研究は大きく進歩し，学問的な到達点を迎えたといえる。一方，これまでの採餌戦略に関する研究の多くは，種あるいは個体群の平均的な行動を理解しようとするものであり，近年指摘されるようになってきた同種や個体群（群れ）内での個体の行動や形態の差については，あまり考慮されていなかった。

　最近の研究では，群れ内の個体間で，餌の探索行動や捕食者に対する防衛行動などにおける形質の違いが存在することが明らかになってきた[6]。これらは個性と呼ばれ，危険を冒す行動，攻撃行動，あるいは社会行動における傾向の違いとして表れることもある。たとえばヨーロッパシジュウカラ *Parus major* では，個体の探索行動に遺伝的な違いが存在していることが知られている[6]。このような個体差は，個体の生存や繁殖成功に影響するため，時間的に変化する環境における各種の適応戦略や遺伝的多様性の維持機構として働いている可能性がある。さらに，環境によって優位な個体の特性が異なるとすれば，個体差は種分化メカニズムの理解にとっても重要であるだろう。

　近年，日進月歩で進む技術によって，個体の細かな行動データを取得することができるようになってきた。たとえば，鳥類に装着が可能な GPS 内蔵型の電波発信機[25]や，深度や照度，気圧，加速度などを長期間記録可能な超小型のデータロガー[26]，フン中の DNA を調べることで餌メニューを把握可能な次世代型 DNA 技術などがある。また小型無人航空機（ドローン）を用いることで，鳥の目線で景観を把握したり[27]，ドローンに装着した計測機器で鳥の飛翔高度の環境をリアルタイムで計測したりすることも可能になってきた。さらにロボット工学の分野では，動物の行動を再現するロボットを開発し，人工知能（AI）と組み合わせて最適な行動特性を探ることで，

個体の意思決定の理解につなげようとする試みもある。このような新技術を用いて取得した膨大なデータを基に，最適採餌理論を含めた個体の意思決定モデルを構築することで，従来は困難であった複合的な環境要因が個体や群れの採餌戦略や意思決定に及ぼす影響の解明にもつながるだろう。

第7章　給餌をめぐる利益対立と協調

石 井 絢 子

　春になると親鳥がせっせとヒナに餌を運ぶ様子がよく観察される。一見，微笑ましいように見えるが，本当にそうだろうか。実際は，親は子に平等に給餌しているとは限らないし，ヒナのほうも他のヒナよりも多くの餌をもらおうと，様々な行動で親の気を引く。Trivers [1]以来，給餌行動は家族内の利益対立として考えられることが多く，この対立の様相とその結末を明らかにするために多くの研究が行われてきた。その一方で，2000 年以降，ヒナ間の交渉や協調によって給餌を決定するという新しい知見も得られてきている。このように，親の餌配分，給餌先のヒナの選り好み，ヒナの餌乞いなど，給餌行動は家族メンバー個々の利益と結びついて多様な様相を示す。本章では，餌乞いと親の餌配分に関する給餌行動研究の現状を紹介する。

1　は じ め に

　親による子の保護・子育て(parental care)は，哺乳類・鳥類・爬虫類・両生類・魚類などの脊椎動物だけではなく，昆虫を含めた幅広い分類群で観察される[2]。中でも，鳥類はほとんどの種が子育てを行うため，よく研究されてきた分類群である。子育て行動の中では，親による子への給餌が中心をなす。そして，給餌に関しては，親の給餌行動を促すための子による顕著な餌乞い(begging)行動とこの行動への親の反応という信号伝達系が，多くの分類群で成立している([3]；総説として Davies et al. [2]，田中・上田[4]など)。餌乞いには分類群によって様々な行動が見られるが，主に，音声に基づく聴覚

的刺激と形態や姿勢などの視覚的刺激からなる。鳥類の餌乞いは，スズメ目鳥類の示す，ピーピーという大きな鳴き声を発すると同時に，口を大きく開け，できる限り高く上方へと首を伸ばすといった一連の行動がよく知られている。ヒナのくちばしは黄色ないし赤のあざやかな色をしており，この刺激に反応して，親はこのあざやかなくちばしがなす四角形の中心部に向かって餌を突っ込む。

　成熟がほとんど進んでいない状態で孵化することを晩成性(altricial)という。このような種のヒナは巣立つまでの期間，親に完全に依存する。このため，親からの給餌をいかに多く獲得するかは自身の生存に直接影響する。ヒナは餌乞い行動により親の給餌行動を引き出す。一方，親は餌乞い行動を手がかりにヒナの要求度と給餌の緊急性を評価して給餌頻度や餌の質を決定すると考えられている。このような信号伝達系では，ヒナが餌乞いによって発する信号は，本来は正直な信号であるべきであると考えられている(「正直な信号仮説 Honest signal hypothesis」：[5, 6])。空腹のヒナが大きな鳴き声を上げることはよく知られており，また，給餌を受けたヒナは餌乞いを低下させることも知られている。これらの事実は餌乞いの激しさや強さが，ヒナの空腹度合い，すなわち，餌要求の切実度を表していることを示唆している。親のほうは餌乞いの強度の強いヒナに給餌する傾向があることが実験的研究で知られている。たとえば，カナリアのヒナは空腹になるとくちばしの周りが充血して赤くなるが，親は口が赤いヒナによく給餌する[7]。

　これらの事実は，ヒナは自身の要求度に応じて餌乞いし，親は自身の給餌能力の範囲内で餌乞いに応じて給餌していることを示すようでもある。しかし，これまでの実証的研究では，親子が餌乞い行動を給餌行動解発の手段としていることを示してはいるが，餌乞いの強度が子の餌要求度を正直に表していること，また一方，親がヒナの要求度に合うように給餌を行っていることを証明しているわけではない。ただ単に，餌乞いはヒナが空腹であることを示すだけで，どれほど空腹であるかを示しているわけではない[3]。

　子の求めに応じた親の給餌は子の健全な巣立ちをもたらし，子と親の両方にとって望ましい結果に帰結すると考えられる。しかし，個体の進化的利益

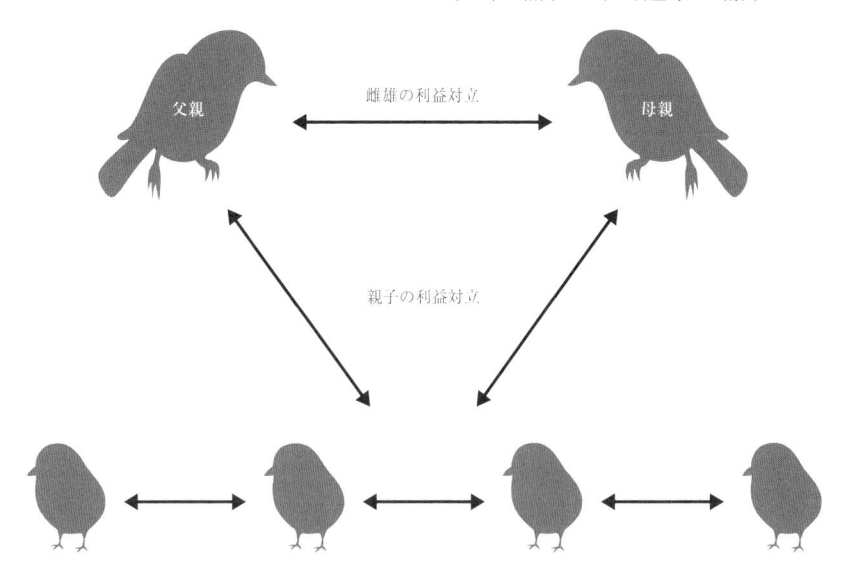

図 7-1　家族の利益対立の概略図

という側面で考えると，一見，相互に協調的に見える餌乞い—給餌の関係にも別の異なる説明が可能となる。Trivers [1]は，繁殖や養育において，家族内に利益の対立が存在することを示した(図 7-1)。ヒナは多くの餌を獲得することで自身の適応度を高めることができるので，親からの給餌を独占したほうが有利であるが，一方で，親にとっては，自身の適応度を最大にする子育ての方法は，必ずしも，特定のヒナの餌乞い行動に応じて給餌するだけとは限らない。親は，通常，子との間の血縁度はどのヒナとの間でも同等であるので，餌が豊富であれば一腹のヒナの間では平等に分配することで適応度を最大化できるし，また，次回以降の繁殖成功を高めるためにも，特定のヒナの過度な餌乞いに応じることなく，給餌をコントロールすることが親にとって有利になる。また，ヒナは自分自身と兄弟の間では血縁度が異なる(自分自身との血縁度は 1，兄弟とは 0.5)ので，給餌をめぐってヒナ間で競争が生じる[1, 2]。さらに，適応度の最大化の方向は，父親・母親の間でも異なることもある。このように，親による給餌に関しては，ヒナ間，親—子

間，父親—母親間にそれぞれ利益の対立が存在し，これらの対立がどのような結果をもたらすかは，それぞれの種の持つ生態的，生活史的条件により異なっていると考えられている。ヒナにはヒナの，母親と父親にはそれぞれの給餌と餌獲得に関する戦術があるということである。

2　餌乞いと親子対立

　ヒナの餌乞いと親の反応の信号伝達系では，親がヒナの信号によって誤りなくヒナの要求度を評価できれば，それに応じて，親は給餌を調節でき，親の適応度を最大化できるように給餌量と給餌先を決定できる。この場合，ヒナの発する餌乞い行動は信頼できる信号であり，親は給餌をコントロールできる。一方，このような信号伝達系では，発信者であるヒナが情報を操作して多くの餌を獲得することも可能である[8-10]。この場合，ヒナが給餌をコントロールして，親は最適な採餌を達成できない（「奪い合い競争仮説Scramble competition hypothesis」）。しかし，餌乞い行動には利益と同時にコストがかかる。このコストのためにヒナは親の給餌を自由にコントロールできず，餌乞いの強度レベルと親の反応は，親子の利益の妥協点で進化的に安定することで対立が解決されると考えられる[11]。この進化的に安定な状態では，餌乞いは正直な信号として機能することになる。

　Kilner & Johnstone [3]は，餌乞いが正直な信号であるとする仮説からの予測として，1)餌乞いの強度はヒナの要求度を反映する，2)親は餌乞いの強度に応じて給餌する，3)餌乞いのコストは大きい，という3項目を挙げて，それぞれについての実証的な証拠を評価した。この中で，餌乞いのコストの大きさが信号の正直さの維持には必要な条件である。餌乞い行動のコストが無視できる程度であれば，ヒナはいくらでも餌乞いの強度を高めて，当座必要な量以上の餌を獲得することができる。しかし，鳥類の餌乞い行動は前述したように，発声と首伸ばし行動というエネルギー消費が大きいと予想される行動を含んでいる。そのために，過度な餌乞い行動は，受け取る餌から摂取できるエネルギー量に見合わず，餌乞いが無制限に上昇することはなくなる

と予想される。

　ところが，餌乞いのエネルギーコストを，酸素消費量などを用いて測定した研究では，静止代謝に比べると餌乞い時の代謝はいずれも 30％以下の上昇しかなく，コストが大きいとは必ずしもいえない[12]。一方，Kilner [13] のカナリア *Serinus canaria* を使った研究では，強制的に餌乞いの強度を高めたヒナでは，同じ量の餌を与えた通常レベルの餌乞いをしたヒナよりも成長が悪かった。このことは，ある局面でのエネルギー消費の上昇は小さくても，累積すれば成長に影響することを示唆している。ただし，他種を用いた類似の研究では結果は分かれる。エネルギーコスト以外にも，免疫能への影響や活性酸素量の上昇などが生理的なコストとして考えられるが実証例はまだ少ない[12]。

　餌乞いのもう一つの大きなコストとして，捕食リスクの上昇が考えられている。カササギ *Pica pica* では餌乞いが激しい巣ほど捕食にあったという報告がある[14]。餌乞い音声を再生して捕食の結果を調べた実験でも餌乞い強度と捕食頻度との間に相関が見られた例もある。しかし，餌乞い強度と捕食リスクとの関係は単純ではないと考えられる[12]。たとえば，捕食者は親の給餌行動を見て巣の位置を特定することが知られている[15]。巣全体として餌乞い強度が高まれば親の給餌訪巣頻度も高まるので，そのような巣の捕食リスクは高まるといえる。餌乞いが捕食リスクを高めることでコストが大きいといえるかどうかは，肯定否定どちらについても実証的証拠は不十分と考えられている[3, 12]。

　餌乞いが捕食リスクを高めるという前提で，Zahavi [16]は「脅し仮説 Blackmail hypothesis」を提唱している。ヒナは激しく餌乞いの声をあげることで，自身および周りのヒナへと捕食者を誘引する可能性を高め，親の給餌を促すという考えである。親は捕食によってヒナ全部を失うことを避けるために，ヒナに給餌して餌乞いを低下させねばならない。この仮説は独自の予測を立てるのが難しく，実証例がほとんどないが，唯一，Thompson et al. [17]がシロクロヤブチメドリ *Turdoides bicolor* の巣立ちヒナの餌乞い行動で検証している。ヤブチメドリは地上採餌性で，巣立ち直後のヒナは捕食を

避けるためにヤブの中や樹木上に隠れており，ここで親の給餌を受ける。しかし，空腹なヒナは捕食の危険の高い地上に降りて餌乞い声をあげる。この行動は親の給餌を促して，ヒナは餌を獲得する。実験的に地上の捕食圧を高めると，親は樹上のヒナよりも地上のヒナに多く給餌するようになった。これは，ヒナが自分の身を危険にさらすことで親の給餌を引き出すという，「脅し仮説」を支持するものと考えられる。

　コストの影響を定量的に実証した例は十分ではないが，無制限な餌乞いの上昇は何らかの生存上のコストを生じると考えられるので，ヒナの餌乞いには制約がかかっているといえる。このような状況では親は給餌をコントロールすることが可能である。正直な信号仮説は片親だけが 1 個体のヒナを育てる状況によく当てはまる[6, 18]。しかし，ほとんどの鳥類では複数のヒナが育てられ，しかも，一腹のヒナのすべてが同質であることはほとんどなく，日齢，体サイズ，体調などに違いがある。このような状況でも，ヒナが自身の要求に応じて餌乞いをして，親は餌乞い強度の強いヒナに給餌するという，正直な信号を示唆する結果が生じると予測される[6, 19]。

　これは，以下のように説明される。ヒナは餌を獲得すれば成長が良くなるとか生存可能性が高まることで適応度が上昇する。しかし，さらに多くの餌を獲得しても適応度の上昇はそのうちに頭打ちになる。ヒナの体調の違いによって餌獲得が早く，適応度の上昇が早い個体と餌獲得が遅く適応度の上昇が遅い個体に分かれる場合，給餌の早い段階では前者の要求度は高く親にとってもこのようなヒナへ給餌することで親自身の適応度を高くできるが，ある程度給餌が進んだ後は，前者のヒナの 1 回の給餌による適応度の上昇は，体調の悪いヒナの適応度の上昇より小さくなり，親は体調の悪いヒナへ給餌するほうが自身の適応度を高くできる(図7-2)。満足したヒナはあまり餌乞いをせず，餌を深刻に必要とするヒナは餌乞いの強度を高めるとすれば，親は餌乞いの強度が高いヒナに給餌することで，ヒナの適応度も自身の適応度も高めるので，質の異なるヒナが共在している場合でも親子の対立は両者の妥協点で解決する。ただし，このような状況が生じるのは，親が利用できる餌が豊富で子育てのコストが低い場合に限られる[18]。

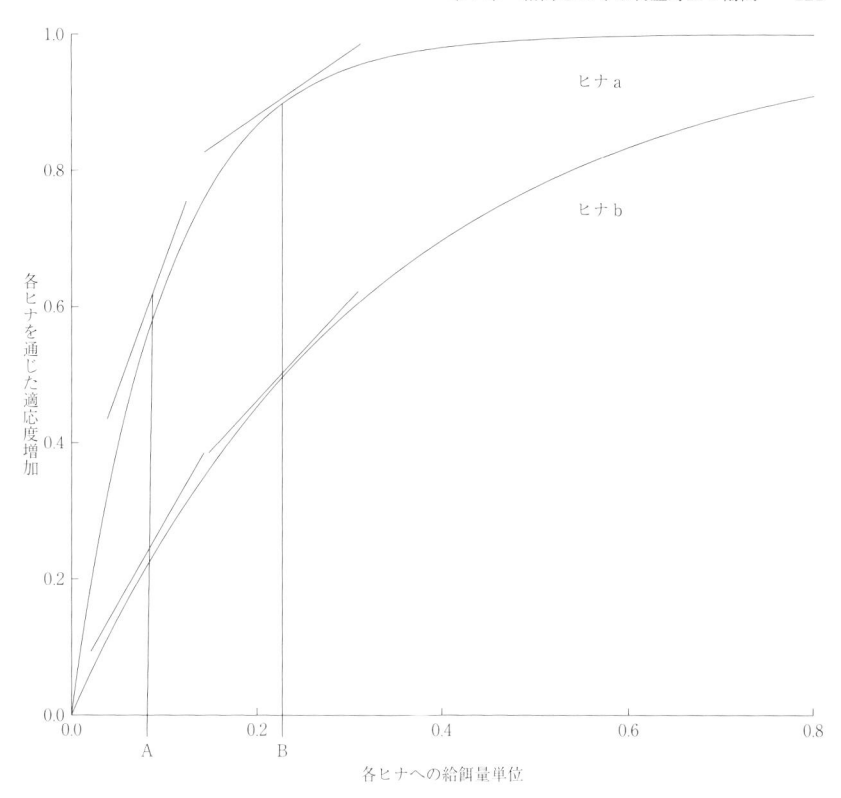

図7-2　餌獲得能力の異なるヒナ間の給餌単位当たりの適応度増加の違い。給餌量が少ないとき(A)は獲得能力の高い(餌乞い強度が高い)ヒナ a の適応度増加が高いが，給餌量が多くなると(B)このようなヒナの適応度増加は頭打ちになり，餌獲得能力の低いヒナ b へ給餌したほうが適応度増加率(曲線への接線の傾きで示す)は高くなる。

資料）Godfray [6]の式を基に描く。

　このように，Kilner & Johnstone [3]が示した正直な信号に求められる要件のうち，親はヒナの餌乞いの強さに応じて給餌するという予測は，正直な信号仮説でもヒナ間の奪い合い競争仮説でも，定性的には同じ結果が得られる。正直な信号仮説の検証には，親がヒナの餌乞いの強さに応じて給餌するというだけでなく，ヒナの要求量を評価して給餌するという実証的な証拠が必要である[18]。

3　餌乞いとヒナ間競争

　親からの給餌量は時間的にも，量的，質的にも有限である。そのため，ヒナ間の餌をめぐる競争（奪い合い競争 scramble competition）は激しくなり，ヒナの信号は必ずしもヒナの真の要求度を表す正直な信号ではなくなり，ヒナの要求度に基づいての親の給餌は困難になる。ヒナ間競争は，質の異なるヒナの間に生じると想定されている[19]。通常，一腹のヒナ同士では，日齢，体サイズ，体調，闘争能力などに違いが見られる。これらのヒナ間格差が，ヒナの餌乞い強度や物理的な闘争能力の違いを生じる。これらの格差が大きいほどヒナの真の要求度と親の給餌先の不一致が大きくなる。この場合，子が給餌をコントロールしており，親は餌分配のコントロールを全くしていないと仮定されており，給餌はヒナ間の奪い合い競争の結果であると考えられている[11, 20]。給餌の結果は，他のヒナよりも強く餌乞いをしたり，餌を受け取る可能性の高い場所から餌乞いをしたりすることによって決定される[21-24]。

　しかし，子が給餌をコントロールしていると考えられている奪い合い競争の場合でも，競争の結果に大きな影響を与えるヒナ間の質の格差はもともと親が作り出していることが多い。その顕著な例はヒナ数減少（brood reduction）である。鳥類では産卵のどの時期に抱卵に入るかによって，ヒナの孵化日が不揃いになることがある（非同時孵化 asynchronous hatching）。その結果，一腹の巣内ヒナ間に日齢と体サイズの違いが生じる。体サイズの違いは運動能力に直接影響することから，餌獲得の能力差が生じることになる。この能力差は餌乞い強度の違いや物理的な闘争能力の違いとなって実現し，しばしば，後から孵化したヒナの死亡を引き起こす。親はこのヒナ間の競争を調停しない。このような非同時孵化と若齢ヒナの死亡は，変動の激しい餌資源に依存している種に多く見られる。このような種では，親は全卵が産卵される前に抱卵に入り，非同時孵化を生じさせる。Lack [25]は，ヒナ数減少の創出は親の適応的な行動であると考えた。繁殖期の餌資源が予測不可能

な場合には，餌資源が限られても早く産まれたヒナが巣立つように遅く産ま
れたヒナとの能力差を生じさせ，餌資源が豊富な場合には全卵からのヒナが
巣立つような適応である。この場合，親が完全に給餌をコントロールしてい
るといえる。

　また，最近では，母親が子の表現型を産卵前にコントロールする（母性効
果 maternal effect）という考えも提唱されている。たとえば，母親は卵黄中
のテストステロン（雄性ホルモン）の量を変えることで，孵化してくるヒナの
競争能力や餌乞い強度の格差を生じさせている[2]（母性効果の解説については，
第4章および相馬[26]を参照のこと）。Schwabl [27]はカナリアの卵黄へのテスト
ステロン接種で孵化時の激しい餌乞いを引き出した。

　このように，親がヒナ間の格差を作り出し，ヒナ間競争の結果，最も餌乞
い強度の強い，ないしは他のヒナを押しのけて親の近くに来たヒナに給餌す
るというパターンは，親にとっては最も巣立ち可能性の高いヒナに給餌する
という点で最適な戦術といえる。そのため，親は平等に給餌するのではなく，
生存が期待できるヒナに多く給餌したり，質の高いヒナに多く給餌したりす
ることによって，自身の適応度を上げる。

　ヒナ数減少は餌が不足がちのときに生じるので，実験的に給餌が制限され
た状態でも親は特定のヒナ（通常は，年長のヒナか体サイズの大きなヒナ）に
給餌する。オガワコマドリ *Luscinia svecica svecica* は非同時孵化種であるが，
実験的に片親を一時除去して給餌量を低下させると，親は体サイズの大きな
年長ヒナへ多く給餌するようになる[28]。餌乞い強度や餌を受け取る場所が
日齢により異なるわけではなく，年長ヒナが年少ヒナを押しのけて餌獲得を
コントロールしているのではない。

　体サイズが親の給餌先決定の手がかりになり，大きなヒナに給餌する傾向
は非同時孵化の起きるカササギでも知られている[29]。また，Wiebe &
Slagsvold [30]はヨーロッパシジュウカラ *Parus major*，マダラヒタキ
Ficedula hypoleuca，ハシボソキツツキ *Colaptes auratus* の3種について，
くちばしの色とヒナの体サイズのどちらが給餌を引き起こすのに重要である
かを実験的に評価した。その結果，キツツキではくちばしを塗りつぶして目

立たなくしたヒナはほかのヒナよりも 20%以上体サイズが大きければ同等以上の餌を獲得できた。スズメ目鳥類では 30～40%以上のサイズ差が必要である。非同時孵化が生じる種の巣内ヒナの間では，これ以上の体重差は通常生じるので，くちばしの色よりもサイズ差が親のヒナ選別の手がかりとして重要であると考えられる[30]。一方，シロビタイジョウビタキ *Phoenicurus phoenicurus* ではヒナ間競争はあまり起きず，体サイズの違いは親の給餌には影響せず，飢えたヒナはよく餌乞いをし，給餌は餌乞い強度に応じてなされる[31]。

　ヒナ間の質の格差は親の育雛中一定であるわけではない。また，親子の間のコミュニケーションは一定ではなく，ヒナの成長過程で大きく変化する[18]。たとえば，若いヒナでは親による給餌のコントロールが比較的容易であるが，成長したヒナではヒナ間競争が激しく，親は給餌をコントロールできなくなる。変化が急激であれば，親はそのたびに餌乞いの評価基準を変えねばならなくなり，安定した信号伝達系の存続は期待できない。このように，ヒナ間競争が激しい状況では，餌乞いの信号よりも体サイズなど競争能力を示す特徴のほうが信頼性の高い指標となり，結局，親は餌乞いの信号ではなく，強い，大きなヒナに給餌することで最適な選択をしていると考えられる。

4　ヒナ間の協調と交渉

　従来，ヒナは給餌されるためにヒナ間で競争しているか，ヒナが要求を正直に親に伝えているかという点で議論されてきた。しかし，ヒナ間競争で特定のヒナが餌を独占するとほかのヒナが飢えるか死亡することになる。このことが競争に勝ったヒナにコストを課することにもなる。ヒナが飢えることで餌乞い鳴きの頻度と強度が高まれば，巣が捕食に遭うリスクが高まると考えられる。また，ほかのヒナの死亡により巣内のヒナ数が少なくなれば，部分的な巣捕食が起きたときに自身が捕食される確率も高くなる[12]。また，親は特定のヒナではなく，巣全体の餌乞い強度に反応して給餌頻度を高める[32]。Kilner et al.[33]は托卵性のコウウチョウ *Molothrus ater* のヒナは宿主

のヒナと同居したほうが多くの餌を獲得できることを示した。これは，巣全体の餌乞い強度が高く，宿主の親の給餌頻度を高めたことによる。強いヒナは餌を獲得する可能性が高いので，同巣ヒナの餌乞いによって増加した給餌の恩恵を最もよく受けることになる。これら以外にも，ヒナ数が多い方がヒナの体温維持には有利であるとか，包括適応度を高めるなど，同巣ヒナが飢えず，死亡が起きないことの利益はいろいろと考えられる[12]。これらの事実はヒナはヒナ同士で競争して餌を独占するよりも，協調的に行動するほうが有利な状況があることを示唆している。

　カモメ類は親のくちばしを突いたり，鳴き声をあげたりして餌をねだる。ユリカモメ *Larus ridibundus* では，ヒナは餌乞い行動をそれぞれがバラバラに行うのではなく，ヒナ間で斉一化して，巣全体での餌ねだり強度を高める一方，ヒナ当たりの餌乞い時間を短くすることが知られている[34]。これは，ヒナ間の協調の事例である。数学モデルによっても，ヒナは協調することで親の給餌を高めることが示されている[35]。

　このように，最近ではヒナ間の協調を重視する考えも提唱されるようになった。Roulin et al. [36]は，メンフクロウ *Tyto alba* の給餌観察を基に「ヒナ間交渉仮説」を提唱している。彼らの「ヒナ間交渉仮説 Sibling negotiation hypothesis」はヒナ間で鳴き合うことで，次に運ばれてくる餌に対する要求についての情報を交換する(交渉する)という考えである。一般に，餌乞い声は親が巣を訪れたときに発せられるが，メンフクロウでは，親が不在時でも餌乞いのための声をあげる。本種ではほかのヒナがより飢えていると，親の不在時の発声(以下，「交渉声」と呼ぶ)を控えるようになり，ほかのヒナが給餌されると発声を高めた。また，実験的にヒナ数を大きくした(ヒナ間競争を激しくした)巣では発声を控え，小さくした巣では発声を高めた。飢えている同腹ヒナにとって，次に運ばれてくる餌の価値は高く，給餌されると，価値は低くなる。交渉声は運ばれてくる餌をめぐる競争への参加に乗り気であることを同腹ヒナに伝える役割を持つと考えられている。つまり，メンフクロウでは，同腹ヒナにとって次に運ばれてくる餌の価値がより高いと，発声を控えることでその餌を「譲る」ことが明らかになった。

　スズメ目鳥類では，親が巣に到着すると，飢えた同腹ヒナがいても，ヒナはより激しく餌乞いするか，餌乞いの強さを変えない[36]。メンフクロウの場合でも，親が巣に来たときのほうが餌乞い声は交渉声より大きいので親に直接働きかける餌乞いは重要であると考えられる。餌供給を操作した実験では，親がいるときの餌乞いは操作の影響を受けなかったが，交渉声は餌が豊富なときは低下した[37]。このことは，交渉声は餌が少ないときほど機能することを示唆している。

　さらにヒナの日齢と体サイズの差を作り出した実験により，交渉声が給餌の際の餌乞いへの投資を最適化する役割を持つことが示唆されている[38]。すなわち，年少ヒナの餌乞いは，年長ヒナの親不在時の発声レベルが高い場合には低く，逆に，年長ヒナの餌乞いは年少ヒナの交渉声レベルの影響を受けなかった。年少ヒナは競争に負ける可能性が高いので年長ヒナが交渉声を発すると次の餌への餌乞いを控えるものと考えられる。この結果は，交渉は将来の餌乞いへの投資を反映し，競争する意志を示していることを示唆している。一方，年少ヒナは年長ヒナの餌乞いレベルが低い場合は餌を独占できた。年少ヒナは交渉声を挙げることで，年長ヒナが自身より飢えているかどうかを判定する。このとき，年長ヒナが交渉声をあげなければ，年少ヒナが次の餌を獲得できることになる。この行動が，餌乞い投資の最適化であると説明される[38]。さらに，近年では，タイミングを調節することによって，交渉声が重なるのを避けたり[39]，ヒナがいる場所と交渉声の長さが，ほかのヒナの 1 分当たりの交渉声の回数に影響したりすることが明らかになっている[40]。

　親の不在時にヒナが餌乞い行動を示すことは従来も知られていたが，ヒナが震動や雑音などの刺激を親の来訪と誤って反応した結果だと考えられて，注目されてはこなかった[41, 42]。しかし，最近では，メンフクロウだけではなく，ツバメ *Hirundo rustica* などスズメ目鳥類でも，親の不在時の餌乞いが給餌をめぐるヒナ間の競争を低下させることが知られるようになった[43]。これからの興味深い研究テーマの一つとなるであろう。

5　雌雄の利益対立

雌雄の適応度利益は対立しており[1]，その顕著な例は，養育の放棄，言い換えれば，雌雄どちらが子の養育を担うかという役割分担の決定に見られる(総説として，江口[44, 45]を参照のこと)。さらに，一夫一妻的にヒナの養育を行う種においても，どのようなヒナに，どれほどの給餌を行うかはつがいの雌雄間で異なっていることがある[2]。しばしば，父親と母親の間で主に給餌するヒナは異なる。これも，利益対立によって説明される。一方，給餌分配が両親の協調によって異なっている場合，すべてのヒナの生存を確実にするため異なる特徴のヒナをそれぞれ育てるとも考えられる。この場合，雌雄は育てるヒナを分けて，いわば分業の形をとるが，分業が見られるのはほとんど巣立ち後のヒナの場合であり[46]，本章で取り扱っている同巣にいる巣内ヒナの養育には当てはまらない。

雌雄で給餌するヒナの属性が異なる場合，一般に，父親のほうが大きいヒナに，母親のほうが小さいヒナに給餌する傾向がある[46]。現象としては知られているが，その理由については十分明らかではない。これまで，3通りの説明が考えられている[47]。

1)雌雄で繁殖のコストと投資量が異なるので，少なく投資する性が価値の高い子へと投資を偏らせる。

すなわち，母親は，父親よりも繁殖コストが高いので，繁殖全体に高い価値を置き，小さなヒナに給餌することで，同腹ヒナ全部の巣立ち成功を図ると考えられ，一方，オスは投資がより小さいので，年長の大きいヒナ(巣立ち可能性が高く，価値が高い)をよく世話し，残存繁殖価を高めていると説明される[48, 49]。この投資の性差は生活史特性の性差が関係しているとも考えられる。一般に，オスはメスより寿命が長く，そのため，現在の繁殖に多くを投資することがなく，その結果がヒナの選別の性差をもたらしている[48]。

2)異なる子を通じた適応度利益が雌雄間で異なる。

　たとえば，つがい外父性の頻度高い種では，オスにとってはつがい外の子とは血縁がないので，育雛の価値が低い。証拠は限られるが，つがい外父性が年少ヒナに多い傾向があれば(たとえば，イワツバメ *Delichon urbica* [50])，オスは年長ヒナをよく世話すると予測できる。

3)親子対立の結果，特定のヒナが親からの資源を独占しないために，ヒナをそれぞれに分けて育てる(分業)。

　これは給餌場所が隔たっていて，同一ヒナが両親に接近できない，巣立ちヒナの場合に当てはまるが巣内ヒナでは例がない。

　いずれにしても，雌雄で給餌するヒナの体サイズに明確な違いが見られる理由については実証的研究は少なく，もっと研究が必要である。

　繁殖習性の性差もヒナの選別の性差をもたらしていると考えられる。一般に，メスは抱卵や抱雛を担うことが多く，育雛初期には採餌に多くの時間をかけることができない。そのために，育雛初期にはメスが運ぶ餌はオスに比べて小さいことが多い。オスの運ぶ大きな餌は小さなヒナは飲み込めず，オスは一旦小さなヒナに与えた餌を大きなヒナに与え直すことも多い。このように，ヒナのサイズに基づく給餌傾向の性差は，能動的な親によるヒナの選別ではなく，ヒナのくちばしサイズと餌サイズの不一致の結果であるともいえる[51]。

　ヒナの体サイズだけではなく，ヒナの行動への反応が雌雄で異なる例も知られている。ヨーロッパシジュウカラでは，メスはオスよりもヒナの餌乞いに強く反応する[52, 53]。一般に，小さなヒナや飢えたヒナほど餌乞いが激しいので，親の反応の性差は前に述べた体サイズによるヒナの選別の性差と同様の結果をもたらす。アオガラ *Cyanistes caeruleus* では逆に飢えたヒナの餌乞い強度が強い傾向は見られず，オスは自身の近くにいるヒナに給餌する。このため，飢えたヒナはオスの近くに寄る傾向がある[54]。

　カナリアではくちばしを高く上げて餌乞いするが，餌が豊富なときは雌雄とも餌乞い強度の強い(頭の位置が高い)ヒナに給餌するが，餌が少ないときにはメスは餌乞いだけではなく，自分に最も近い位置にいるヒナに給餌する[24]。この行動は，ヒナ間の競争を促すことになる。ほかの種では，メスは

競争を緩和するように小さなヒナによく給餌することが知られているので，カナリアでは雌雄の立場が逆になっている。その理由については明らかではない。

　ヒナの性によって選別する可能性も指摘されている[46, 55, 56]。性によりヒナの価値や育雛コストが異なれば，雌雄は自身の給餌能力に応じて最適な性のヒナに育雛を偏らせると考えられる。しかし，野生個体群の巣内ヒナで証拠が得られているのはルリツグミ *Sialia sialis* だけで，父親は娘によく給餌するが母親には子の性による偏りは見られない[57]。逆に，飼育下のキンカチョウ *Taeniopygia guttata* ではメスは息子によく給餌し，オスは平等に給餌する[58]。しかし，このような選別が見られない例のほうが圧倒的に多い[46, 55]。

6　巣の特定の場所から給餌する鳥類

　もし，親が給餌する場所が一定であれば，ヒナは餌を受け取る可能性の高い場所を学習して，その場所をめぐる競争が生じると考えられる。特定の場所からの給餌は，多くの場合，巣の構造的な制約から生じる。樹洞や岩や建物の隙間など狭い空間に巣を造る鳥類では，入口付近で給餌がなされることが多い(表7-1)。エナガ *Aegithalos caudatus* やカワガラス *Cinclus pallasii* などボール状の巣を造る種でも，巣内は狭いので入口付近で給餌する。入口付近で給餌することで給餌を短時間で終了させることができる[59]。

　餌乞いのディスプレイは必ずしも正直な信号として機能しない。また，スズメ目鳥類では，給餌頻度が高く，親は短時間の滞巣で再び採餌に出かける。そのため，ヒナをじっくり観察してヒナの要求度を正確に判定して給餌するに十分な時間はないと考えられる。このような場合には，親は自身に一番近い位置にいる，多くの場合，競争力の高いヒナに給餌することになる。

　カップ状巣のような，開放的な巣の場合は構造的な制約はほとんどなく，親は巣のどの位置からも給餌できる。このような場合でも，ヒナが餌を受け取れる確率が高い場所がある。アラビアヤブチメドリ *Turdoides squami-*

表7-1　親の給餌位置とヒナの最適位置の関係

種名	巣の形態	給餌位置	有利な位置	著者
チャカタルリツグミ	閉鎖型	入　口	入　口	[72]
ウスアマツバメ	閉鎖型	入　口	入　口	[59]
ホシムクドリ	閉鎖型	入　口	入　口	[73]
ミドリツバメ	閉鎖型	入　口	入　口	[74]
アマツバメ	閉鎖型	入　口	入　口	[75]
メンフクロウ	閉鎖型	入　口	入　口	[38]
ヤツガシラ	閉鎖型	雌雄で異なる（オスは入口, メスは巣の中）	雌雄で異なる	[71]
ヨーロッパシジュウカラ	閉鎖型	雌雄で異なる	雌雄で異なる	[52, 63, 64, 66]
キバラシジュウカラ	閉鎖型	雌雄で異なる	雌雄で異なる	[76]
ア オ ガ ラ	閉鎖型	雌雄で異なる	雌雄で異なる	[54]
アラビアヤブチメドリ	開放型	一定しない	中　心	[60]
コマツグミ	開放型	巣ごとに場所が特定	中　心	[61]

注）閉鎖型は樹洞，建物の隙間などへ営巣，開放型はカップ状の巣。

ceps はカップ状の巣を造るが，親は給餌位置を固定しないので，巣の中心に位置することでヒナはほかの場所でより多くの餌を獲得できる[60]。コマツグミ *Turdus migratorius* もカップ状の巣を造り，餌獲得可能性は巣の中心部で高いが，親が給餌する位置を一定にするほどその確率は高くなる[61]。ヒナは親に向かってくちばしを伸ばすが，親の位置が予測できていれば，そちらに向かって餌乞いできるので，給餌位置が一定しているほうが，餌獲得可能性が高くなると説明されている。

　給餌場所が両親とも同じ場所で固定していたり，給餌場所が一定していなくても餌獲得可能性の高い場所があると，ヒナはその場所をめぐって競争する。給餌場所が1ヶ所に固定されると，ヒナ間競争が促進され，給餌はヒナがコントロールし，親のコントロールが及ばなくなる。非同時孵化によりヒナ間の体重差が大きくなると，給餌位置をめぐる競争では大きなヒナに有利となり，ヒナ数減少が起きる。コマツグミではヒナ数減少が起きる巣ほど，ヒナは中心位置をめぐって激しく競争する[61]。しかし，餌が豊富にあれば，給餌位置が限定されていても，ヒナの位置交代が起き，ヒナ間競争は激化しないこともある。シロビタイジョウビタキは樹洞性で，給餌位置は入口付近に限定される。しかし，本種ではヒナ数減少はあまり起きず，ヒナは満腹す

ると後ろに下がり，飢えたヒナが入口付近に近づいて給餌を受けるので，ヒナ間の体重差は縮小される[62]。

　巣の構造的な制約によらず，親が能動的に給餌位置を限定する例も少数ながら知られている。ヨーロッパシジュウカラはこの行動についてよく研究されている。本種は巣の中に入り，巣のカップの縁の特定の場所から給餌する。多くの場合，給餌位置は巣の入口とは反対側に分布している。特定の場所からヒナに給餌し，父親と母親の場所は同一巣で異なることもあり，同一個体の給餌場所は養育期間中，また，年が変わっても一貫している[63]。ヒナはそれぞれの親の位置を学習しており，親の来訪前にその位置に移動する[64]。

　本種を使って，実験的に親の給餌位置を 1 ヶ所と 2 ヶ所に限定したところ，1 ヶ所の巣ではヒナ間競争が激しくなり，2 ヶ所の巣の方ではヒナに平等に給餌され，ブルード全体での体重増加率が高かった[65]。これらの結果から，給餌場所を 1 ヶ所にするのは，競争を促進し質の高いヒナへと給餌を偏らせ，一方，雌雄で異なることは競争を緩和するように，親のコントロールを可能にしていることが示唆されている。しかし，雌雄が協調して異なる場所から給餌しているという証拠は得られておらず，むしろ，給餌位置は雌雄間で独立に決定していると考えられている[63]。

　前に述べたように，オスは大きなヒナへメスは小さなヒナに給餌する傾向があり[46]，実際に，空腹なヒナは母親の給餌位置に移動する[52]。ヒナの移動を妨げる実験を行うと，両親とも飢えたヒナに同等に給餌するので，飢えたヒナが母親のほうに近づくことは，ヒナが位置を調整することで給餌の一部をコントロールしていることを示唆している[66]。すなわち，ヒナは両親それぞれの給餌特性を学習しており，自身の要求度と同腹ヒナとの競争能力の違いに応じて餌獲得可能性の高い親の給餌位置を選んでいると考えられる。また，親のほうでも異なる位置から給餌することで，ヒナのこのような特性の情報を得て，可塑的にヒナの表現型と競争能力に影響することで，投資当たりのヒナの適応度上昇を最適化していると考えられる[52]。

7　給餌行動と生活史

　これまで述べてきたように，親の給餌をめぐる家族内の相互作用のパター
ンは，親とヒナのどちらか一方が給餌をコントロールするか，両者の妥協点
で安定した状態に帰する[18]。これらのどの状態が出現するかは，それぞれ
の種の生活史が大きく関与すると考えられる。給餌位置の制約が生じるよう
な営巣習性の種では，ヒナ間競争が促進される。また，孵化パターンはヒナ
数減少を引き起こすかどうかを決定し，非同時孵化種の親は年長ヒナへの
偏った給餌を，同時孵化種では平等的な給餌を示す。孵化パターンの違いは
一腹産卵数の大小によって生じると考えられる。雌雄間の給餌分配パターン
の違いは寿命の性差で生じるとも考えられている[48]。
　生活史の違いが給餌パターンの違いを生じさせている例は，日本のシジュ
ウカラ *Parus minor* と近縁種のヤマガラ *Poecile varius* との間で見られる。
給餌研究の対象となっている鳥類の多くは，一度に1個の餌を運ぶ single-
prey loader である。シジュウカラも single-prey loader であり，1回の来巣
では1個体のヒナにしか給餌しない。これに対して，ヤマガラは一度に複数
の餌を運ぶ multiple-prey loader であり[67]，1回の来巣で複数のヒナに餌を
分配する[石井未発表]。さらに，シジュウカラはヤマガラより一腹産卵数が
大きく[67, 68]，前者は非同時孵化が知られており(浦本[69]中の蠟山朋雄未発表
データより)，一方，後者は同時孵化の生活史を持つ[70]。これらの生活史の
違いから，シジュウカラのほうがヒナ間競争を促進するように親は給餌する
と予測されるが，実際に，両種とも親の給餌位置は非ランダムな分布をする
ものの，シジュウカラのほうで給餌位置のバラツキは小さく，ヤマガラのほ
うで大きかった(石井未発表：図7-3，図7-4)。餌を分配する習性と給餌の位置
取りの範囲が広いことは，ヤマガラはより平等的な給餌を行い，ヒナ全体が
巣立つような給餌戦略をとっているものと考えられる。

図 7-3　シジュウカラ(左)とヤマガラ(右)の給餌。シジュウカラは 1 個, ヤマガラは複数の餌を運ぶ。

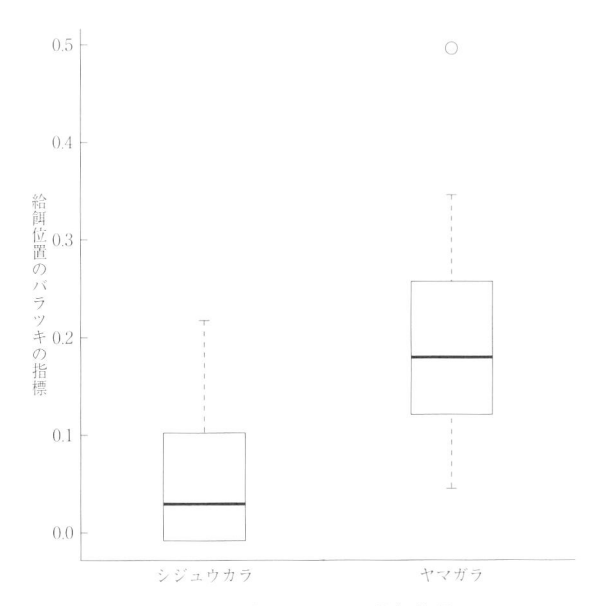

図 7-4　シジュウカラとヤマガラの給餌位置のバラツキ程度の違い(石井未発表)。

8　給餌研究のこれから

　家族内の利益対立の視点から給餌行動の研究が行われるようになって，様々な成果が得られてきた。特に，本章で触れた，特定の場所から給餌する親と，良い場所をめぐるヒナ間競争の例やヒナ間交渉の例は興味深い。しかしながら，研究のしやすさから特定の種やその近縁種に研究が偏ってしまっている。たとえば，特定の場所から給餌する親と，餌獲得可能性の高い場所をめぐるヒナ間競争に関する研究は，ほとんどがシジュウカラ類鳥類の巣箱研究である。他の分類群について近年発表された論文も，研究対象はヤツガシラ *Upupa epops* であり[70]，巣箱で繁殖する。統一的な理解のためには，開放巣営巣種など様々な種で検討する必要があるだろう。

　また，生活史の違いと給餌行動との関係も，もっと注目されて研究されるべきであろう。これまで，ヒナ間競争に関連して，一腹卵数，孵化の非同時性などといった点に着目した研究は多いが，父性や性比，さらには，繁殖回数や育雛期間といった生活史に着目した給餌研究は多くないように思う。さらに，生活史研究の視点からも，給餌頻度や餌サイズなどの定量的な指標を用いた研究は有用であると考えられる。

第8章　繁殖様式と生活史

江 口 和 洋

　鳥類は配偶様式や繁殖様式など社会形態を多様に進化させた分類群である。その多様性と幅広い種間の変異は鳥類研究者の興味を惹きつける。本章では鳥類の社会形態の進化に生活史形質がどのように関与したかを解説する。社会形態とは広義には鳥類の個体間関係の様相のすべてと定義され，配偶様式，繁殖様式，代替繁殖(つがい外交尾や種内托卵)，家族形成など様々な現象を含むが，本章ではつがい外交尾と協同繁殖および家族形成について取り上げる。一方，生活史とは生物が生まれて死ぬまでの生活の様相のすべてを指し，産卵数や繁殖開始年齢などの繁殖に関わる形質やヒナの成長速度，死亡率，寿命などに関心が向けられる。生活史形質で重要なのは寿命で，長寿命であるか(slow life history)，短命であるか(fast life history)が生活史戦略を決定づける[1]。産卵数や寿命に関する生活史戦略については永田[2]の優れた解説があるのでそちらを参照されたい。

1　はじめに

　社会形態に関する研究の多くは，同一分類群に所属する近縁な2種ないしは数種を比較し，社会形態の差異とそれに関与する要因を明らかにすることを目的として行われてきた。しかし，2種ないし数種の近縁種間の比較研究では，得られた結果が一般性を持つかどうかは不明のままである。これを克服するために，より多数の種を組み合わせた種間比較研究が行われるようになった[3,4]。D. Lack [4]は鳥類の様々な種の生息環境，生活様式，配偶様

式などの知見を基に鳥類の社会形態の進化に関する仮説を提出したが，彼の仮説によれば，それぞれの種に見られる配偶様式は，その環境と生活様式の下で繁殖可能年齢に達する最大数の子を得られる様式であると説明される。たとえば，餌資源がある程度限られた環境では，片親だけで子育てするよりも両親が子育てすれば巣立ちまでのヒナの死亡を少なくできることから一夫一妻の配偶様式が進化すると考えられる。鳥類では多くの種が一夫一妻的に繁殖していることはこの考えを裏づけているように見える。

　一方，配偶様式の進化に関して，R. Trivers [5]は雌雄の対立という新しい概念を導入した。動物の配偶子の大きさは，雌雄間では極端に異なっており，卵子1個の生産に要するコストは大きく，対して，精子1個の生産にかかるコストは無視できるほどに小さい。このため，オスは豊富な精子を使って多くの卵子を受精させることで多くの子を残せる，すなわち，適応度を高めると考えられる。一方，メスは多くのオスと交尾したとしても産み出す子の数が増えるわけではなく，むしろ，自身がコストをかけた卵子から生じる子を大事に育て上げることで適応度を高める。しかし，鳥類の場合は，哺乳類と異なり，産卵後に養育を複数のオスに任せることも可能であり，一妻多夫という，メスにとって適応度を高める配偶様式もある。一般に，一夫多妻はオスに有利な配偶様式であり，一妻多夫はメスに有利な配偶様式である。このように，配偶様式の実現においては雌雄間で得られる利益は対立しており，通常は雌雄のどちらか一方にとって有利な配偶様式として実現していると考えられている。

2　つがい外父性と配偶様式

　鳥類の行動生態学の分野における，この数十年間の大変革は，配偶様式の見方が大きく転換したことである。配偶様式というのは，従来は，雌雄が交尾をして子を残す様式の違いを指していた。雌雄それぞれ1個体ずつが，交尾し，子育てをするのが一夫一妻で，オスが複数のメスと交尾してメスはオスの協力があまり得られない状態で子育てをするのが一夫多妻，逆に，メス

表 8-1　つがい外交尾の出現頻度

	調査した個体群で EPP ヒナが出現した巣の割合（単位：％）					
	0	0＜＜10	10≦＜20	20≦＜40	40＜＜60	60 以上
非鳴禽類	24	17	6	2	1	0
鳴禽類	9	13	9	21	12	7
合計	33	30	15	23	13	7

注）数値は種数。
資料）江口[70]より。Griffith et al. [8]の附表のデータを基に作成。

が複数のオスと交尾して，子育てはそれぞれのオスが行うのが一妻多夫，さらに，雌雄間に特定のつがい関係がなく，子育てはほとんどの場合，メス単独で行うものを乱婚と定義していた。これまで，全鳥類の 9 割以上が一夫一妻であるといわれていた[4]。しかし，ここで一夫一妻と認定される根拠は，巣で特定の雌雄 2 個体が子育てしているという観察に基づいており，この 2 個体がヒナの遺伝的な親であるという暗黙の前提があった。遺伝的な親子解析が可能となる以前は，遺伝的親の特定は不可能であったので，これは当然ではある。また，野外で多くの個体について交尾行動を観察することも難しいので，一夫一妻の種でつがいを形成する雌雄がつがい相手以外と交尾して子を残すという考えが生じることはなかった。

　ところが，DNA を用いた親子判定技術が野外鳥類学に導入されると，これまで一夫一妻とされていた種の多くで，メスはつがい相手以外のオスと交尾して子を残していることが明らかになった。調査したつがいの 8 割以上でつがい相手以外との交尾が見られた種も珍しくはない。オーストラリアに生息するルリオーストラリアムシクイ *Malurus cyaneus* では，調べた巣の 95％につがいのオス以外由来のヒナがいた[6]。これらの事実は交尾行動の観察ではなく，子と世話をする成鳥との血縁を遺伝学的に調べることで明らかになった。つがいのオス以外の個体により受精させられることを，つがい外父性（extra-pair paternity，EPP）と呼び，つがいの相手以外との交尾をつがい外交尾（extra-pair copulation，EPC）と呼ぶ。現在のところ，調べられた限りでは，EPC ないし EPP が全くないという種は 4 分の 1 以下で，少数派である[7, 8]（表 8-1）。

　このような一夫一妻種にEPPが広く見られることは，配偶様式の再定義を必要とした。厳密に，EPPが全く見られず，子と世話をする雌雄の間にのみ遺伝的血縁関係が見られる場合を，「遺伝的一夫一妻(genetic monogamy)」と呼び，EPPによる子が確認されるが，子の養育はつがいの雌雄によりなされる場合を「社会的一夫一妻(social monogamy)」と呼び，両者は区別されている。「社会的」とは，雌雄が養育に参加することを意味する。通常，一夫一妻というときには，養育の様式を意味しており，社会的一夫一妻のことを指す。これに対して，一夫多妻や乱婚の場合は，稀にオスによる養育への協力が見られるが，多くの場合，メスは単独で養育する。また，一妻多夫の場合は，タマシギ *Rostratula benghalensis* のように，メスが卵をオスに預けて，養育はオスが単独で行うという，性役割の逆転が見られるが[9]，ヨーロッパカヤクグリ *Prunella modularis* のような，共同的一妻二夫で繁殖する種では，一つの巣で，三者が共同して養育を行う[10]。

3　つがい外交尾の利益とコスト

　つがい外交尾，つがい外父性のコスト―利益に関する仮説については，中村[11]や油田[12]が詳しく解説しているので，そちらを参照されたい。本稿では，概説するにとどめる。

　オスにとってのEPPの利益は明らかである。オスは複数のメスと交尾することでつがい内での交尾のみを行うオスよりも多くの子を得ることができる。このことから，オスは積極的にEPCを追求し，メスは受動的にEPCを受け入れると考えられてきた。これは，男性中心主義だった人間社会においての，男性は積極的な性，女性は受動的な性という考え方の反映でもあった。しかし，鳥類には陰茎はなく，鳥類の交尾は総排泄孔同士をほんの一瞬だけ接触することで達成される。このときに，メスは総排泄孔の内壁部分を外側にめくるように突きだし，オスは精子をメスの総排泄孔内壁の粘膜に付着させる。また，メスが体をかがめてから尾羽を横にずらし，メスの上に乗ったオスの総排泄孔がメスのそれに接触しやすいような体勢をとらない限りは交

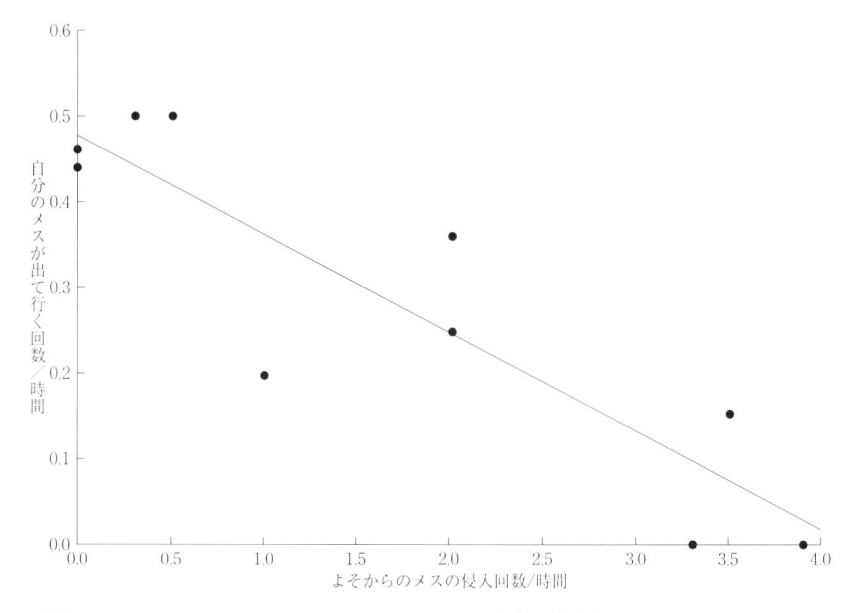

図 8-1　アオガラのなわばりからのつがいメスの彷徨頻度と他つがいメスの侵入頻度
　の関係

資料）Kempenaers et al. [13]を改変。

尾の成功は難しい。このような交尾の過程をとるので，鳥類ではメスの協力
がない限りは，精子が受け渡しされない。

　このように，メスは決して受動的な性ではなく，むしろ，交尾をコント
ロールしていると考えられるようになった。とすれば，頻度高い EPP はメ
スの側の積極的な多雄交尾の結果であるという可能性が浮上する。
Kempenaers et al. [13]はアオガラ *Cyanistes caeruleus* を用いて，EPC がメ
スの戦略でもあることを示した。つがいのなわばりを観察すると，近隣から
なわばりへと侵入するメスの侵入頻度と，そのなわばりのつがいメスがなわ
ばり内から出ていく頻度に，なわばり間で大きなバラツキがあり，なおかつ，
両者の間には負の相関が見られている（図8-1）。この結果は以下のように解
釈されている。メスのなわばり間移動は，EPC を追求するメスの行動であ
り，つがいメスが頻繁に外に出るなわばりのオスは周辺のオスに比べて遺伝

的な質が低く，このようなオスとつがいになったメスは，EPC によって積極的に高い質のオスと交尾することで子の質を高めている。一方，質の高いオスのなわばりでは，このオスとつがいになったメスにとっては，周辺のオスはいずれもつがいオスより質が低いことから，EPC を追求しないのでなわばりを出ることは少なく，対して，周辺のなわばりにいるメスが，質の高いオスとの EPC を求めてそのなわばりに侵入するというものである。実際に，自身の巣に EPP ヒナが多かったオスのなわばりへのメスの侵入は少なかった。

　メスの侵入の多いなわばりのオスでは，自分の巣でのヒナの巣立ちと生存，オス自身の生存率が，侵入の少ないなわばりのオスより高く，また，跗蹠のサイズも大きかった[13]。このことは，このようなオスが，実際に質が高く，そのために，メスに選ばれることを示している。メスは養育を行うつがいオスをまず確保した後に，つがいオスよりも質の高いオスとの EPC により，遺伝的に質の高い子を得ることで利益を得ると考えられている（良い遺伝子仮説 Good gene hypothesis [14]）。メスにとっての EPC の適応的利益については，このほかにも，子の遺伝的多様性を高める，不妊の危険を防ぐ，つがい外オスの養育への協力を引き出すなどの仮説が提唱されている（油田[12]の総説を参照のこと）。

　一方，鳥類の 9 割以上が一夫一妻で子育てをすることには生活史上の理由がある。多くの鳥類では，両性が協同して養育することで，最大数のヒナを巣立たせることができるからである[4]。すなわち，片親での養育における巣立ち成功の低下が両性にとって EPC の重要なコストとなる。オスにとっては，EPC の相手を探すために多くの時間を要すれば，自身のつがい相手への他オスの EPC を防御することがおろそかになるとか，自身の巣のヒナへの養育努力が減少して，巣立ち成功が低下するなどのコストが考えられる[15]。一方，メスにとってのコストは，つがいオスの育雛放棄により巣立ち成功が低下することである[15]。

　このように，EPC の利益やコストの大きさには，それぞれの種の生活史や生態的条件が大きく関与している。

4　つがい外父性の出現傾向と生活史

　つがい外父性の出現傾向は種によって大きく異なり，その種間変異については，繁殖密度と繁殖の同時性の2つの生態的要因で決定されると説明されていた。Møller & Birkhead [16]はコロニー繁殖する種でEPP頻度が高いことを示したが，この結果を拡大解釈すれば，密度要因の関与が考えられる[8]。繁殖密度が影響するメカニズムに関しては，高密度下ではオスがEPC相手のメスを容易に見つけ出すことができるのでEPC頻度が高まると説明されている。猛禽類の種間比較では，営巣密度が高いほどつがい外交尾するメスの割合が高いことが明らかになっている[17]。一方，Westneat & Sherman [18]の系統を考慮した種間比較研究では，営巣密度とEPP頻度に明確なつながりを見いだせていない。個々の種内研究の結果も一貫性を欠いているが，Møller & Ninni [19]はEPPの種内変異に関する研究のメタ解析（多数の研究結果の比較分析により傾向を見いだす手法）を行い，EPP頻度と繁殖密度の間に関係を見いだしており，少なくとも近縁種間や種内の個体群間での比較では，密度がEPP頻度に影響すると考えられている。しかし，より高次の分類群間の比較では，繁殖密度がEPP頻度の進化に重要な役を果たしたと考える明確な証拠は得られていない[8, 20]。

　一方，繁殖の同時性が高くなればEPP頻度が高くなることも示されている[21]。ここでは，繁殖が同時的であれば，メスは多数のオスを評価して質の高いオスを見いだすことが可能であるというメカニズムが考えられている。しかし，配偶者防衛が見られる種では，繁殖が非同時的であるほうがオスは自身のつがいメスが受精可能でないときにEPCを試みることができるので，繁殖の非同時性こそがEPCを促進するという報告もある[7]。このように，個々の研究では繁殖の同時性の影響する方向は一貫しておらず，より多数の種を用いた比較研究では傾向が見いだせなかったことからも[18]，繁殖の同時性がEPPの進化に重要であったかどうかは明らかではない[8, 20]。

　繁殖の同時性から派生して，EPP頻度の種間変異には熱帯と温帯の違い

[22]，緯度の違い[23]，生息場所の標高の違い[24]などの地理的要因，さらに，渡りの程度[23]という生活史要因の関与に関する研究もなされている。一般に，低緯度地域(熱帯)では気候や餌資源は年中安定しており，繁殖可能時期は長く，一方，温帯では繁殖可能時期は短いので，熱帯に比べると繁殖の同時性は高いと考えられる。Spottiswoode & Møller [23]は種間比較により，渡りという生活史要因がEPP頻度に大きく影響することを示している。彼らの分析によると，高緯度地域ほど繁殖の同時性は高く，緯度とEPP頻度の関係では，繁殖の同時性から予測されるように，高緯度地域ほどEPP頻度が高い傾向を示した。しかし，緯度の影響を除去すると，同時性とEPP頻度との相関は失われるので，地理的変異の要因は別のものが考えられ，そこで，緯度の代わりに渡りの距離を説明変数にとれば，EPP頻度との正の相関が見られ，渡りの影響を除去すると緯度とEPP頻度との相関は著しく低下した。また，留鳥のみで分析するとEPP頻度と緯度の相関は見られないので，渡りという習性がEPP頻度の地理的変異に重要な関与をしていると考えられる。

　これらの結果への説明としては，2つのメカニズムが考えられている。渡り鳥は繁殖時期が限られるので到着後早急につがいを形成して繁殖に入る。そのため，メスがオスの質を選り好みする十分な時間はなく，選り好みはつがい形成後にEPCを通じて達成されることになる[23]。すなわち，ヒナの養い手としての配偶者を確保した後に，その配偶者より質の高いオスとのEPCにより質の高い子を得るということである。また，なわばり形成も同時なのでなわばりの質はオスの質の指標とはならず，つがい形成後にオスの質を評価することになる。もう一つのメカニズムは，渡りそのものはコストのかかる行動であり，到着時期はオスの質の反映と考えられ，メスは到着時期を手がかりにオスの質を容易に評価できるのでEPCが促進される。また，コストのかかる渡りはオスの遺伝的質の個体間変異を拡大するので，メスの選り好みを促進させるというものである[23]。たとえば，ツバメ *Hirundo rustica* では，尾羽の長い魅力的なオスは到着時期が早く，EPCで残すヒナが多いことが示されている[25]。これらのメカニズムは，どちらも，渡りの

規模が大きい種においてより顕著に作用する。

そのほかの生活史要因(オスの養育貢献度，成鳥の寿命など)の関与を示唆する研究もある。もともとオスの養育貢献度が低い種では EPP の頻度が高くなる傾向が指摘されている[26, 27]。先に述べたように，メスが EPC を積極的に追求するならば，EPC 頻度はこの戦略に関わるメスのコストと利益によって決まると考えられる。メスが被る EPC のコストとしては，つがいオスの養育放棄という報復行為が最も重要である。オスの養育放棄がメスの繁殖成功に与える影響の大きさは，オスの養育関与の程度に関係する(メスへの抑制仮説 Constrained female hypothesis [26])。すなわち，つがい相手のオスの手助けがもともと低い場合は，オスの養育放棄による繁殖成功の低下のリスクは小さいので，メスは EPC を求めるべきである。Møller [27]は，実験的にオスを除去した場合のメスの繁殖成功の低下を調べた研究を基に，31 種について EPP の出現頻度とオスの養育関与との関係についての比較研究を行い，EPP 頻度が高い種では，もともとオスの養育貢献が低く，メスはオスによる養育放棄を容易に埋め合わせできることを示した(Arnold & Owens [28]も同様の結果を得ている)。オスの養育貢献の中でも，ヒナへの給餌貢献の程度が最も重要である[29]。また，種間変異の多くが高次分類群間に見られることから，ヒナの養育の進化の早い時期に起きた変化が EPP 頻度の変化を引き起こしたと考えられる[8]。

オスの養育放棄による報復がメスの EPC の重要なコストであると考えられるが，養育放棄をすることがオスにとっての利益になるかどうかはオスの寿命の長短によって決まる[30]。すなわち，オスの成鳥の寿命が短い種では，つがいオスは現在の繁殖に多く投資すべきで，自分の巣に他のオスによる EPP ヒナが存在するとしても，ヒナの養育を放棄して，自身のヒナの死亡まで引き起こすリスクは避けるべきであると考えられる。Arnold & Owens [28]や Downing et al. [31]は，成鳥の死亡率が高い種で EPP の出現する傾向が高いことを種間比較研究によって見いだしている。この結果は，EPP はオスによる報復のリスクが小さい種で多いと解釈することができる[28, 32]。成鳥の死亡が高ければ，オスは翌年の繁殖よりも現在の繁殖に多く投資する

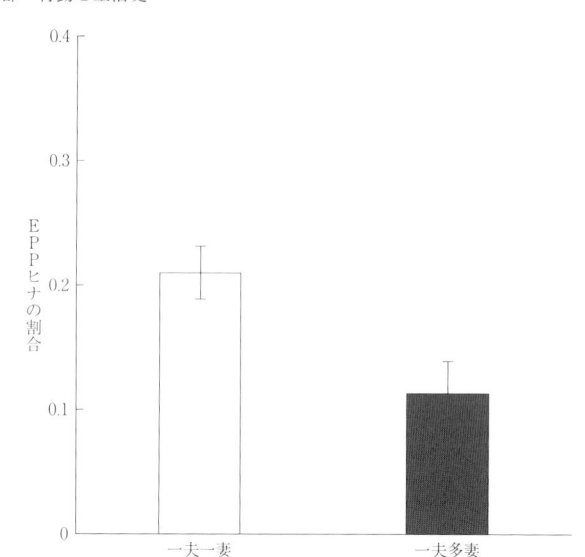

図 8-2　EPP の出現頻度と社会的配偶様式との関係
資料）Hasselquist & Sherman [34]を改変。

ので，養育放棄の可能性は低く，オスの報復のリスクも低い[30]。また，
EPP と離婚率には正の相関があり[33]，メスは翌年の離婚という形でのつが
いオスによる報復のリスクを負うと解釈されている。死亡率はオスが翌年ま
で生存するかどうかの指標となり，長寿命な種ほどメスが受ける報復のリス
クが大きいといえる。

　以上のほかにも，EPP と生活史要因との関係については，社会的一夫一
妻と社会的一夫多妻の種を比較して，配偶様式の関与を示した研究がある
[34]。EPP 頻度は社会的一夫一妻種で高い（図 8-2）。これは，EPC はメスが
追求するが，一夫多妻種ではオスの二次的性徴が著しく，メスは魅力的なオ
スを容易に識別でき，多くのメスは一夫一妻となるよりも魅力的なオスと一
夫多妻的なつがいになるので，EPC を求めない。また，オスは，なわばり
にとどまり，メスの誘引と配偶者防衛を同時に行うことができるので，EPP
は少なくなると説明される。さらに，一夫多妻種ではなわばりが飽和しない
限り，メスは魅力的なオスとつがいになれるので，ほかのオスとの EPC を

求める利益はない。そのほか，一夫多妻種では，性感染症のリスクが大きい（オスは多数のメスと交尾するので）ことやオスの報復のリスクが大きい（物理的攻撃，ヒナへの給餌低下など）ことなど，メスのEPC追求のコストが大きいこともEPP頻度が低い理由とされる[34]。

　以上をまとめると，EPP頻度の種間変異に関しては生態的要因の果たす役割は大きくなく，つがい相手による報復のリスクを考慮することが重要で，リスクの大小がEPP頻度の種間変異につながる。報復のリスクはオスの給餌協力の必要性や寿命の長短という生活史形質によって違いが生じるので，これらの生活史要因の関与が重要である。

5　家族と協同繁殖の進化

　社会的一夫一妻にしても社会的一夫多妻にしてもヒナの養育は，雌雄の両方またはメスのみが行う。しかし，一夫一妻つがいの養育に第三者が関与する場合があることが知られている。これは，協同繁殖（cooperative breeding）と呼ばれる繁殖様式である（協同繁殖についての詳細な解説は江口[35]を参照のこと）。

　鳥類では，通常，子は次の繁殖時期までには親元を離れて分散独立（出生地分散 natal dispersal）するが，中には子が親元にとどまり家族群を形成する種もいる（図8-3）。さらに，非分散の子が長く親元にとどまり，親の繁殖を手伝う個体も現れる（「ヘルパー」と呼ぶ）。典型的な協同繁殖は非分散の子が親の養育の手伝いをする形態だが，群れへ移入した非血縁個体がヘルパーとなる場合もある（図8-3）。協同繁殖を広義に定義すると「自身の子ではない個体の養育をする繁殖様式」[36]ということになる。より狭義に，「非繁殖ヘルパーが存在する」という条件を付ける立場もある[37]。また，最近では，研究の便宜上，個体群中10%以上の巣にヘルパーがいるという基準が提唱されている[38]。

　協同繁殖の進化について考える場合には，子の非分散（「なぜ親元にとどまるか？」）と手伝い行動（「なぜ手伝うのか？」）という2つの異なる側面が考慮

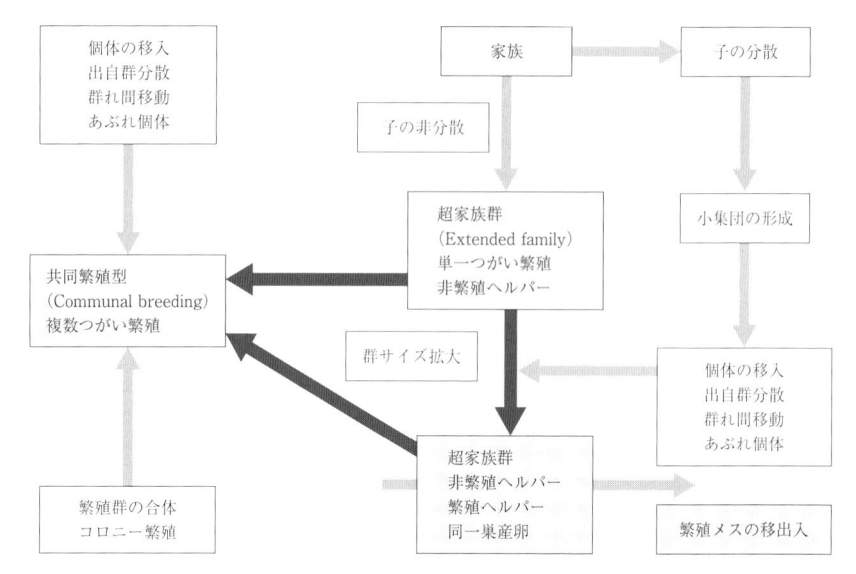

図 8-3　協同繁殖の成立の簡単な模式図。白矢印は個体の移動，黒矢印は群れサイズ
　の拡大方向を示す。
　資料）江口[70]を改変。

されている[39]。協同繁殖の出現傾向の地理的，分類群間変異の理由を解明
する際は，非分散，または，分散遅延の側面が注目され，手伝い行動につい
ては，協同繁殖の適応的意義を考察する際に注目される。分散遅延は協同繁
殖に限らず，家族形成をも促す。本章では，協同繁殖および家族形成の出現
傾向の種間変異への生活史要因の関わりについて解説する。協同繁殖の適応
的意義については江口[35]を参照されたい。

6　協同繁殖の進化と生活史要因

　協同繁殖種の出現傾向には大きな地理的，系統的な分布の偏りがある[40]。
協同繁殖は，多岐にわたる系統群(84 科 852 種[38])で見られるが，特定の系
統群に偏ってもいる。たとえば，協同繁殖種はスズメ目 Passeriformes，中
でも，カラス小目(Corvida)で多い[37, 41-43]。スズメ目は亜鳴禽類(ヤイロ

チョウ属 *Pitta* や南米のアリドリ類 Formicariidae など) と鳴禽類 (カラス小目, スズメ小目 (Passerida)) に分けられるが, 鳴禽類はオーストラリア─ニューギニア地域に起源し, カラス小目がこの地域で種分化を遂げた後にユーラシア大陸に進出して, さらに系統的にも地理的にも分散した[44]。スズメ小目はカラス小目から分化し, ユーラシア大陸へ広がった後に, ここで大規模な種分化を起こし, 北米やアフリカ大陸などへ分布を拡げ, さらには, オーストラリアへの再侵入が起きた[44, 45]。スズメ小目は, カラス小目とは, 系統的には多くの形質を共有していることになるが, 協同繁殖習性の出現傾向に関しては, オーストラリア─ニューギニアのカラス小目グループで出現率が最も高く (51%, n = 155 種), 他の地域のカラス小目ではその半分ほどで (28%, n = 355 種), スズメ小目ではずっと低くなる (13%, n = 1555 種)[46]。協同繁殖傾向は, スズメ目の系統の基部に位置する種ほど強い。

　協同繁殖習性は多くの系統で独立に出現と消失, 再出現を繰り返してきた[37, 38]。Cockburn [46] は, 協同繁殖種が出現するクレード (単一の祖先から由来した系統群のことを指す分岐分類学の用語) は, 出現しないクレードと比べると構成する種数が少ない傾向があることを認め, 渡りの習性の有無と島嶼への移入定着の有無が関与すると説明している。渡りにしろ, 島嶼への移入にしろ, 長距離移動が生活史に含まれるかどうかということである。すなわち, 渡りのような季節的に生息場所が大きく変化するような種では周年なわばりを持たず, 血縁集団ができにくいことから協同繁殖が出現しないと考えられる[46]。移動性の高い種を含むクレードは, 多くの異なるタイプの生息場所へと拡大することで, 種分化が生じやすく, 種数は多くなるが, 協同繁殖は生じにくい。これに対して, 定住性の高い協同繁殖種を含むクレードでは, 生息場所が限られるので, あまり種分化は起きず, 種数は少ない[46]。スズメ目の協同繁殖の出現傾向の変異はこのような理由で生じていると考えられる。

　生息環境で見ると, 協同繁殖種は極地や温帯地域に少なく, 熱帯, 特にアフリカ, オーストラリアの乾燥地帯に多い。地理区で見れば, 海鳥を除いて, それぞれ, アフリカ (268 種中 15%), オーストラリア (169 種中 12%), 新北

区(25 種中 7%)，旧北区(45 種中 6%)，東洋区(98 種中 7%)，新熱帯区(218 種中 6%)である[47]。協同繁殖種の出現に地理的な偏りが見られることから，何らかの環境要因や生態的要因が関与していると考えられてきた[40, 48]。オーストラリアでは，協同繁殖種はユーカリ林や乾燥疎林など，餌資源の変動の少ない非季節的環境に多いと考えられている[49, 50]。南アフリカでは，真性協同繁殖種(ヘルパーが常に出現する種)はサバンナのような餌資源の変動が予測可能な季節的環境に，条件的協同繁殖種(ヘルパーがたまにしか出現しない種)は，逆にステップのような予測不可能な季節的環境に生息する傾向が見られた[51]。これらの先行研究の環境評価は記載的で定量的な指標ではないが，Rubenstein & Lovette [52]は，アフリカ産ムクドリ科について，気候要因の影響を定量的に評価して，協同繁殖の出現には降水量の予測不可能性が関与していると主張した。すなわち，乾燥したサバンナに生息する種は，湿潤な森林に生息する種に比べて協同繁殖する種が圧倒的に多い傾向が見られた(図 8-4)。

　さらに，Jetz & Rubenstein [47]は全世界のデータが得られている海鳥を除く全鳥類に分析を拡大し，気温と降水量の平均値と偏差(異なる年間，同年内)と協同繁殖の出現傾向との関係を分析し，年と年の間の気候(特に，降水量)の予測不可能性が協同繁殖の出現に関与していることを示した。また，全大陸と周辺の主要島嶼を 110 km 区画に分割し，気温と降水量の平均と偏差，および体重，食性幅，食性を変数とするモデルで，区画内の協同繁殖種の出現傾向を予測したところ，実際の地理的な変異をよく説明できた[47]。協同繁殖種では，雨が少なく餌条件が厳しい年でも，手伝いのおかげで繁殖を成功させることも，温和な年に繁殖を抑制することも可能で，このことが予測不可能な環境に適応した繁殖様式であると解釈される[52]。ただし，これらの結果に対して，Cockburn & Russell [53]の批判的なコメントもある。

　協同繁殖は様々な分類群に出現しており[37]，重要とされる生態的要因は目や科など高次分類群によって異なり，協同繁殖の出現傾向は生態的要因だけでは説明できず，先行研究で共通しているのは恒常的な群れが周年形成されるということだけである。このような群れ形成のメカニズムや生態的要因

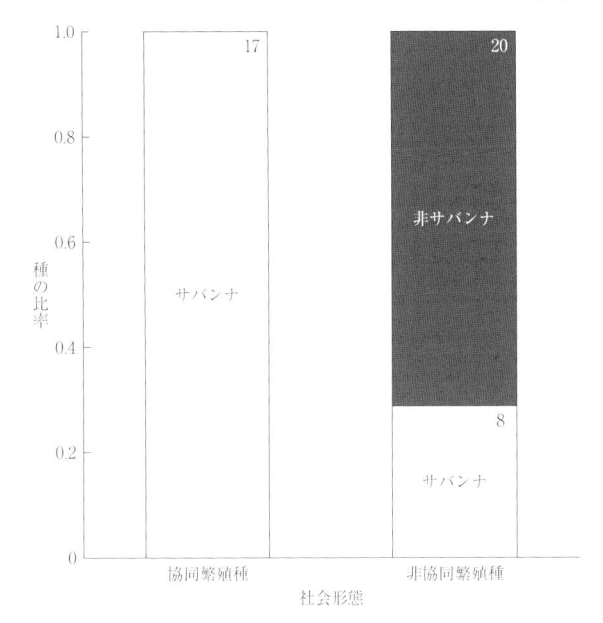

図 8-4　協同繁殖の出現傾向と生息環境との関係

資料）Rubenstein & Lovette [52] を改変。

は地域によって異なるかもしれないが，協同繁殖の起源や維持を可能とする生活史的基盤は共通しているのかもしれない。

　子の非分散の生じる理由としては，これまで，生息場所飽和仮説（Habitat saturation hypothesis）ないしは生態的制約仮説（Ecological constraint hypothesis）と土地執着利益仮説（Benefits-of-the-philopatry hypothesis）が提出されている。生息場所飽和仮説では，繁殖なわばりの不足が分散を妨げると説明される[54]。その後，Emlen [39] は制約要因を生態的要因すべてに拡大して，生態的制約仮説として定式化している。一方，土地執着利益仮説では，出自なわばりの質が周辺の環境より高ければ非分散，定住の利益が大きく，生息場所の飽和がなくても，分散は遅延すると説明される[55.56]。最近では，両仮説に本質的な違いはないと考えられている[57.58]。

　単一種での観察や個体除去実験の結果は，良質のなわばりや配偶相手が不

足している場合は，分散して独立繁殖せずに，出自なわばりにとどまること
を示している[59, 60]。これらの研究は生態的制約仮説を支持しているが，
一方，多くの種は制約があっても分散している[61]。

　Arnold & Owens [42, 43]は系統の階層別の比較研究を行い，生活史要因の
関与の重要性を指摘した(生活史仮説 Life history hypothesis)。まず，科レ
ベルでの比較では，成鳥の死亡率の低い種で協同繁殖が出現しやすいことが
示された。一方，属レベル以下を単位とした比較では，生活史要因では死亡
率と一腹産卵数が協同繁殖の出現に影響し，生活史要因以外には，成鳥の定
住性と繁殖期に群れを形成するかどうかが関与し，また，生息地の環境要因
も重要で，協同繁殖種の多くはあまり寒くなくて気温変化が小さい環境に生
息している。

　この仮説の説くところは以下の通りである。長寿命種では，成鳥の死亡が
少ないのでなわばりの入れ替わりが少なく，独立繁殖の機会が少なく，子は
親元にとどまる傾向がある。これは，生態的制約仮説と同様のメカニズムで
ある。まず，このような生活史を持つ鳥類には協同繁殖が生じる基盤がある
と考えられ，その種に非分散が生じるかどうかの決定には生態的要因が関与
し，定住性が高く，周年群れを形成することが重要であるということになる
[42, 43]。

　生存率との相関が得られた一方で産卵数が協同繁殖の出現に影響しないと
いう Arnold & Owens [42, 43]の結論は，一般によく知られている寿命と産
卵数との強い負の相関関係(永田[2]を参照のこと)と整合しないので，サンプル
数が少ないための偏りが生じているのではないかという疑問が提出されてい
る[46]。しかし，成鳥の生存率が重要な影響を与えるという彼らの結論は，
サンプル数を増やした2つの種間比較研究でも支持されている[31, 62]。産
卵数の非関与は Beauchamp [62]も認めている。

　寿命と協同繁殖の出現傾向との関係は相関を基にした分析から得られてい
るので長寿命が協同繁殖の原因なのか結果なのかは判定できない。群れ生活
など生存率を高める生活様式を持つことが協同繁殖種の長寿命を説明するの
ではないかとも考えられる。Downing et al. [31]は種間比較により，協同繁

殖種は非協同繁殖種より寿命が長いことを確認し，さらに，ベイズ線形系統推定混合モデル（BPMM）を用いて，祖先的ノード（系統樹の分岐節）の繁殖様式を再構築することにより，長寿命が協同繁殖の出現に先行することを示した。

このように，成鳥の生存率が重要であるとする生活史仮説は，協同繁殖種において子の非分散が生じる要因とメカニズムをよく説明している。Russell et al. [63]による鳴禽類についての比較研究は，協同繁殖種は南半球熱帯に多い傾向があり，また，他の地域に比べて，寿命が長く，産卵数は少なく，巣立ち後の親の養育が長いことを示している。これらの結果はいずれも生活史仮説の結果を支持している。

Arnold & Owens[42, 43]の分析には社会的要因は含まれていないが，Cornwallis et al. [64]は社会的要因として配偶様式を考慮した種間比較を行った。彼らは，乱婚的な傾向を持つ種（EPP 頻度で評価）では協同繁殖は生じにくく，一夫一妻種で協同繁殖が頻度高く出現することを示した。彼らのいう協同繁殖は家族起源のものに限られるという限定的な定義であり，さらに，協同繁殖種においては群れ外交尾のみを乱婚としているため，つがい相手以外の交尾頻度を過少推定しているという批判もあるが[65, 66]，協同繁殖種で EPP が少ない傾向は Downing et al. [31]の種間比較研究でも見いだされている。乱婚的ということは，家族起源の協同繁殖の場合，ヘルパーと養育するヒナとの間の血縁度が低くなる可能性が高い。ヒナとの血縁度が低ければ，ヘルパーが獲得する包括的適応度は低くなる。このことから，協同繁殖は乱婚的な種で出現しにくいか消失したと考えられている[64]。Downing et al. [31]は，EPP 頻度と成鳥の生存率との関係を協同繁殖種と非協同繁殖種で比較した。非協同繁殖種では，先に述べたように，生存率が低い種ほど EPP 頻度が高かったが，協同繁殖種では逆に生存率が高い種で EPP が高かった。EPP 頻度が高ければ，ヘルパーが得る包括適応度は低くなり，この低下分はヘルパーがより長生きして将来の繁殖成功を高めることによってのみ補うことができる[31]。このため，乱婚的な協同繁殖種は寿命が長い種に多いと考えられている。

7　家族群形成の進化

　家族群(family group)も非分散の子の加入で形成されるので，子の非分散(分散遅延)がなぜ生じるかを解明することは，家族群形成の進化の説明にもつながる。協同繁殖種を含めて，家族群の見られる種での分散遅延の進化を説明する仮説としては，1)生態的制約仮説[39]，2)生活史仮説[42]，3)投資延長(親の縁者びいき)仮説[40, 61]の3仮説が提唱されている。以下，これらの仮説について Covas & Griesser [67]に従って説明する。

　生態的制約仮説は，生息地飽和や大きな環境間変異が良質の生息地の空きをなくし，子の分散を遅らせるというものである。この仮説を支持する結果は多いが，同様に生態的な制約が働いていると考えられる場合でも必ずしも分散遅延が見られない例も多くあるし(シジュウカラ類[68])，逆に好適な生息場所の空きがあるにもかかわらず分散遅延が生じている例(ヨーロッパのハシボソガラス[60])もある。このように，生態的制約仮説では種内の分散遅延の出現傾向の変異は説明できるが，種間の変異については説明できていない[67]。しかし，生態的制約の有無を定量的に評価することは容易ではないので，分散遅延と生態的制約の有無との関係を種間比較で見いだすのはかなり困難であろう。

　生活史仮説では，高い生存率と低い繁殖力が重要であるとされる[42]。長寿命のため，なわばり占有は飽和し，若年個体が繁殖地位を獲得することが困難になるので，繁殖が遅延すると説明される。この仮説は種間の変異をよく説明しているが，以下のようにいくつか問題もある[67]。

　1)生息場所飽和状態でも分散遅延が起きるとは限らない。

　2)大部分の家族生活種は長寿命だが，長寿命の種の大部分は家族生活をしない(海鳥がその典型)。

　3)生活史仮説が想定するメカニズムは生態的制約仮説と同じものであるから，同様の欠点(生態的制約と家族形成の不一致)がある。

　Ekman et al. [61]は，家族群形成には親の養育投資の延長で生じる利益の

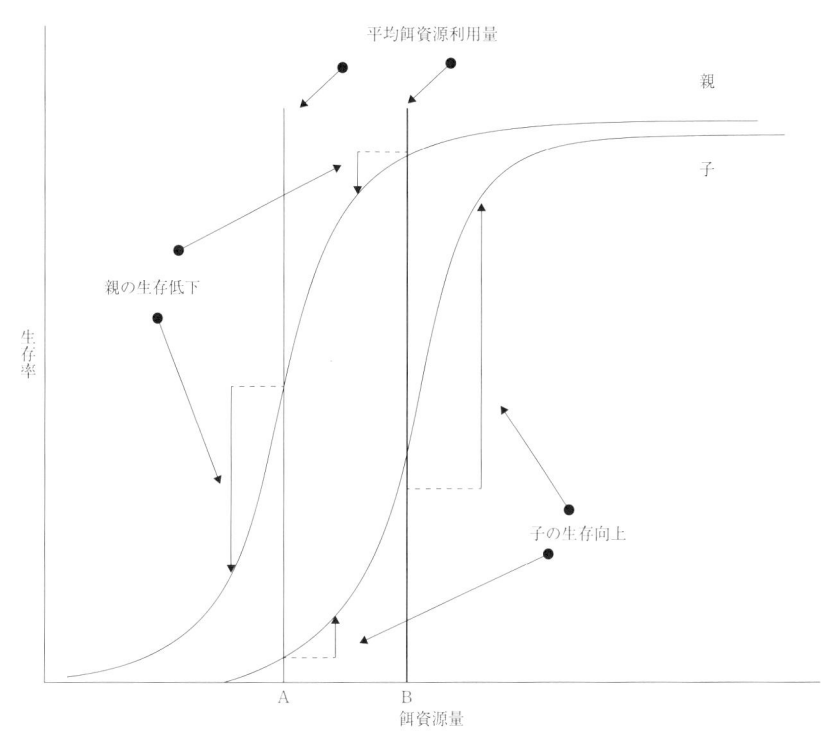

図8-5　親の縁者びいきによる親子の生存率の変化

資料）Ekman et al. [61]を改変。

大きさが重要であるという考えを提唱している（投資延長仮説 Prolonged brood care hypothesis）。すなわち，子が親元にとどまれば親による養育が延長され，それによって向上する子の生存が親の生存の低下分を上回ればこの行動は進化する（図8-5）。親がなわばりに子がとどまることを許すだけではなく，積極的に餌資源を譲渡することで子の生存は高まり，これにより親自身も子を通じた間接的利益を高めることになる。親による血縁者びいき（parental nepotism）がなければ，分散して，出自なわばりと質が同等の場所で繁殖地位の空きを待っても結果は同じである。このように，分散遅延においては，親とともに住むことに意義がある。親は子と餌を分かつことによって自身の生存確率を下げることにもなるが，餌資源が豊かで自身の生存確率

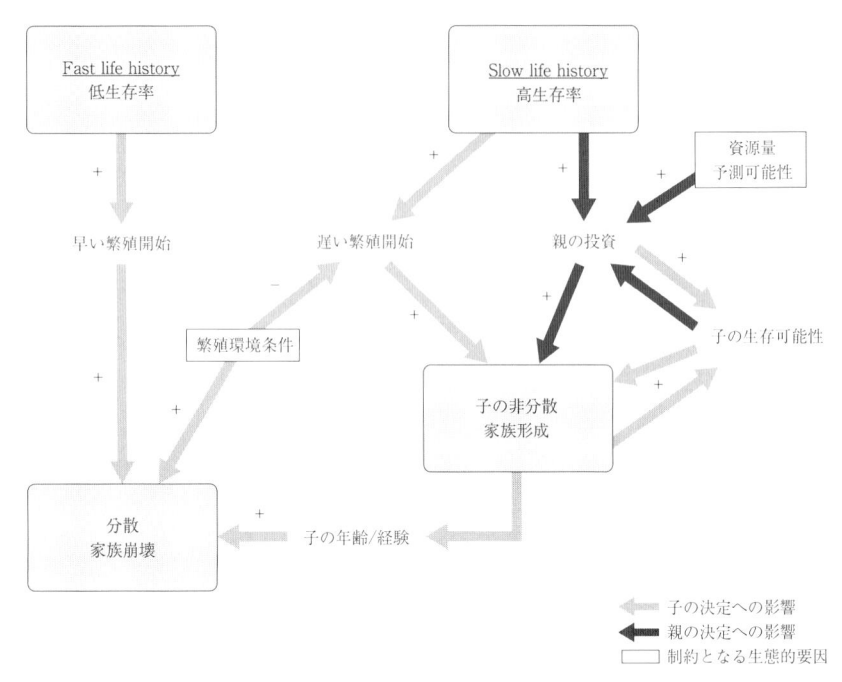

図 8-6　家族形成の道筋。矢印は形質や要因間の作用の方向，＋は正の相関，－は負の相関を示す。寿命の違いが基盤となる。

資料）江口[71]より，Covas & Griesser [67]を基に作成。

が高い状況では，自身の生存確率が低下しても子の生存確率が大きく上昇するので，子の滞在を許容し，餌資源を共有する。しかし，餌資源が豊かでない状況では子の分散を促す(図8-5)。餌資源の大きな低下は北半球温帯の冬に必ず訪れる。投資延長仮説は，北半球温帯では餌資源が季節的に低下することから，たとえ生態的な制約が生じていても子の分散が起きることを説明できる[69]。このように，投資延長仮説は生態的制約仮説と生活史仮説では不十分だった分散遅延が生じるメカニズムをより明確に示すことができるが，この仮説では子の繁殖意思決定への生活史の役割を無視しており，種間の変異を説明できていない[67]。

　Covas & Griesser [67]は生態的制約仮説，生活史仮説，投資延長仮説を統

合発展させ，適応的分散遅延仮説（Adaptive delayed dispersal hypothesis）を提唱している。彼らの提唱する家族形成進化の道筋は以下の通りである（図8-6）。生活史仮説によれば家族形成の基盤となる生活史形質は長寿命である。また，生態的制約仮説の下で多くの種に共通して関与する要因は周年なわばりの保持である。長寿命種の持つ生活史形質で重要なのは遅い繁殖開始年齢であると彼らは考える。長寿命種では若年齢での高い繁殖コストを避けて繁殖開始を遅らすことで，高い生涯繁殖成功を達成することができる（繁殖コストと生涯繁殖成功との関係については第2章を参照のこと）。また，長寿命種においてのみ親は子への投資を延長することで包括適応度を高めることができる。親が投資を延長するかどうかは，投資による親と子の生存確率の変化により決定される。すなわち，親の投資コスト（生存の低下）を十分に上回る子の生存確率の上昇が見込まれるときのみ親は投資を延長する。生存確率の予測は周年安定して餌資源が利用可能であるかどうかに基づき，周年なわばりの維持は予測可能で安定した餌資源の存在によって初めて可能となる（図8-6）。このように，長寿命種が繁殖遅延と親の投資の延長を生み出すという生活史の基盤を与え，生態的な要因により親が子と餌資源を共有できるかどうかが決定される。従来，繁殖遅延や分散遅延は，生態的な制約が存在することによる次善の策と考えられていた。そうではなく，本仮説では，繁殖遅延は制約があろうとなかろうと生涯繁殖成功を最大化することができる戦略であると考える。このように，繁殖遅延が最適繁殖の手段であり，繁殖開始までの生存率を高める最適な手段として親の投資延長を評価したところに本仮説の特徴がある。

8　まとめと今後の課題

　これまで述べてきたように，生活史形質は繁殖様式の進化を決定する重要な役割を持つことが明らかになった。また，生活史要因と生態的要因が階層的に影響するという視点から種間の変異の要因を理解することが重要である[32]。実際に，繁殖様式の進化を考えるときに，この階層的な理解により，

種間変異に関わる要因の抽出と要因の作用メカニズムの推定がより明確にな
る[42, 43]。生活史形質が繁殖様式やその他の生態的現象の進化の基盤にな
り，その基盤の上で，生息地の物理的，生物的環境における生態的要因が各
現象の発現に関与したという進化のプロセスを考えることが重要である[32]。

　ただし，比較研究だけでは因果関係を明らかにはできないので，実際にど
のような生態的要因が，どのように作用しているかは，野外実験など実験的
操作に基づく種内変異の研究によらねばならない。そのような単一種または
数種の野外観察，野外実験を開始するに当たって，生活史と生態的要因との
階層的な関係を知り，対象種の持つ生活史に関する情報をあらかじめ整理し
ておくことで，どのような要因に注目して実験観察を進めるべきかがより明
確になると考えられる。

第3部　鳥類の環境適応における生活史的側面

第9章　渡りの生活史的側面

山 口 典 之

　多くの鳥種では，繁殖する場所と越冬する場所が異なっている。春と秋の年2回行われる繁殖地と越冬地の間の季節移動を「渡り(migration)」と呼び，渡りを行う鳥類を「渡り鳥(migratory birds)」と呼ぶ。飛ぶことができる鳥類は，非常に機動性が高く，長距離の渡りを行う鳥種では，数千km あるいはそれ以上に及ぶ地球規模の移動をその生涯にわたり繰り返す。いつ繁殖地や越冬地から出発するか，渡りの際にどこを移動するか，どこに途中滞在するか，といった渡りの諸要素は，ある個体が，その生涯の中でいつ，どのように適応的に生活しているかという意味で，成長，繁殖や換羽に関係する諸要素とならんで，渡り鳥の生活史の一部といえる。本章では，鳥類の渡りを生活史的観点から記述する。また，渡りの際に鳥類が見せる適応性にふれた上で，近年の環境変化，特に気候変動が渡りの生活史的側面に及ぼす影響について概説する。本章では主に陸鳥の渡りについて取り上げる。

1　生活史イベントとしての渡り

　渡りのような季節的な行動サイクルは，個体の生存や子の養育のための餌条件，営巣可能な場所の有無と量，好適な気候条件，捕食リスクなどの究極要因の周期的な時間的・空間的変動に応じて進化する[1]。渡り鳥は，越冬地から地理的に離れたところに移動し，繁殖する。春の渡りの目的地は中緯度から高緯度地域である。それらの地域では，春の日照増加に伴い，植物が芽吹く。そして多くの昆虫や節足動物等が新たに発生し，越冬していた個体

も活動を再開する。そのような生物を餌とする鳥種にとっては，繁殖に好適な環境となる。また繁殖期に日が長いことで，一度に多くの子を養育するのに十分な索餌・給餌時間を確保することができる。冬になると，高緯度地域は寒冷のために地面や内水面の多くは雪や氷に覆われ，そのようなところにある草本等の植物を採食することができなくなる。また，気温が低下すると昆虫や節足動物等を得ることが困難になるため，そのような生物を採食する鳥種にとって，自身が生存する上で非常に厳しい環境になる。そのため繁殖後はそこにとどまらず，より低緯度の温暖な地域で冬を過ごすことが適応的である。各個体が適応度を上げるために，環境条件の季節変化に合わせて行う移動は，成長や繁殖，換羽等とともに，渡り鳥の重要な生活史イベントである。

2　どこをどのように移動するか

　渡りを完遂するためには，死亡の危険を低減させることが重要である。さらに，渡りの際にできるだけ時間的・エネルギー的なコストを払わず，繁殖という重要な生活史イベントに，できるだけ多くの資源を投資できればよい。したがって，渡りを最適化することで各個体は適応度利益を得る。

　どのような観点で渡りを最適化するかについては，いくつかの考え方があり[2-4]，渡りにかける時間を最短にする最適化がまず挙げられる（time-minimization strategy）。渡りにかける時間を短くすることは，繁殖地や越冬地での資源競争に有利だと考えられている[2]。また，節約した時間を，繁殖をはじめとする他の生活史イベントに配分することができるかもしれない。渡りにかける時間を最小化しているのであれば，燃費を犠牲にし，移動速度を可能な限り速めていると期待される。単位時間当たりの消費エネルギーを最小にする飛行速度（minimum power speed；V_{mp}）や単位距離当たりの消費エネルギーを最小にする飛行速度（minimum range speed；V_{mr}）は，個体の翼形態などの形態形質値があれば，航空力学理論から求めることができる[5]。渡り個体がV_{mp}やV_{mr}のような燃費優先の飛行速度よりも速く移動

しているかを調査することで，time-minimization strategy は検証可能である。飛行速度を正確に測定することは GPS ロガーが実用化される近年まで困難であり，実証例は多くないが，秋にスカンジナビアと南西ヨーロッパの間を移動するヒバリ *Alauda arvensis* はエネルギー消費が最も少ない飛行速度より明らかに速い速度で移動しており，移動時間優先の渡りをしていると考えられている[6]。

　時間を最短にする戦略は，特に春の渡りで有効に働く可能性がある。早く繁殖地に到達することは，なわばり確保やつがい相手の獲得に有利だろうし，ある繁殖期のうちに，やり直しを含む複数回繁殖の機会が得られるかもしれない。上述のように，渡りにかける時間を短くするためには，移動速度を速くする必要があるし，休息時間やエネルギー補給にかける時間を減らす必要が生じるかもしれない。結果として余計なエネルギー消費や疲労の蓄積を伴う。さらに，無休で長距離移動するのに必要な多量の燃料（＝脂肪）を抱えての飛行は体を重くし，飛行にかかるエネルギーを消費する上，捕食者回避に必要な俊敏性を損なってしまうかもしれない。これらは個体の生存に負の影響をもたらすだろう。時間を節約せず，かつ早い時期に目的地に到着するために，早めに出発すればよいかもしれないが，春の渡りでは，移動時期が早すぎると，渡り個体がエネルギー補給に利用できる餌資源が経路沿いに十分でない可能性があったり，低温や降雪・結氷といった渡りに不適な環境条件が残っていたりするだろう。そのような厳しい環境条件は渡りをはばむ外的要因となりうる[7,8]。

　秋の渡りでは，経路沿いの餌資源や気象条件が春よりも厳しくないだろうし，越冬期になわばりを構える鳥種でなければ，渡りにある程度の時間をかけられるかもしれない。そのような場合には，エネルギー損失を最小にする戦略（load minimization strategy）が有利である。

　上昇気流や追い風といった，移動に良好な気象条件を利用することも，エネルギー節約につながる。アラスカで繁殖するオオソリハシシギ *Limosa lapponica* には，太平洋上の 7000 km 以上の距離を，5〜7 日程度かけて無休で横断し，ニュージーランドやニューギニア，ニューカレドニアに到達する

ものが存在する[9]。一方で，それらの個体は春の渡りの際に，中国東部の黄海に向けて北西に移動し，その後進路を東北東に変えてアラスカに到達した。衛星追跡の測位データと全球スケールの気象再解析(global ERA-Interim reanalysis [10])から得られた風向・風力データを基に，渡っている個体の対地速度と対空速度の比を計算したところ，春・秋の渡りのいずれも，追跡個体は風の恩恵を受けて移動していた(対地速度／対空速度の値が1より小さかった)。特に秋の渡りでは，追跡個体が出発した日の前後では，1日ずれただけでもそのような風の恩恵がなかったと推定され，彼らは結果的には絶妙なタイミングで繁殖地から出発し，地球規模での大気の動きを利用しながらエネルギーを節約して渡りを行った[11](口絵-1)。日本で繁殖するハチクマ *Pernis ptilorhynchus* は，秋の渡りで追い風に乗って東シナ海を横断する[12]。この海域にはハチクマが秋の渡りで移動する時期には潤沢な北東風が存在し，彼らがこの海域を横断するのに好適な環境であることがわかっている[12, 13]。

　捕食や感染の危険を最小化する渡り戦略(predation minimization strategy)も考えられる。これは，燃料積載の面で余計なエネルギーがかかっても，危険な地域には立ち寄らず，一気に通り過ぎてしまう渡りをすることで，移動中の捕食や感染のリスクを低減する戦略であり，時間を節約する戦略とある程度重複することになる。前述した，アラスカから太平洋を一気に南下するオオソリハシシギの秋の渡りもそれに当てはまるのではないかと推測されている。スウェーデンで繁殖するヨーロッパジシギ *Gallinago media* には，秋の渡りで4300〜6800 km の距離を無休で南下し，海域や砂漠といった，休憩に不適な地域だけでなく，サハラ砂漠より南の休憩に利用できると思われる環境をも通り過ぎてしまう個体が存在することが，ジオロケーター[1]という小型の遠隔追跡機器を利用した調査で明らかになった[14]。追跡個体が無休で移動した時間は48〜96時間であり，54〜97 km/h もの対地速度で飛行したと推定された。移動した地域には卓越した追い風はなく，本種の飛行様式から考えても，追跡個体は継続的な羽ばたき飛行で移動したと考えられる。その移動戦略は，渡り途中での捕食や感染を回避することに有利に働い

ている可能性があると推測されている。捕食・感染を最小化する渡り戦略は，より一般には，死亡の危険を最小化する戦略と考えることができるだろう。出発地と目的地を繋ぐ直線経路が距離的には最短だが，危険な地域・海域を迂回することで，死亡率を低減させることができる。たとえば，主に帆翔と滑空で飛行するワシタカ類の多くは，広い海域を移動することを避け，せまい海峡があるところまで遠回りし，そこから海を横断していくことが知られている。

　実際には，渡り鳥は渡り経路沿いの様々な地形や気象条件，餌条件，捕食者や寄生者の分布，中継地の空間配置などに応じて，上記の戦略を複合的に採用しながら渡り経路を選択し，移動していると思われる。全地球測位システム（GPS）や高度を正確に計測するための気圧センサーなどを搭載したロガーで渡り経路と移動パターンを詳細に把握した上で，その経路沿いの生物・非生物環境条件と移動の関係を調査すれば，渡り鳥がいかに巧みに移動しているかを深く理解できると思われるが，追跡機器が進歩し，様々な環境データが整備されつつある現在でも，かなり挑戦的な研究課題である。

3　いつ移動するか

　繁殖開始時期は，餌や営巣場所，つがい相手の獲得成功等と直結するため，個体の繁殖成功を決める重要な要素の一つである。したがって，春の渡りで適時に繁殖地に到着するための出発時期や移動スケジュールに関する意思決定は，各個体の繁殖成功度と直結する重要な生活史戦略の一つと考えられる。標識による個体識別や遠隔追跡による研究により，多くの渡り鳥で，ほぼ同じ時期に，同じ繁殖場所に個体が帰還することがよく知られている。渡り鳥が時間的・空間的に正確に目的地まで移動することは，古くから鳥類学者の興味を惹きつけ，主に行動学的・生理学的側面からの研究が精力的に進められてきた。

　渡りの際に見られる行動や内的状態の記述，そして渡りのタイミングを制御する至近メカニズムの解明は，飼育個体を用いた操作実験的な方法を主体

として実施されてきた[1, 15]。ミヤマシトド *Zonotrichia leucophrys* などの渡り鳥を飼育すると，渡りを開始する時期の少し前から，夜になるとケージ内で飛び跳ねたり翼をばたつかせたりといった落ち着かない行動を示す。この現象は「渡りの衝動」(Zugunruhe, migratory restlessness)と呼ばれており，200年以上前から鳥の飼育愛好家により経験的に知られていた。"Zug"は独語辞書では列車の意味が最初に挙がるが，渡りという意味もある。"unruhe"は不安・動揺・焦燥といった意味の独語である。この行動は渡りを開始するタイミングや渡りの継続期間と強く関係すると考えられ，その行動的特徴や行動量を記録することで，渡りという行動を規定する外的・内的要因の理解を深める様々な行動学的研究が実施されてきた。

　春期には，渡りの衝動は日長の増加により解発され，同時に盛んな摂食による脂肪蓄積や体重増加を伴う[15, 16]。一方，秋期の渡りの衝動は，春の渡りにより間接的に制御されていると考えられており，日長が短くなることが秋の渡りの準備に関与する直接的な要因であるが，長日を経験することが前提条件となっている[1, 17]。

　日長の変化は渡り時期を決定する上で安定した手がかりであり，これを利用することで，各個体は，暦的に正確なタイミングで渡りを開始・進行することができる。一方で，季節の進行には年変動がある。特に春の渡りでは，春の到来が遅い年に日長だけを手がかりにして暦通りにどんどん北上したのでは，厳しい気象・餌条件にさらされて，繁殖地に到達する前に個体の生存が危ぶまれることになりかねない。逆に，春の到来が早い年には，その季節進行に合わせて早めに繁殖地に到着しなければ，ヒナの餌要求が高くなる時期と餌生物の発生ピークが合わなくなってしまう。実際に渡り鳥は，日長時間という非常に安定した手がかり以外の外的要因も手がかりとすることで，渡り開始時期や渡り途中の移動スケジュールを柔軟に調整していると考えられている。

　飼育下のカシラダカ *Emberiza rustica* を用いた室内実験で，人工照明の明期を16，12，8時間に保持した処理区で，温度を10℃から22℃まで上昇，その後8℃まで下降させた結果，16時間明期の処理区で，14〜18℃の温度帯

のときに渡りの衝動が認められたが，他の処理区では明確な傾向は見られなかった[18]。これは，特定の日照条件において，気温が渡りの衝動の発現に関与していることを示唆している。野外では，春期の渡り鳥の移動が気温と定性的に関係していることが知られている。北米では，コマツグミ *Turdus migratorius* とカナダガン *Branta canadensis* は日の平均気温が 2℃ の等温線の北上に合わせて移動し，欧州ではキタヤナギムシクイ *Phylloscopus trochilus* が 9℃ の等温線とともに北上する[1]。日長に加え，気温を手がかりに移動をすることで，特に春は季節進行と同期した渡りを遂行することが可能となるだろう。

降雨や強風といった悪天候は移動に不適である。鳥類は鼓膜の近くにある傍鼓膜器官で気圧を感知できると考えられており[19, 20]，天候の変化を感知することに役立っているのではないかと考えられている。たとえば，気温低下を伴う気圧上昇条件にさらされると，渡り衝動が小さくなることがノドジロシトド *Zonotrichia albicollis* で確認されている[21]。本種が分布する北アメリカでは，大陸性寒気団・大陸性北極気団が高気圧と低温をもたらす。五大湖のような比較的暖かい水塊の上をこの気団が覆うと，湖水効果と呼ばれる激しい降雪が東岸にもたらされる[22]。高気圧による下降気流と低温を伴う降雪は，特に広い水塊を横断する渡り鳥の移動には不適だと思われる。降雪・降雨は湿度を手がかりにすることでも感知できるだろう。飼育下のカシラダカにおいて，室温を 20℃ で一定に保ち，明期を徐々に長くする条件で，湿度 50%，80%，100% の処理区を設けた場合，湿度 50% 処理区で 13 時間以上の明期で渡りの衝動が発現するが，他の高湿度処理区では渡りの衝動がほぼ見られない[23]（図 9-1）。

早春の天気は変わりやすく，低温や降雨・降雪，強風の日をはさみながら季節が進行していく。渡り鳥は日長変化を基本としながらも，気温，気圧，湿度といった，局所的な気象条件を手がかりにして，細かに移動スケジュールを調整して目的地まで向かっていると考えられる。そのような渡り鳥の適応性は，飼育個体を使った実験研究に加え，湿度や気圧を計測するセンサーを搭載したロガーを使ったバイオロギング研究によっても今後進展すること

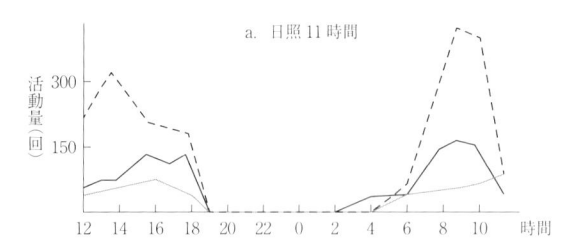

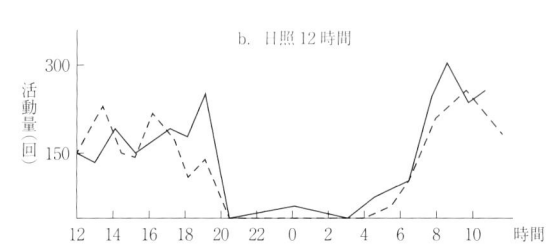

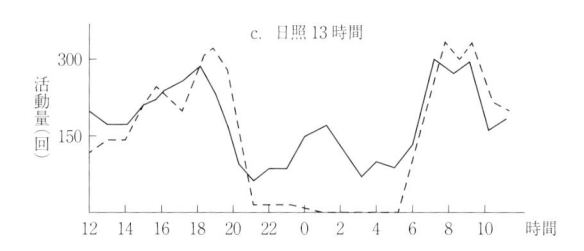

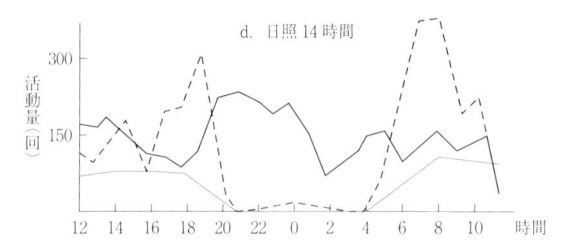

図 9-1　カシラダカの渡りの衝動に湿度が及ぼす影響。夜間の高い活動量が渡りの衝動を表す。湿度 50% 処理区では，明期が増加した日照 13〜14 時間で渡りの衝動が生じるが，湿度 80% および 100% 処理区ではそのような行動はほぼ見られない。

資料）中村[15]，図 36 を改変。

が期待される。渡りの衝動のような，これまで室内飼育の個体で調査されてきた行動も，数分に 1 回あるいはさらに高頻度で GPS 測位するようなロガーを利用できるようになれば，渡りの衝動を反映する不規則な動きを，実際に野外で計測することができるかもしれない。

4　渡り以外の生活史イベントとの関係

渡り鳥の一年は大まかに，繁殖，換羽，渡り，越冬という生活史イベントで特徴づけられる。それぞれの生活史イベントは完全に独立しているわけではなく，カモ類などでは越冬期間中につがい相手を獲得するための繁殖行動が行われるし，渡りを行いながら換羽を進行させる鳥種が存在する。ある生活史イベントで得られたあるいは失った時間や資源は，以降の生活史イベントのパフォーマンスに正負の影響を及ぼす可能性がある[たとえば，24, 25]。このような現象を持ち越し効果(carryover effects)と呼び，生活史戦略の全容を理解する上で重要な観点である。渡り鳥の生活史の現在の適応的意義や生態学的特徴，進化的歴史を深く理解する上で，渡り以外の生活史イベントとの関係性を知ることは重要だろう。

繁殖を終えた渡り鳥は，繁殖地で子別れして秋の渡りを行うことが多い。また渡りの衝動が親子関係の解消に影響することが示唆されている[26, 27]。一方で，ツル，ハクチョウ，ガン類のいくつかの種では，親子の絆を維持したまま秋の渡りを行い，そのまま家族で越冬する。鹿児島県で越冬するマナヅル *Grus vipio* では，繁殖翌年の春の渡りの中継地滞在中や，繁殖地到着後に親子関係が解消される[28]。いつの時点で親子関係を解消するかは，親側の戦略であり，マナヅルでは，越冬期までは子を保護することで子の生存率を上昇させる利益が，親が子育てに支払う損失を上回っていると考えられる。春の渡りでは，親は繁殖地に早く(適時に)到着する必要があるが，初年度から繁殖しない若鳥は必ずしもそうではなく，親についていくよりも，十分に休息しながら北上することが有利かもしれない。そのような事情を反映して，本種では若鳥の移動能力の個体差によって，春の子別れの時期の家族

差が生じているのかもしれない。経験豊富な成鳥個体と一緒に渡ることで，若鳥は適切な移動経路や中継地を学習することができるだろう。ただ，若鳥が自分の親と一緒に渡りをすること自体に適応的利益があるという直接的な証拠はまだ得られていない。アメリカシロヅル *Grus americana* では，社会学習が(無駄な遠回りをしないという意味での)渡りの正確性に寄与しており，群れ内の最高齢個体の年齢が高いほど渡りが正確であり，たとえば7年の渡り経験が，その群れの渡りのパフォーマンスを38％向上させると推定されたが，群れの平均育種価は渡りの正確性と関係がなかった[29](図9-2)。平均育種価は，ある形質への遺伝的要素の影響度を表す。

　渡りのパフォーマンスは，直前・直後の生活史イベントと密接に関係している。ジャマイカ南西部で越冬するハゴロモムシクイ *Setophaga ruticilla* は，マングローブ林と乾燥した二次的な乾燥灌木林を利用する。前者のほうが良好なハビタットであり，老齢な雄がそこを占有するため，若い雄や雌はマングローブから排除され，灌木林で越冬する。マングローブ林で越冬する個体は冬期に体重を増加させるが，灌木林の個体は体重を減らしてしまう。この差は越冬期の生存率には影響しないが，灌木林の個体のほうが，春の渡りの出発日が遅くなる。これはおそらく，マングローブ林の個体のほうが脂肪蓄積などの観点から体調が良く，早く渡りを開始できるからではないかと思われる。繁殖地で捕獲した個体から組織を採取し，安定同位体比解析を実施したところ，遅く到着した個体ほど，早く到着した個体よりも $\delta^{13}C$ の値が有意に高かった[30]。マングローブ林は C_3 植物が優占し，灌木林は C_4 植物が優占する。C_4 植物のほうが $\delta^{13}C$ を多く含む。生産者を基盤とする食物網の安定同位体組成は，その食物網内の動物組織の同位体比に代謝を通じて反映されるため，遅く繁殖地に渡来した個体は，越冬期に乾燥灌木林を利用していたことが示唆される。雄では繁殖地への到着は繁殖成功に影響することが多い。本種の雄では，越冬地での生活が渡りスケジュールに影響し，さらに繁殖パフォーマンスにまでその影響が持ち越されている可能性がある。

　越冬なわばりを持つ鳥種では，越冬地への早い到着が質の高いなわばり確保につながり，それが最終的には個体の生存率や体調に効いてくるかもしれ

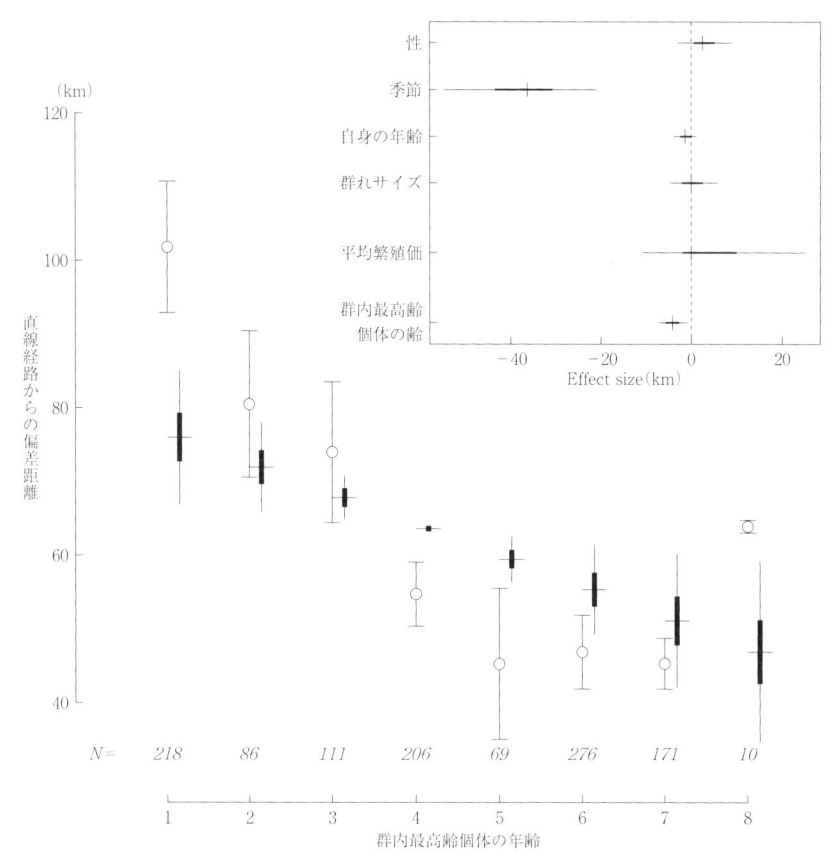

図 9-2　アメリカシロヅルの渡りのパフォーマンスと群内最高齢個体の年齢との関係。
直線経路からの偏差距離が小さいほど，渡りのパフォーマンスが高いと考える。オ
リジナルデータ(平均±95％信頼区間)を白丸と上下棒で示す。渡りの季節，性別，
遺伝的血縁度を考慮したモデルによる予測値(ベイズモデルから得られた事後分布
のモード，四分位値，95％最高事後密度区間[highest posterior density interval,
HPDI])を黒四角と十字棒で示す。内挿図はモデルで考慮した各変数の事後分布を
示す。

資料)　Mueller et al. [29]，図 2 を改変。

ない。ジオロケーターで遠隔追跡されたモリツグミ *Hylocichla mustelina* において，遅くに繁殖した個体は繁殖終了後の換羽が遅く，早めに換羽した個体よりも秋の渡りの前半の移動ペースが遅かった。それらの個体は渡り後半でも移動速度を速めることはなかった。しかし出遅れた個体の渡り後半の中継地滞在期間は相対的に短く，最終的には越冬地に到着した時期と換羽時期との間には関係が見られなかった[31]。遅くに換羽した個体は，出遅れる分，休憩日を短縮させる無理をして先を行っている個体に追いつく必要に迫られているのかもしれないが，そのようにすることで，越冬期間に良好なハビタットを確保する利益があるのかもしれない。この研究のようなジオロケーターなどを利用した遠隔追跡研究は，繁殖地や越冬地で利用するハビタットに差が検出できないとき，また移動速度や中継地滞在期間といった渡りスケジュールを具体的に把握したいときに威力を発揮するだろう。

　これまで紹介したような生活史イベント間の利益や損失の持ち越し効果は，基礎生態学的に非常に興味深い問題であり，今後さらに多くの研究が進められると期待される一方で，保全生態学的にも重要である。たとえば，現在世界各国で多くの風力発電施設が建設され，さらに施設の建設が進められている。風力発電施設は風況が良いところに建設されるが，そのようなところは渡り鳥の重要な移動経路と重なる場合がある。風車のブレードに渡り鳥をはじめとする鳥類が衝突して死亡する鳥衝突(バードストライク)問題はよく知られているが，衝突せずとも，渡り鳥は移動経路沿いの風車あるいは風力発電施設(ウインドファーム)全体を迂回する必要に迫られる可能性がある。その際に被る時間的，エネルギー的コストが渡りのパフォーマンスにどの程度の影響を及ぼすのか，そして繁殖への持ち越し効果があるのかといったことは注意深く評価されるべきであろう。

5　気候変動が渡りに及ぼす影響

　地球の陸上・海上表層の平均気温は 1880〜2012 年で 0.85℃上昇しており，その上昇傾向は 1950 年以降の上昇率が顕著である[32]。この温暖化による

環境変化に伴い，多くの生物で，その生息分布域が変化することが予測されている[33]。近年の地球温暖化の傾向は渡り鳥の生活史にどのような影響を及ぼすだろうか。温暖化傾向と整合して，様々な渡り鳥で春の渡来日が早まる傾向が確認されている。19ヶ国，455種の3827データセットに基づく解析では，全体として繁殖地への渡来が早くなっていた(初認日の82%，渡来日の平均・中央値の76%が早まる傾向)。傾向として，10年に2.8日のペースで初認日が早まり，10年に1.8日のペースで渡来日の平均・中央値が早まっている[34]。一方で，繁殖地からの渡去はこれほど顕著ではない。解析された683データセットのうち，60%は渡去日が遅くなっていたが，時系列解析のトレンドは0に近かった[34]。

　渡りの衝動を解発する主要因は日長変化であるが，気温も渡りスケジュールの調節にある程度の影響を持っている。渡り鳥は，神経生理・内分泌的過程を介し，気象条件に応じ，早く到来する春に対応してある程度柔軟な移動をすることが可能であると思われる[35,36]。暦的に早い時期に繁殖地に到着すれば，繁殖に使える日数が増え，繁殖失敗の後のやり直し繁殖や，複数回繁殖の機会が得られるかもしれない。しかしこれは，繁殖に適した適度な気温や降雨等の天候条件，餌条件が継続することが前提である。また，渡り鳥が気象条件に応じて柔軟に移動できるとしても，その北上ペースを上回るほど早く繁殖地の春が訪れてしまうと，餌生物の発生ピークと渡り鳥の繁殖スケジュールにずれが生じてしまう。加えて，渡りスケジュールを決定する上で，渡り鳥は自身の周辺の気象条件しか手がかりにできないので，繁殖地と越冬地の距離が離れている種では，柔軟な渡りスケジュールの調整には限界がある。オランダでは，鱗翅目幼虫の発生ピークが早くなっている地域ほど，マダラヒタキ *Ficedula hypoleuca* の個体数減少率が高い。また，初卵日が温暖化傾向に応じて早くなる環境応答が見られない地域ほど，個体数減少率が高い。鱗翅目幼虫の発生時期が早い地域ほどその現存量は多く，発生ピークが早い地域で餌が減っていることはない。また留鳥であるヨーロッパシジュウカラ *Parus major* では発生時期と個体数トレンドの間に関係性が見られない。これらの傍証からも，マダラヒタキの一部個体群では，繁殖地で

生じている環境変化に応答できず，個体数を減らしていると考えられる[37]。

　気温上昇以外にも，将来気象の変化が渡りに直接影響する可能性がある。一般に，渡り鳥は好天のときに移動する[38]。日本では「三寒四温」という表現があるように，早春の天候は安定しないが，もし温暖化により一気に春が到来し，好天日が増えるようであれば，春の渡りには有利であり，移動ペースを早める効果があるかもしれない[39]。長距離移動に風を利用する鳥種では，もう少し話が複雑である。日本で繁殖するハチクマの多くは秋の渡りで日本列島を西進し，五島列島から東シナ海を横断して中国に到達する。多くの個体がこの海域を通過している9月中旬から10月中旬にかけては，ハチクマにとって追い風となる北東風が安定して卓越しており[12, 13]，陸鳥である彼らが600 km以上にも及ぶ海域を横断するような渡り経路を選択しているのは，この恵まれた風況によると思われる。しかし，今世紀半ば以降，この時期の東シナ海域から徐々にハチクマにとって好適な気象条件が失われる可能性が指摘されている[40]。気象予測にはある程度の不確実性が伴うとともに，二酸化炭素排出量などいくつかのシナリオを前提とする，あくまで仮定の話である。しかし，将来，その予測にある程度類似した状況に日本で繁殖するハチクマが置かれた場合，彼らは済州島や朝鮮半島，山東半島などを中継しながら，今よりエネルギーや時間をかけてこの地域を通過するような，渡りにかける時間や移動経路の変更を迫られるかもしれない。大スケールの渡り経路が衛星追跡などで明らかになっている他の鳥種でも，今後このような気候変動が渡り経路や移動パターンに及ぼす影響に関する予測研究が進められるだろう。

6　まとめと展望

　渡りを行う鳥種において，年2回の頻度で繰り返される季節移動は，重要な生活史の一つである。いつ渡りを開始するか，どのような移動戦略で渡りを完遂するかをはじめとする渡りの生活史的側面については，これまで様々な野外研究，室内研究，理論研究により理解が深められてきた。繁殖や越冬，

換羽という渡りの前後に連結する生活史イベントとの相互関係，特に各生活史イベントの利益や損失の持ち越し効果に関する研究は，渡り鳥の生活史の全容を理解する上で重要である。GPSロガーをはじめとする遠隔追跡機器，安定同位体解析，気象データなどの環境情報，そして地理情報システム(GIS)等の調査・解析手法やデータベースは，今後の渡り鳥の生活史研究を進める上で強力なツールとなるだろう。

---

1) 主に時刻と光量を記録する小型機器。記録された光量変化から，データが記録された日の日出・日没の時刻を推定し，そこから日長時間を計算する。ある日付の日長時間から緯度が特定され，グリニッジ標準時に対する日長・夜長時間の中心時(12時と0時)から経度が特定される。追跡個体の位置(日の光を遮るものの側にいるなど)や天候変化などが光量値に大きく影響することがあるため，日出・日没時刻の推定を介して特定された位置情報(座標)には誤差が伴う。

第10章　島嶼における鳥類の生活史形質の共通性

髙 木 昌 興

　島嶼の生物相は通常，最も近い本土[1]から移入した個体が確立させた個体群により構成される。島嶼の生物の種数は，本土からの距離と島嶼自体の面積によって規定され，種構成は本土と比較すると単純である。島嶼は，種構成が単純であることのほかにも共通する環境特性を持つ。島嶼に移住した個体群は，本土とは異なる生態的，進化的関係性を経験する。その中で，個体の形質はランダムな過程と選択によって変化していく。島嶼において，形態，生活史，行動などの形質に共通性が導かれる収斂(convergent evolution)は，特に島嶼シンドローム(island syndrome)と呼ばれる。本章ではまず，島嶼において鳥類の生活史戦略を研究することの有益性について述べる。そして島嶼に共通する環境特性を理解し，形態形質における島の規則(特に island rule と呼ばれる)，生活史形質における島嶼シンドロームについて検討する。最後に島嶼における鳥類の生活史研究について指針を示す。

1　鳥類の生活史戦略を研究する有益性

　生活史戦略の研究は，それぞれの個体の繁殖開始齢，産仔数，仔の体重，寿命などの生活史形質が，物理的環境や社会的環境の中で決定される様相を適応という観点から明らかにしようとするものである。生物は環境から制約を課され，生活史形質間にトレードオフ(trade-off)を生じさせる。飼育が可能な分類群を扱い，飼育環境を人為的に操作することができれば，生活史形質の変化を再現させることができる。その変化が環境に対する適応として固

定されたものであるのか，表現型可塑性(phenotypic plastisity)の範囲にあるのかを判断することは，生活史進化の研究において重要である。また可塑性自体が環境への応答によって説明されるような関係は反応基準(reaction norm)と呼ばれる(参照 Roff [1]，Sterns [2])。

　鳥類でも，キンカチョウ *Taeniopygia guttata* などの飼い鳥を用いた生活史戦略の研究がある。飼育下での研究は，特に生理的トレードオフを検出させ，生活史戦略に内在する基本機構を解明することに役立つ。生活史形質の環境への応答を明らかにするために，シジュウカラ類をもともと生息していた野外の場所から異なる場所に移し，野外の飼育下で異なる日長や気温を経験させ，繁殖させた研究もある[3]。しかし飼育下での研究が可能な種は限定される。適応形質かどうかを評価するためには，生活史形質の遺伝分散と環境分散の効果を分離することも必要である。野外では里子里親実験(cross-foster experiment)が有効であるが，必ずしも容易ではない。結局，鳥類の生活史戦略の研究を進めるには，野外で個体を識別し，長期的に生活史形質を調査し続ける手法が現在でも有効である。それらを基盤として社会的つがい関係や親子関係を追跡する家系分析を実施し，遺伝解析も併用することで量的遺伝学的なアプローチも可能になる。オックスフォード大学ワイタムの森のヨーロッパシジュウカラ *Parus major* の一連の研究は，実証研究だけではなく，生活史理論の構築にも貢献してきた。遺伝的な親子関係の解明は，社会的関係性だけでは解明できなかったつがい外受精による親子関係を解析に加えることを可能にし，生活史戦略の研究は一層深まっている。また，様々な生活型を持つ鳥類の高い多様性を考えれば，多くの種や個体群において生活史形質が記述されること自体が重要である。その上で生活史進化の駆動因を検出するために，様々な鳥類の生息環境，社会環境などの特質と生活史形質の関係性を読み解く系統種間比較法(phylogenetic comparative method)が有効な手法となる。

　島嶼の鳥類は，種分化の研究材料として着目されてきたが，生活史戦略の研究にも有効な素材を提供する。まず，生態学を含む野外研究では，特定の事象の再現性の確認が難しい。そこで，本土とは異なる環境要因を共有する

島嶼を利用して研究を進めることが有効になる。島嶼が共有する環境要因として，種多様性が低く，餌資源の利用可能性が低く，高次捕食者が欠落し，気候の変化が小さく穏やかであることが挙げられる[4, 5]。島嶼に移入した個体は，もともと生息していた本土などとは異なる環境に個体群を確立させる。つまり，移入個体は異なる選択圧にさらされる。島嶼個体群を有効に活用して生活史進化の研究を実施するには，本土や異なる島々を対象にして様々な生活史形質を記述研究することが必要になる。それによってそれぞれの移入個体群の生活史形質の変化を駆動する環境要因を比較検討することができる。鳥類では，環境要因が生活史形質に与える影響を実験により検証することが難しい。しかし，異なる島々における環境要因の共通点や相違点を解明することにより，実験の代用として鳥類の生活史進化の再現性を確かめることができる。

　島嶼における鳥類は，生活史戦略の研究を進展させる上で，有利な特徴を持っている。鳥は飛翔能力に長けるので，大陸島だけではなく，海洋島にも個体群を確立できる。後述するが，島嶼の生物相は長期間安定ではなく入れ替わりながら平衡種数で推移する。特に鳥類ではその傾向が顕著である。この特徴は島嶼における生活史戦略の研究には不利に働くと思われるかもしれないが，そうではない。そのような特徴を持つ鳥とはいえ，島嶼に個体が到達し個体群を確立させる頻度は低く，本土からの遺伝子流動は少ない[6]。一旦島嶼に鳥の個体群が確立されれば，任意交配であっても本土からの分岐が進む。島々に分布する鳥類の種数は多く，同一種が環境の異なる様々な島々，大陸島，海洋島に依らず，広く分布する。鳥類は異なる島嶼環境における生活史形質の変化の様相を生態学的時間スケールで比較するのに，むしろ適した分類群である。

2　島嶼における生物群集の成立と島嶼の環境

　島嶼の生物の種数は，生物種の供給源となる本土からの距離と島嶼自体の面積によって規定される。図 10-1 は，MacArthur & Wilson [7]による古典

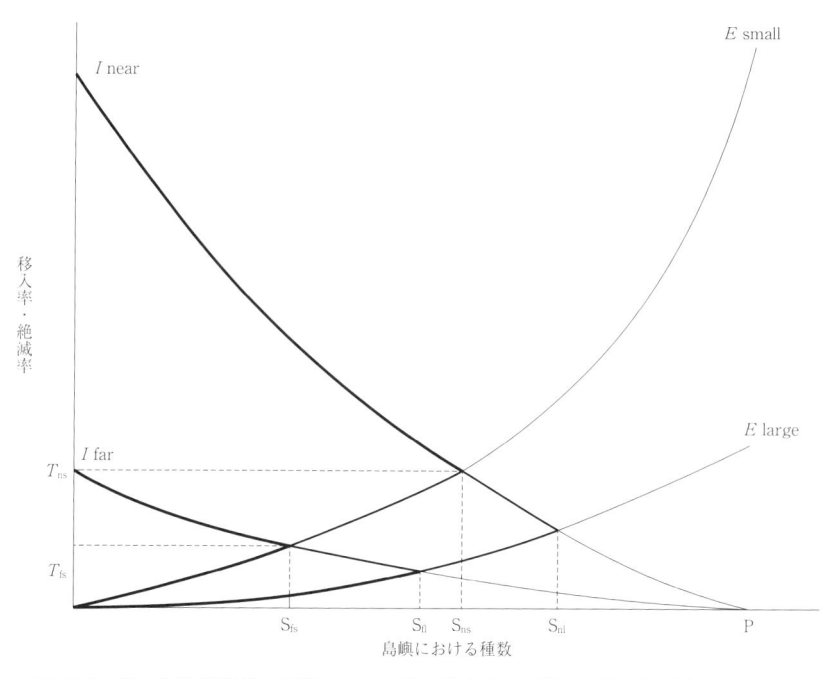

図10-1　島の生物地理学の平衡モデル。種の移入率は距離の関数，絶滅率は島の面積
　　　　の関数として仮定される。I near，I far，E samll，E large は，それぞれ近い島の移
　　　　入率，遠い島の移入率，小さな島の絶滅率，大きな島の絶滅率を示す。それぞれの
　　　　曲線の交点，S はこのモデルが予測する種数で，S_{fs}，S_{fl}，S_{ns}，S_{nl} はそれぞれ遠く狭
　　　　い島，遠く広い島，近く狭い島，近く広い島を表す。T_{ns} と T_{fs} は，それぞれ近く
　　　　狭い島と遠く狭い島における種の入れ替わり率を示す。近く広い島（T_{nl}）と遠く広い
　　　　（T_{fl}）の入れ替わり率は，図の煩雑化を避けるため示されていない。

資料）MacArthur & Wilson [7]を改変。

的な理論モデルの一例である。動的平衡モデル（Dynamic equilibrium mod-
el）としてよく知られ，島嶼生物地理学の平衡モデル（Equilibrium model of
island biogeography，EMIB）と呼ばれることもある[8]。このモデルは生態
学的時間スケールの動きを意味するものであり，島嶼における種分化や進化
の概念が組み込まれていない単純なモデルとして批判されることもある。し
かし島嶼に生息する生物群集を考える場合の基礎となり，鳥の島嶼環境への
適応を考える上で不可欠な概念といえる。

　島嶼の生物相は最も近い本土域からの移入によって構築される。島嶼に種がいない状態から種数が増加すると，島嶼に生息していない種が新たに定着する確率，すなわち，図10-1の縦軸に示される移入率は指数関数的に減少する。大きな陸地から近くに位置する島嶼における移入率(I near)は，遠くの島嶼の移入率(I far)よりも高い。絶滅率は島嶼における種数が増えるに従って増加する。絶滅曲線は，種数が多くなると密度効果が強く働くようになり，傾きが急になる。絶滅率は距離には依存せず，面積が狭い島嶼の絶滅率(E small)は広い島嶼の絶滅率(E large)よりも高い。移入曲線と絶滅曲線の交点(S)が，それぞれの島嶼における平衡種数である。陸から遠い小さな島嶼で種数は最も少なく(S_{fs})，近い大きな島嶼で種数が最も多くなる(S_{nl})。平衡種数と表現される理由は，種構成が一定ではなく，絶滅と移住によって絶えず交代が起こるためである。種数は距離と面積から期待される値を示し，その値は本土の種数よりも大幅に少ない。また，このほかにも島嶼における種数が少なくなることを説明するいくつかの理論が提唱されている[9]。

　海洋島にはネコ科に代表されるような地上性の高次消費者は生息しない。これらの動物は能動的に島嶼に泳ぎつくことが困難であり，また小型の動物のように流木などに乗った受動的な長距離移動も難しい。面積が狭い島嶼は，生産性(年間純一次生産量)が低く，一次消費者の個体数が制限される。生態ピラミッドの頂点に位置する高次消費者の個体数を十分に多く維持することが難しい。個体数が制限されると絶滅の渦[2]により，個体群維持が困難になるだろう。しかし，西表島にはイリオモテヤマネコが生息している。齧歯類を主食とするネコ科が在来のネズミが分布していない小面積の島嶼において，個体群を維持し続けることは極めて例外的である。イリオモテヤマネコが西表島で絶滅しなかった理由は，イリオモテヤマネコが，昆虫，両生爬虫類，鳥類，哺乳類まで食性の幅を広くしたためと考えられている[10]。

　島嶼の気候は，台風やハリケーンに伴う一時的な強風や降雨，エルニーニョ現象になどによる数年スケールの降水の変動を伴うことはあるものの，気温の年変動は小さく安定している[11]。赤道に近い島々では通常時には年間の平均気温の範囲は1℃より狭く，温帯域でも10℃よりも狭い範囲にある

[8]。

3　形態形質における島嶼シンドローム

　動物の生理・生態的な作用は，体格に強く影響されている[12]。また体格は群集や個体群の中での資源利用や相互作用に影響する基本的な要件とされる[13, 14]。つまり島嶼に共通する体格の特徴の検出は，生活史戦略の理解に役立つ。

　Van Valen [15]は，島嶼における予想可能な形態の変異様式を，島の規則(island rule)と呼んだ。島の規則では，小さな動物は本土の対応種よりも島嶼で大型化し(gigantism)，大きな動物は矮小化するとされる(dwarfism)。環境による制約が緩和されると，それぞれの種は最適な体格に収束すると考えるものである[14, 16]。

　図10-2は，島の規則による形質値の変化の様相を図式化したものである。移住前の体格に応じて選択圧のかかり方が異なり，大型化もしくは小型化を促進する選択圧の相対的重要性が異なることを示す。本土では，種多様性が高く，捕食，寄生，種間競争など，より複雑な種間相互作用にさらされる。島嶼ではこのような制約が取り払われる生態的解放(ecological release)が生じる。島嶼では，種多様性は低いものの個体群密度が高くなる。これは密度補償(density compensation)と呼ばれる現象である[17]。その結果，種内競争が激化する。体格が大きくなると競争力が強くなるので，大型化は同種との競争で有利になる。これは島嶼における大型個体競争有利仮説(Dominance hypothesis)[14]と呼ばれる。また種多様性が低い島嶼には生態的地位の空位が生じる。大型化は，広く生態的地位を使うことを可能にし，より多くの餌への接近を実現させると考えられる。これは広範環境利用者仮説(Generalist hypothesis)と呼ばれる。また，群集の成立は偶然によることから，種構成の不調和により，独特な島嶼環境に適応するように生態的地位の幅を広くすることがあると考えられている[18]。

　島嶼において高次捕食者相が欠落すると，本土において大型になることで

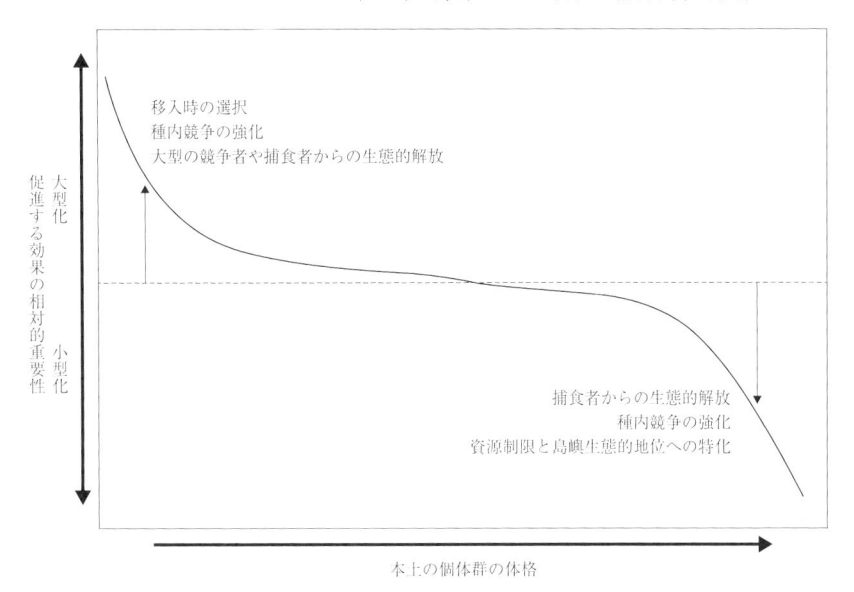

図 10-2　本土における個体群の体格と島の規則を生じさせる選択圧の予測可能な変化
　　　　様式。

資料）Lomolino [14] を改変。

捕食を免れていた種は，小型化すると推察される。資源に乏しい島嶼では，
エネルギー要求が少ない小さな個体が有利となる。本土の大型種が，島嶼に
おいて個体群を確立するには，人口学的確率性や近交弱勢などの負の影響を
克服しなければならない。その過程で小型化が促進されるかもしれない。島
嶼における資源の制限は，競争を増加させる一方，同種他個体の存在に対す
る耐性を高めることで高密度を許容する可能性が示唆されている[13]。また，
小型化は本土で利用できない生態的地位に特殊化する場合に生じる可能性も
あるとされる[8]。

　気候条件の影響も繰り返し議論されているが，様々な要因がどの程度体格
の変化に影響しているかは未だに不明である[19, 20]。なお，島嶼における
形態の変化が，島嶼化に反応して生じた進化なのかどうかの判断が容易でな
いこともある。たとえば，大型化は，遠くまで分散可能な大型の個体が選抜
された可能性など，個体群の確立における単純なバイアスにも注意が必要で

ある。

　島の規則は主に哺乳類で実証されてきた[14, 21, 22]。しかし，最近では，島の規則の支持は限定的であり，支持されない場合もある[20, 23]。さらに系統種間比較法を用いた最近の解析では，島の規則は存在しないという結果も得られている[24]。すなわち，これまで島の規則に従った事例は，小型化や大型化がクレードに特有の現象であり，クレード内の比較ではなく，離れたクレードで比較を行った結果として生じた人工効果であることが指摘されている。

　スズメ目に限定した研究では，島の規則は適用されない。しかし，鳥の体格には島の規則とは異なる規則的な変化が検出される。たとえば，くちばしが大きくなる[5, 25, 26]，附蹠が長くなる[27]，翼が丸みを帯びる傾向である[28]。これらは採食，競争，熱収支などの生態に関係した過程を通して変化するとされる[26, 29]。

　大きいくちばしは，質が低く，量も少ない餌資源を利用する場合，採餌可能な餌の大きさの範囲を拡大する。島嶼では，栄養段階の関係性が比較的単純で潜在的に制限がかかり，枯渇する可能性を含む不安定な状態にあると考えられる。生態的地位を広くし(niche expansion)，様々な大きさの餌へのアクセス可能性を持たせることで，特化することによる競争を緩和させると考えられる。また，種子や小型の節足動物を食べることに特殊化した場合には，短いくちばしを持つ種は長く，長いくちばしを持つ種は短くなり，中間の長さに収束する傾向もある。この島の規則は，採餌のジェネラリストにとっては適応的な可能性がある[3, 30]。長い附蹠は，地上性の捕食者が生息しない島嶼において，地上採餌などで地上を移動する割合の増加に対する適応とされる。一般に，渡り性の個体群は尖った翼を持ち，留鳥個体群は旋回性能に優れた丸い翼を持つ傾向がある[31]。島嶼に確立される個体群は留鳥化し，丸い翼を持つようになる。

　スズメ目に限った研究では支持されない島の規則は，島嶼において絶滅した無飛力の種を含め，鳥類広範に拡大して解析することで支持されることがある[19]。つまり島嶼個体群では，体格とくちばしがともに小さくなる傾向

である(図 10-3)。本土における小型種は大型化し，大型種は小型化する(図 10-3(a))。また，本土において短いくちばしは長く，長いくちばしは短くなる(図 10-3(b))。島の規則に従った小型化の要因は上述の通りである。大型化は島嶼における定住傾向や無飛力化に関係しているとされる[19]。分散や捕食者からの逃避の必要性が低下すれば，無飛力になることに対する強い制約はなくなり，大型化はその結果として現れると考えられる。

4　生活史形質における島嶼シンドローム

　島嶼における個体群の確立は，島嶼シンドロームと呼ばれる収斂による環境への適応を前提としている。鳥類に限らず島嶼に存続可能な個体群が確立されると，その生活史は K 戦略(K-selected life-history strategies)に移行するとされる。K 戦略は，ゆっくりした発育期間で体サイズを大きくさせた個体が，高い競争力を獲得して有利となり，大きな子を少数育てる生活史である(参照 Pianka [32])。

　島嶼環境は，種多様性が低く，資源の利用可能性が低く，高次捕食者が欠落し，気候の変化が小さく穏やかである。その一方で島嶼の個体群密度は高く，餌をめぐる同種内の個体間競争は激しい。生活史形質間にはトレードオフの関係が認められる。そのため自らの体調維持により多くの資源を配分する戦略は，生産性が低く抑えられ好都合である。初期投資を大きくするように大きな卵を産み，仔の質や生存率を高くすること，育雛期間を長くすることで初期死亡率を下げることも有利になる。個体群密度が高く，個体間競争が強い島嶼環境では，仔の質や生存を改善するように 1 個体当たりの投資量を増加させることは重要である。生産性の減少は，成長と生存を良くする。寿命を伸ばすことで生涯繁殖成功を高めると推察される。実際に，広域にわたる多くの島嶼を対象にした分析で，生産性が減少する傾向が追認されている[33, 34]。育雛期間が長くなることも示されている[3, 35]。

　異なる緯度に分布する島嶼とそこに近い本土の近縁種間の比較により，生活史形質における島嶼効果の明確化を試みた研究がある[34]。一般に，鳥の

(a)

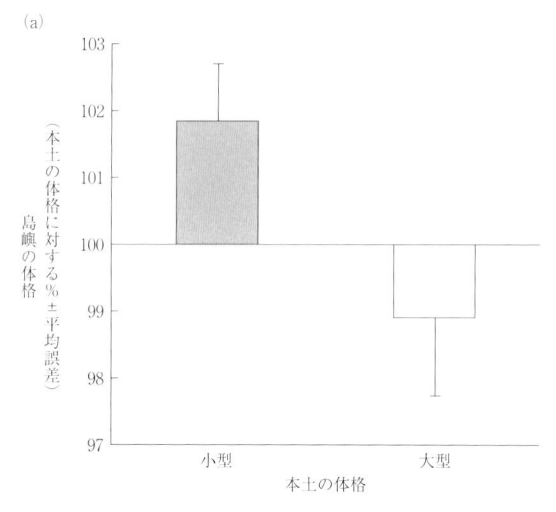

(b)

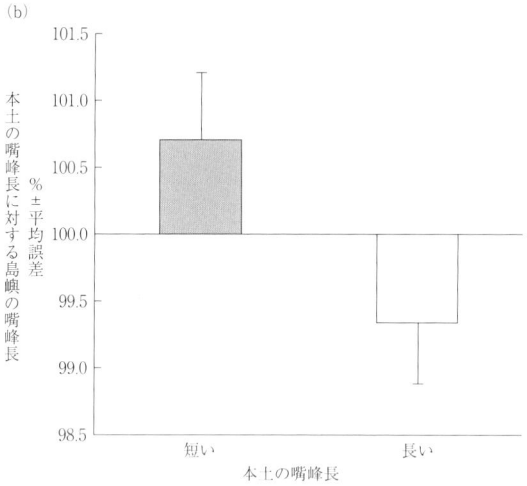

図 10-3 島嶼における鳥の体格と嘴峰(しほう)長。(a)本土における体格と島嶼における体格の相対値の関係。小型と大型は，対象とした全種の平均値からの大小の区分。(b)本土における嘴峰長と島嶼における嘴峰長の相対値の関係。短いと長いは，対象とした全種の平均値からの区分。

資料）Clegg & Owens [29] を改変。

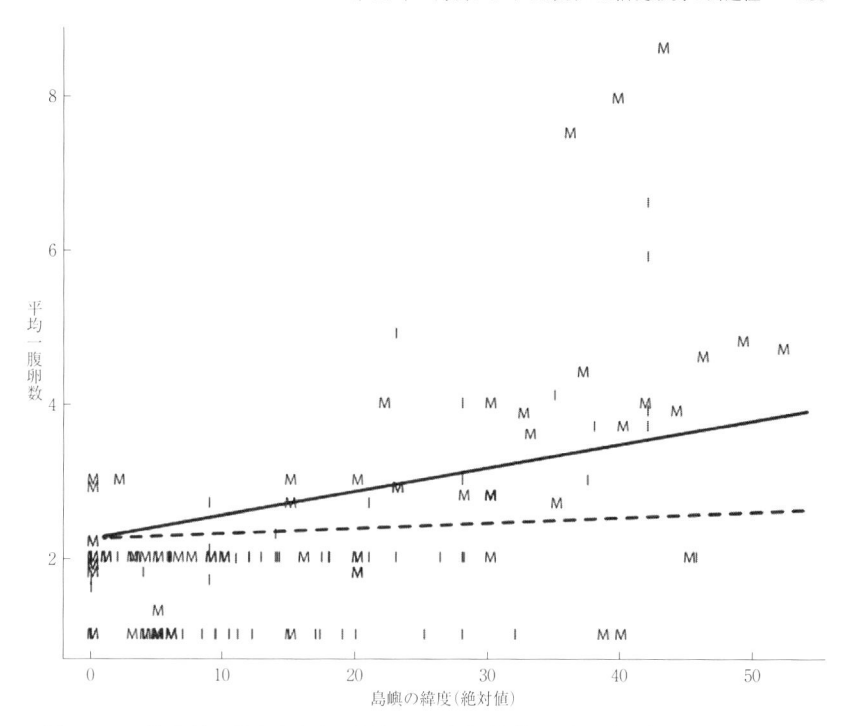

図 10-4　一腹卵数は緯度とともに増加し，島嶼（点線）は本土（黒線）よりも 4.5 倍の
　　　　ペースで増加した。文字 M と I は，それぞれ本土と島嶼の一腹卵数を示す（n = 148
　　　　種）。

資料）Covas [34] を改変。

一腹卵数は熱帯地方で少なく，高緯度温帯域で多くなる[36]。図 10-4 は，
一腹卵数の緯度の上昇に伴う増加を本土と島嶼で比較したものである。本土
における緯度の上昇に伴う一腹卵数の増加は，島嶼における増加よりも明ら
かに大きいことがわかる。本土における増加率は島嶼の 4.5 倍であり，島嶼
と本土の一腹卵数の違いは高緯度地方ほど顕著といえる（図 10-4）。温帯域の
島嶼は，同じ緯度の本土よりも気候が穏やかである。熱帯の島嶼はもともと
熱帯域に大きな季節性がないため，熱帯の本土と島嶼の気候は大きく異なら
ない[8]。それゆえ温帯で島嶼と本土の違いがより強く現れ，熱帯では違い
がはっきりしなかったのであろう。つまり島嶼における気候の特性が，生活

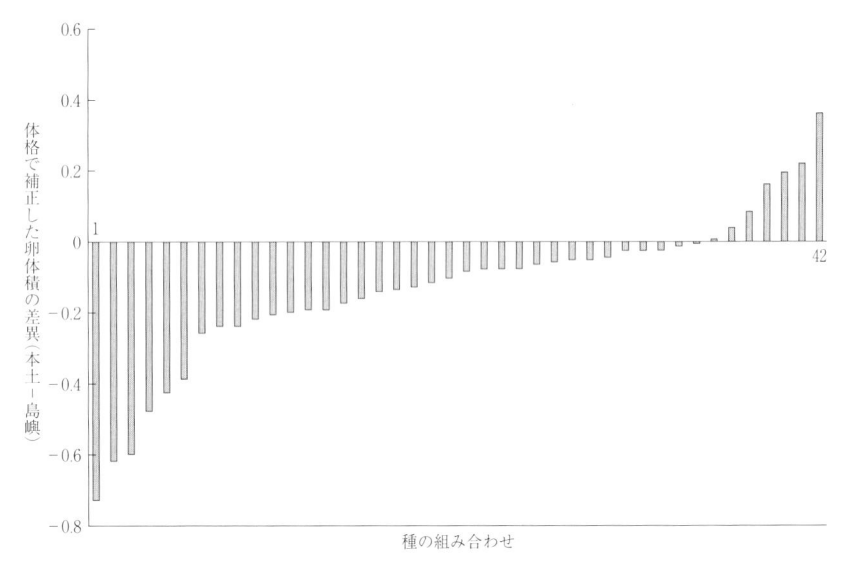

図10-5 分析に使われた種の組み合わせ。本土と島嶼の卵体積の差異。体格に対する補正は、体重に対する卵体積の回帰における残差で示される。負の値は、島嶼における卵体積が大きいことを示す。一般に島嶼の個体群の卵体積は、対応する本土の個体群より大きい。

資料）Covas [34]を改変。

史形質の変化を引き起こす重要な駆動因であることが示唆された。異なる緯度における島嶼の効果を検討する上での問題点は、島嶼が熱帯域に集中して分布し、高緯度域ほど少ないことである。また熱帯における一腹卵数は本土の種でも少なく、2卵、種によっては1卵のことがある。島嶼に個体群を確立させたとしても一腹卵をさらに少なくすることはできない。

　一腹卵数に加え、卵体積の増大と抱卵期間の延長も高緯度地域の島嶼で顕著になる傾向が認められている[34]。鳥類では、外形の発育は限定されているので、大きな個体が有利だとしても遺伝的に規定された以上に仔を大きくすることはできない。仔の数が制限される生産性の低下に対し、初期投資を増加させる意味で大きな卵を産むことは、島嶼における生活史戦略として重要と考えられる。図10-5は、島嶼と本土の卵体積をそれぞれの組み合わせで比較したものである。島嶼における卵体積は、一般に本土よりも大きい傾

向が読み取れる。

　島嶼における抱卵期間の延長は，高次捕食者の欠如が影響している可能性がある。低い捕食圧は，仔が巣を素早く離れなければならないという制約から解放する。抱卵期間の延長を可能にさせ，幼鳥の生存率を高くする。個体群密度が高い場合，仔の質と競争力を高めるように 1 個体当たりの投資を増加させることは，仔の生存に有利に働く。さらに，発育期間の延長は，短期間に抱卵抱雛とヒナへの給餌における集中した親の労働を低減させる。繁殖努力を集中させないようにすることで，給餌率を下げ，エネルギーを節約させる[37]。このように一腹卵数，卵体積，抱卵期間には，島嶼シンドロームに合致する変化が検出されている。しかし，これらは互いに関係し合う形質であるため，互いの独立性を検討することが今後の課題である。

5　島嶼における生活史と行動の変化

　協同繁殖種は鳥類全種の 9 ％にすぎないが，島嶼では生息する種の 33 ％に上る[34, 38]。家族期の延長と繁殖開始齢の遅延は，協同繁殖の前提条件とされている。協同繁殖種は生存率が高く，長寿命の種は生活史の後半に繁殖する[39, 40]。なわばりの長期間にわたる占有は，若い個体が独立して繁殖する機会を減少させる[39, 41]。つまり島嶼における個体群密度の高さと生活史形質の変化は，協同繁殖への移行を促進すると推察される。島嶼における協同繁殖の頻度の上昇は，環境が飽和し個体が独立して繁殖できる余地が少ない場合に協同繁殖が生じるとする生態的制約仮説に符合する[39, 42]（第 8 章も参照のこと）。

　島嶼ではつがい執着性が本土よりも高い傾向にある[43]。両親の育雛行動の協調により，子の質を高めるのであれば，島嶼における適応的行動と考えられる。また，島嶼ではつがい外父性の頻度が低い傾向にある[43]。社会的つがいオスの父性の確からしさは，オスによる繁殖投資を確実にし，少ない子を健康に育て上げることに寄与すると推察される。

　さらに，島嶼個体群は，本土の対応種よりも羽衣の多様性や輝度，斑が減

少する傾向がある[44]。このような変化は島嶼における種認識の必要性の減少によるものかもしれない[45]。他種との配偶は適応度を低下させる可能性が高く，回避するように種の認識機構を持つことが適応的と考えられる。つまり，同所的に生息している近縁種の数の少ない島嶼では異種間で配偶が起こる可能性が低いので，そのため羽衣に変化が起こるものと考えられる。

6　今後の研究の方向性

　島嶼における環境特性，種多様性の低さ，生産性の乏しさ，高次捕食者の欠如，穏やかな気候などの諸条件は，生態的解放と生存率の高さを通して働く島嶼シンドロームの主要因と考えられる。島嶼シンドロームは，もともと陸地から十分に遠く離れた海洋島をモデルとした概念である。しかし，島嶼シンドロームの検出を目指す研究は，必ずしも海洋島と大陸島を区分していない。今後は，種分化レベルの違いを想定した地史的時間スケールなのか，種の入れ替わりの周期を含む生態学的時間スケールなのかを明確にした上で解析されることが望ましい。

　島嶼の特徴として捕食率の低さは重要な要因とされている。しかし，巣の捕食率が本土よりも低いとは必ずしもいえない。現状では，多くの島嶼にクマネズミをはじめとした外来の捕食者が人為的に移入されているためである。捕食者の有無，捕食者の種や密度の違いなどを考慮に入れることで，島嶼はより多面的な自然の実験の場としての意義を増すと考えられる。

　アオガラ *Parus caeruleus* [46]，ハイムネメジロ *Zosterops lateralis* [47]，ズグロムシクイ *Sylvia atricapilla* [48]などの研究は，島嶼における特定の種を対象にした生活史形質の記載的研究の代表例である。このような研究は，今後も島嶼シンドロームの理解を深めるために重要であり，情報の蓄積が望まれる。

　人為的に島嶼に移入された鳥の個体群を研究対象とすることも有用である。メジロ *Zosterops japonicus* は，日本列島周辺の大陸島，伊豆諸島や大東諸島に広く自然分布する。それらの研究自体が生活史の研究に有用であるが，メ

ジロは小笠原諸島やハワイ諸島に人為的に移入され，野外に個体群を確立さ
せている。さらにメジロはその近縁種が主に熱帯域の島嶼を中心に温帯域ま
で非常に広く分布しており，包括的な研究に発展させられる可能性がある。
また，アミハラ *Lonchura punctulata* やギンパラ *Lonchura malacca*，コ
シジロキンパラ *Lonchura striata* が人為的に移入され，奄美諸島，沖縄諸島，
先島諸島に個体群を確立させている。各諸島では大小様々な島が，様々な距
離に位置する。遺伝的構造や侵入の過程を明らかにし，生活史形質を詳細に
検討することは興味深い。在来の分布域とも比較することで，生態学的時間
スケールでの生活史形質の変化の様相を浮かび上がらせる絶好の機会といえ
る。

　餌資源の制約を介した栄養生理と生活史の結びつきは，餌資源に駆動され
る島嶼における生活史形質の変化の背景にある機構と考えられている[29]。
採餌戦略や餌の変化といった局所的な環境への個生態学(autoecology)によ
る研究手法は，これまで個体群間の共有形質をもたらす要因の解明にはあま
り利用されていない[48]。しかし，本土における昆虫を主食とする陸生の鳥
類や哺乳類が，島嶼では草食，果実食，雑食などに食性を変化させることか
ら推察されるように[49, 50](図 10-6)，島嶼シンドロームを導く直接的な制約
要因を検出できる可能性がある。個生態学的手法を用いて行われたベニハシ
ガラス *Pyrrhocorax pyrrhocorax* における島嶼個体群と島嶼環境との関係性
の連鎖を示す(図 10-7)。これは個生態学的な解釈を基盤とした仮説の一つで
ある。島嶼における昆虫の不足がベニハシガラスを果実食に移行させ，その
結果，栄養面での制約が代謝に影響し，さらに人口統計学的変数に変化をも
たらすことが示されている。その一連の変化がまさに島嶼シンドロームであ
る。他にも島嶼化した種について，このような検討を重ねることが，島嶼に
おける生活史戦略を形作る機構を理解するために重要である。

　　1) 本章では，本土とはそれぞれの島に最も近い大きな陸地を意味し，対象とする島に
　　　よって異なる。たとえば南西諸島における本土は台湾や九州であり，九州を島とみな
　　　せば，本土はユーラシア大陸となる。

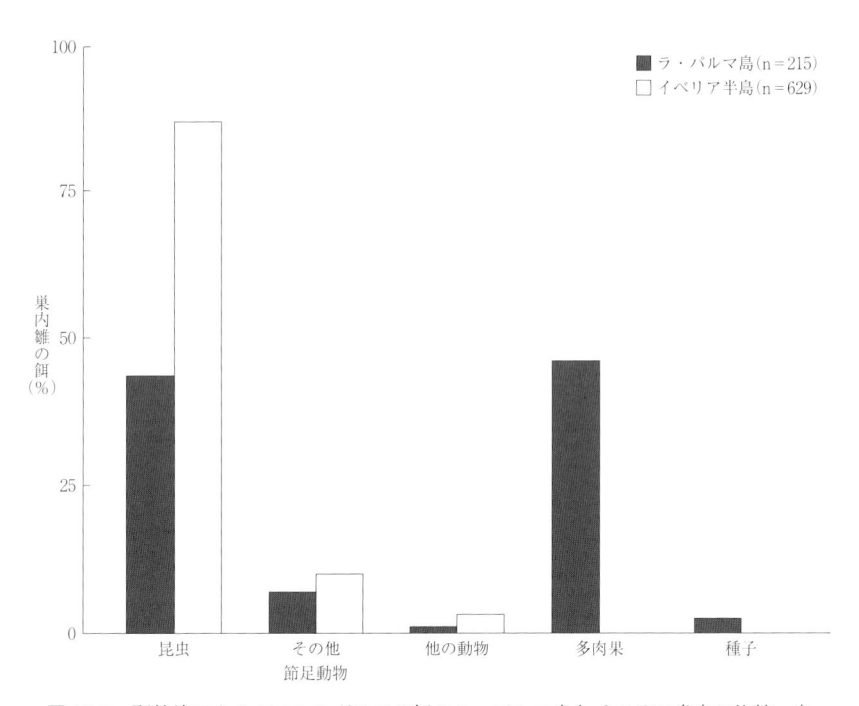

図 10-6 頸輪法によるベニハシガラスの餌のラ・パルマ島とイベリア半島の比較。島では昆虫の頻度が減少し，果実の頻度が増加する。

資料）Blanco et al. [49]を改変。

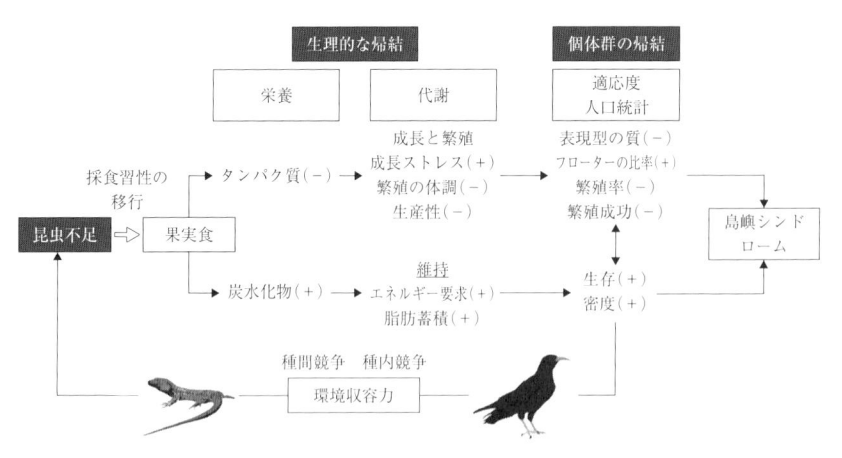

図 10-7 ベニハシガラスにおける特定の栄養とエネルギーの制約もしくは生理学的反応を促進することと個体群の状態を経由した島嶼シンドロームと特定の資源（昆虫）の制限，代わりとなる餌（果実）への採餌の移行の間の示唆されるつながりの要約図。（＋）は増加，（－）は減少する形質，様式，もしくは過程を意味する。

資料）Blanco et al. [49]を改変。

2) 局所個体群では，個体数が減少する過程で遺伝的多様性が減少する。遺伝的多様性の減少は環境変動や病気への抵抗性を下げる。個体数が少なくなると，近親交配による近交弱勢により個体数をさらに減少させる可能性が高まる。個体数が少ない個体群では人口統計学的揺らぎとして，性比の偏りや死亡率が増加し，さらに個体数の減少を招く。これらが追い打ちをかけるように作用し，絶滅までの過程を加速する現象を絶滅の渦という。

第11章　外来種の新天地での適応と生活史戦略

天 野 一 葉

　多くの鳥類が人為的に移入され，原産地と異なる環境に定着している。一方では，さらに多くの鳥類の移入が試みられたにもかかわらず定着に失敗している。定着を可能とする生態的，行動的，生活史的要因については，これまで様々な研究が見られる。さらに外来種が定着する際の行動や生活史の可塑的変化の重要性が指摘されている。本章では，生活史要因の関与と行動や生活史の可塑的変化や急速な進化的応答についての研究を紹介する。新天地での定着に成功するために，外来鳥類はどのように新しい環境に適応し，生息環境・形態・行動・種間関係などを変化させているかを見てみよう。

1　は じ め に

　外来種とは，自然分布域の外側，あるいはその種自身の持つ移動能力では潜在的に到達しえない地域に，意図的・非意図的にかかわらず人為的に運ばれた種のことをいう。外来種の影響は計り知れず，生物多様性に対して潜行的で，一般に不可逆的な影響を与える。生息地の悪化・減少が世界的な生物種の減少を引き起こしているのと同様に，外来種は世界の生物多様性の減少における最大の要因の一つと考えられている[1]。

　外来種の侵入過程にはいくつかの段階があり，在来種が本来の生息域の外に運ばれ，野外へ逸出・放出されると外来種 introduced species (alien species) となる。定着に成功すると野外で繁殖集団が安定して見られるようになる。さらに分布を拡大させ，健康や農林業への影響のほか，捕食・競合・

托卵・交雑・疾病・群集組成の変化を通じて在来の生態系に影響を与え，生物多様性を脅かすことが危惧されるようになると侵略的外来種 invasive species（alien invasive species）とか有害生物 pest と呼ばれるようになる[1-3]。

　外来鳥類の定着成功には，導入圧（導入頻度や個体数），種の性質や原産地と場所（移入先の気候・生息環境の一致，生息地の多様性），人為的攪乱（都市化・生息地の改変），生物学的相互作用（捕食，競争者，托卵，寄生ほか）が関係する。外来種の定着成功に関わる仮説は，相互に関連した仮説を含め29個が提唱されているが[4]，外来鳥類の種の性質に関連した仮説としては，ニッチの幅（生息地・食性ジェネラリトが有利），人への片利共生（人為的攪乱環境に生息），「見たことのない武器」（novel weapon：多様性の高い環境からきた熱帯性鳥類が在来鳥類を駆逐するなど），行動の可塑性，渡りの性質，性選択（性選択種は絶滅リスクが高い），営巣場所（地上営巣は樹冠・藪・樹洞営巣より不利），生活史特性（速い個体群増加は有利）の8つが挙げられている[5]。

2　外来鳥類の適応と表現型可塑性

　大部分の種では，急激な気候変動を除くと人間の一生をかけてもはっきりとした進化を観察することは難しい。しかし，新天地に移入された外来種は，原産地とは異なる非生物学的・生物学的相互作用の変化を経験して，自然選択や性選択に変化が生じる可能性がある。このため在来種と比較して急速な進化が起こることが期待されるが，実際に外来鳥類や他の外来種は100年以上にわたって自然選択と性選択のメカニズムを検出するプローブ（探査針）として使用されてきた[2]。

　外来鳥類には自然度の高い森林にうまく入り込む種もいるが[6-8]，多くは河川の氾濫原などの環境攪乱の頻度が高い場所や，農耕地・市街地などの人間によって環境が攪乱された場所に見られる。都市利用鳥はジェネラリストであることが多く，個体数を増加させやすい。スペシャリストはジェネラリストに比べて，平均すると54％も局所的な絶滅確率が高いという研究も

ある[9]。

　さらに自分自身の行動や形態を変化させることで，新天地に適応するもの
もいる。生物の表現型は固定されたものではなく，状況に応じて変化する場
合が知られている。生物が与えられた環境に応じて同一の遺伝子型から多様
な表現型（形態・生理・行動）を生み出すことを表現型可塑性（phenotypic
plasticity）と呼び，中でも，形質の変化が適応的な場合を特に適応的な表現
型可塑性と呼ぶ[10, 11]。ここでは，外来鳥類の生活史形質が急速に変化し
ている例について見ていこう。

2.1　産卵数の変化

　鳥類の一腹卵数は，赤道に近づくほど産卵数が減り[12-15]，同緯度では北
半球より南半球で産卵数が減る傾向にある[16-19]。外来種では，ヨーロッパ
からニュージーランドに移入されたスズメ目鳥類 9 種で平均産卵数が少なく
なった（6 種は有意に減少）。これは英国と比べて，ニュージーランドでは個
体群密度が高く，つがい当たりの食物利用可能性が減少したためと考えられ
ている[20]。

　同様な別の研究でも，11 種のうち 9 種で平均一腹卵数が有意に減少した。
減少は平均 0.3 卵と小さかったが，各種は，産卵数の減少に伴い繁殖期間が
増加する傾向にあった。ニュージーランドでは，英国に比べて産卵数の季節
的な変化がほとんどなかったが，これはヨーロッパと比べて気候の季節的な
変動が少なく，食物資源の変動の影響が少ないためと考えられている[21]（図
11-1）。これは，Ashmole の仮説[22]（第 1 章を参照のこと）と部分的に一致する。
季節的な変化が大きい地域では，寒い冬に死亡率が高くなり，春にはその地
域の環境収容力よりも大幅に少ない個体が繁殖する。その結果，ヒナに与え
られる食物量が増えるため一腹卵数が増加する。

　クロウタドリ *Turdus merula* とウタツグミ *T. philomelos* の一腹卵数も，
ニュージーランドではヨーロッパより少なかった。Cassey et al. [23]は，巣
捕食仮説として，巣の捕食率が高いときにメスが一腹卵数を減らすことを示
唆したが，その後の研究では，ニュージーランドの巣の捕食率はヨーロッパ

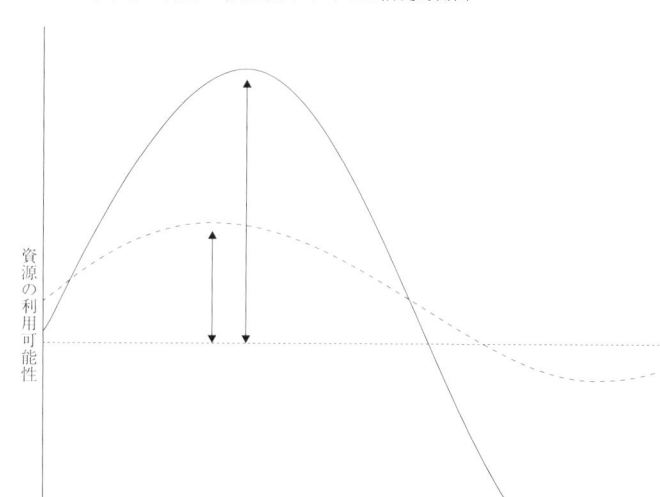

資源の利用可能性

一腹卵数

繁殖期中旬　　　　　　　　　　越冬期中旬

時間(1年間)

図 11-1　比較的季節変動が大きい環境(実線)と季節変動が少ない環境(破線)での，年
に複数回繁殖できる種の一腹卵数の時間的変化のモデル。曲線は1年を通した個体
当たりの資源の利用可能性の変化と，それに伴う平均一腹卵数の変化を示す。繁殖
は，資源の利用可能性が点線で示す閾値を超えたときに開始される。季節変動が大
きい(実線)と，個体当たりの資源の利用可能性が低下して冬の死亡率が上がり，繁
殖開始時の繁殖個体数が減少するが，一腹卵数を増やすことができる。一腹卵数は，
繁殖期を通じて個体当たりの資源の利用可能性に比例して変動し，点線の上の曲線
の部分に従う。矢印は，一腹卵数の最大数と最小数の比(CSR)を示す。CSR は繁殖
期の個体当たりの資源量の変化に種がどのように反応するかを測定する。資源の利
用可能性の年変動の大きさは，繁殖期の資源の利用可能性の変動と正の相関がある。
点線より上の曲線は繁殖期の長さを示し，季節変動が少ない環境では長くなると予
想される。

資料) Evans et al. [21]を改変。

より低いとされ，仮説は支持されていない。Samaš et al. [24]は，南半球での季節性の減少(冬が暖かい)と巣の捕食率の低さが，繁殖個体の密度の増加と成鳥の生存率の向上(特に抱卵中のメス)につながり，その結果，1回の繁殖への投資が減少し，寿命が長くなる結果，一腹卵数が減少するとした。

2.2　営巣場所の特殊化

オキナインコ *Myiopsitta monachus* は，南アメリカ原産だが，ヨーロッパと北アメリカで分布を拡大させている。オキナインコは原産地では様々な樹木や電柱に営巣するジェネラリストであるが，侵入先のスペインでは，都市公園に生息し，ユーカリなどの原産地では営巣している高木があるにもかかわらず，ほとんどの個体がヤシの木に巣を造った。小枝で造った大きな巣には，しばしば複数の小部屋があり，それぞれの小部屋につがいが入った複合巣を形成する。巣はねぐらにもなり，周年で利用している。オキナインコは捕食(ネコはヤシに登りにくい)と人間の攪乱を減らす方法として，最も高いヤシに特化して巣を作るようになり，営巣行動の変化が移入先での急速な個体数の拡大につながったと考えられている[25]。

2.3　渡り行動の変化

メキシコマシコ *Haemorhous mexicanus* は，もともと北米の南西岸からメキシコに分布する留鳥である。1940 年頃に北米東岸のニューヨークに人為的に移入されると 20 年たたないうちに季節移動する個体が現れ，1950 年代以降，渡りをする個体の割合は 36%にまで増えた。東部での分布拡大後，新たに侵入した地域では，渡りをする個体の割合が高く，渡りの距離も長くなった。移入元の個体群でも少数の個体は渡りをするので，東部の個体群の渡り行動の変化は，本種のもともと持っていた性質が冬の寒さが厳しい地域に移入されたことで顕在化したものだろう[26]。

2.4　脳の大きさと行動の可塑性

行動の可塑性は，新天地に侵入した動物に有利に働くと長く考えられてき

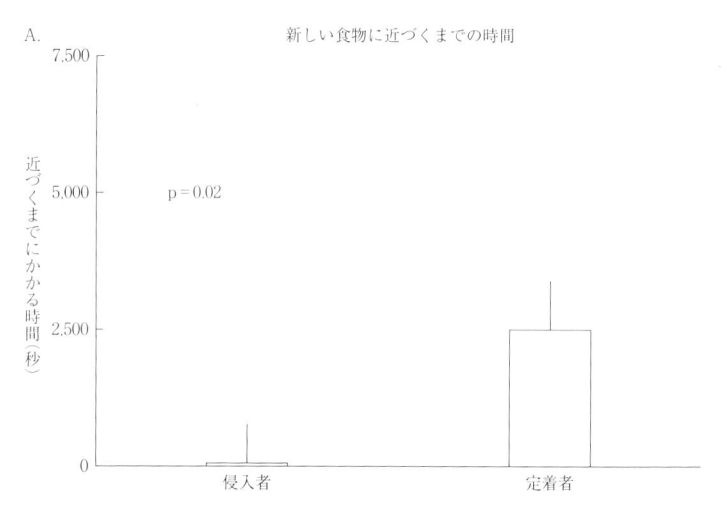

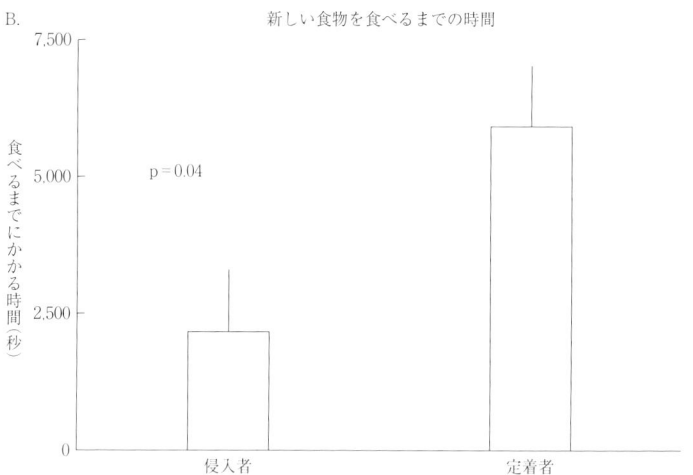

図 11-2　外来のイエスズメが新しい食べ物に近づくまで(A)と食べるまで(B)にかか
る時間は，新しく侵入した地域(パナマ：侵入後 28 年)でのほうが古くから定着し
ていた地域(ニュージャージー州：侵入後 150 年以上)でよりも短い。バーは平均±
標準誤差，p 値は ANOVA から計算。

資料）Martin & Fitzgerald [27]を改変。

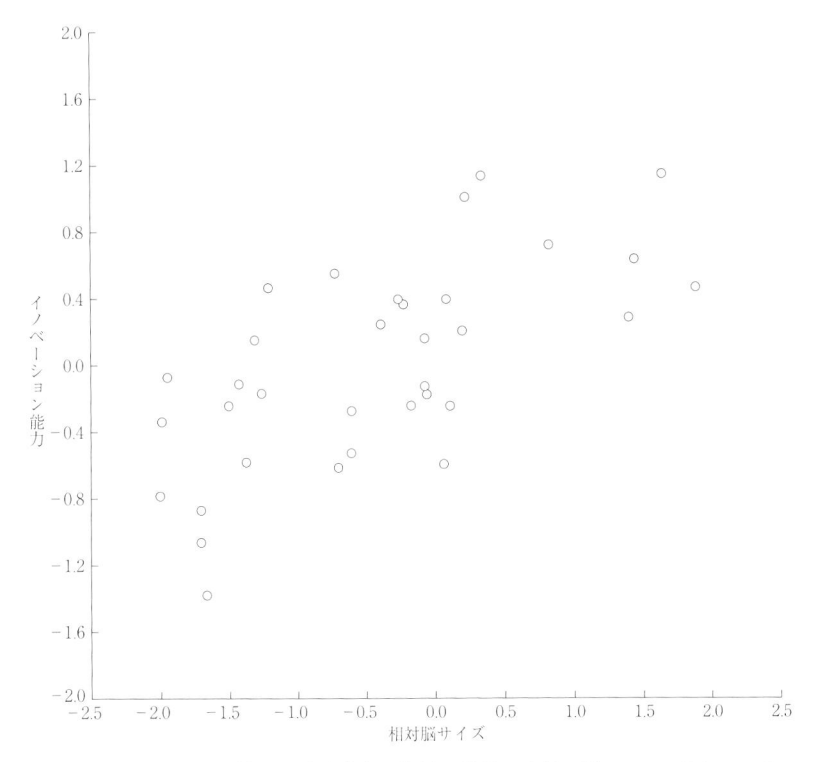

図 11-3　相対脳サイズと侵入成功能力の関係。世界の鳥類の科について示している。
資料）Sol et al. [28]を改変。

た。北アメリカに移入されたイエスズメ *Passer domesticus* の実験では，パ
ナマに新しく侵入（28 年間）した個体は，長く北アメリカで定着（150 年間）し
た個体よりも，新しい食物にアプローチしたり，食べたりする傾向があるこ
とが示唆された[27]（図 11-2）。
　行動の可塑性と鳥類の侵入成功について 196 種の 600 以上の移入事例を調
べると，体の大きさに比べて相対的に大きな脳を持つ鳥は，脳が小さな鳥よ
り原産地域にはない新しい食べ物を利用したり，新しい採食テクニックを採
用したりする（イノベーション）傾向があり，定着に成功する可能性が高くな
ることがわかった[28]（図 11-3）。行動の可塑性は，鳥類の侵入成功の重要な

決定要因の一つであるようだ。

2.5 都市化と行動の可塑性

オーストラリアの都市と郊外に生息する外来鳥のカバイロハッカ *Acridotheres tristis* は，新しいタイプの食物を探査し，利用する明らかな能力を持っていることが実験的に確かめられた。これらの認識能力は，都市にすむ個体のほうが高い傾向があった。この結果は性別，形態，動機(空腹度合い)とは関係なく，新しい食物(色のついた米)や採食方法(ドッグフードの入った容器のふたを開ける)を開拓する個性(innovative personalities)の違いよりも，どのような生息地にすんでいたかに影響されていた。郊外の個体は，都会の個体よりもネオフォビア(neophobia，新規恐怖症)の傾向が強く，新しいもの(黄色いテープや緑のブラシ)のある給餌台を避けた。目新しい食べ物が多く，捕食者の危険がより少ない都市では，新しい食物や採食場所の探求に挑戦しやすくなると考えられている[29]。

3 繁殖戦略と侵入成功

3.1 集団成長理論と生活史緩衝器仮説

生活史形質がどのように侵入成功へ影響するかについて，2つの古典的理論がある。一つは，fast-lived 戦略(コラムを参照のこと)を採る個体群成長仮説[30]である。繁殖と生存の間にトレードオフがあることはよく知られている[31]。侵入に成功した種は生存より多産性を優先する。急速な個体群成長が可能となり，創始者集団が小さいために人口学的確率性(demographic stochasticity)によって絶滅しやすい時期を短くできる[32]。人口学的確率性では，個体の生と死はそれぞれ確率的にゆらぐため，個体群サイズはランダムに変動する。偶然に子供が続けて死ぬなどすると，小集団では絶滅リスクが非常に高くなる。社会性を持つ動物種などでは，個体群密度が増加することで，繁殖相手を見つけやすくなったり，個体間で協力しやすくなったりして，

増殖率や生存率が高くなる。これをアリー効果と呼ぶ。小集団ではアリー効果によっても絶滅しやすくなる。

　もう一つは，slow-lived 戦略(コラムを参照のこと)を採る「生活史緩衝器仮説 Life history buffer hypothesis」である[33, 34]。fast-lived 種とは対照的に，slow-lived 種は少数の子供を産むが，その生存率は高い。fast-lived 種よりも小集団からの個体数の増加はゆっくりだが，集団のゆらぎによる絶滅リスクは低い。これらの仮説では，どちらも移入集団の絶滅の基本原因を人口学的確率性としている[34, 35]。

　これらの古典的理論では，環境の不確実性は無視されてきた。侵入過程における人口学的確率性は重要であるが，それ以外にも，新天地で適切な資源が見つからず，極端な気候(物理的耐性)や強い天敵(生物的逆境)などと遭遇すると，侵入者は生存と繁殖が難しくなり，人口的確率性と関係のない負の個体群成長によって個体群が絶滅することはありそうである[1]。外来種の侵入成功に関係しそうな他の戦略も見ていこう。新天地では，事前の情報がほとんどなく，特殊化した適応もない状態で，いつどこで繁殖するか，どの食べ物はよくてどれがだめかを動物は決定しなければならない。行動の可塑性(behavioural plasticity)は，新天地で起こる様々な問題を処理するためのチャレンジを可能にする。

3.2　両賭け戦略

　ユキヒメドリ *Junco hyemalis* は外来種ではないが，もともと山岳部に生息していた個体が，沿岸の都市へ分布を拡大させると，繁殖回数を多くすることによって，繁殖成功率の低下を補っていた[36]。このような行動は両賭け戦略(bet-hedging)と呼ばれ，長い年月繁殖するか，1 シーズンの繁殖の頻度を高めるかして，繁殖努力を多数のイベントに分配することで，適応度の時間的な分散を減少させてリスクを最小化している[35]。両賭け戦略は，空間的変動(山岳部と都市など)または時間的変動によって環境が変化する場合に，起こりうる複数の状況のそれぞれに対して，各個体が一定の対応(それぞれの状況に対応した子供をどの割合で生むか)を準備しておく戦略である

[11]。

3.3　ストレージ効果

　寿命が長く，繁殖活動を最優先させていない種では，繁殖行動をしないコストは低いため，状況が好ましいときにのみ繁殖活動を行うことがある。アカアシカツオドリ *Sula sula* はエルニーニョの年は繁殖をほぼやめる[37]。このような現象はストレージ効果と呼ばれ，繁殖成功の見込みが少ないときに繁殖行動を継続させず，成鳥の死亡率を減少させる適応的戦略と考えられている[35]。

3.4　認識緩衝器仮説

　ダーウィン以来，ある動物は体に比べてなぜ大きな脳を持つのかが議論されてきた。大きな脳は「より高い精神力」と関係していると考えられたが，それは野外での動物の生存や繁殖に有利に働いているのだろうか。「認識緩衝器仮説 Cognitive buffer hypothesis」では，比較的大きな脳を持つ動物では認識と神経機構を通して，新しいまたは変化した行動が促進され，まれな問題や新しい問題の解決を可能にする。この緩衝効果は，環境の変化や変動に対して，生存率を上昇させ，繁殖寿命を延ばすことが期待される。これは脳を大きく成長させるために生殖開始時期が遅れるというコストを部分的に補うとされる[38-41]。

　slow-lived 戦略的な動物では，新天地での行動が重要な役割を負う。たとえば，保護の目的で移動させられたアフリカゾウ *Loxodonta africana* は死亡率が高くなるが，出身地と似た生息地に定着し，時間がたつにつれ，おそらく社会学習を経て移入先のゾウの行動に合わせる。ゾウは，行動の決定と調整によって環境変化(適応のミスマッチと環境の不確実性)に対応している[35, 42]。

　世界の外来鳥類(49科428種)の2700件以上の移入事例について，繁殖戦略を比較すると，移入個体数が少ないときには急速に個体数を増加させるほ

うが有利であるにもかかわらず，一般的に定着に成功した外来鳥類が，現在
の繁殖より将来の繁殖成績を優先する戦略によって特徴づけられることがわ
かった。比較的寿命の長い種は年 1 回の繁殖により繁殖寿命を延ばし，比較
的寿命の短い種は繁殖頻度を高めていた[43]。また，外来種ではないが 5 大
陸の 800 種以上の鳥類について解析すると，都市に生息する鳥類は，繁殖回
数を多くして繁殖努力を分散させる傾向があった。これらは上述の両賭け戦
略や生活史緩衝器仮説，認識緩衝器仮説などと一致する。これらの理論にお
いては，生活史は環境の不確実性や適応のミスマッチに対して，進化的な解
決策になりうると考えられている[44]。

4　種間関係の変化と侵入成功

　気候変動や捕食圧の変化など，移入先で原産地のニッチと異なる条件にで
あうと，外来種は生き残るために急速な進化的応答を迫られるだろう[45]（図
11-4）。ニッチの条件には，気候などの非生物的条件のほかに，生物的条件
（資源利用可能性や競争者・捕食者のような相互作用する種の多さなど）が含
まれる。外来鳥類は新天地で新しい生物間相互作用を経験して，新しい進化
的応答をするかもしれない。鳥類は他種（植物，昆虫，ほかの鳥など）との共
進化関係が知られているが，外来鳥類は，新天地で新たな共進化関係を形成
するか，またはそのような関係なしで生き残らねばならない[2]。以下では，
種間相互作用による外来鳥類の進化の例を紹介する。

4.1　競　　争

　搾取型の競争は群集構造を決める主な要素だが，外来種はめったに在来種
を絶滅に至らせる競争者とはならない。しかし，ハワイへ移入されたメジロ
Zosterops japonicus は，スズメ目の在来鳥類と強い競争関係を示した[8]。
1929 年に移入されたメジロは老齢林に侵入して在来の 8 種と共存し，採食
ニッチが重なった。ハワイ島で行われた調査では，メジロと嘴サイズが最も
近い 2 種，コバシハワイミツスイ（akepa；*Loxops coccineus*）とハワイヒタキ

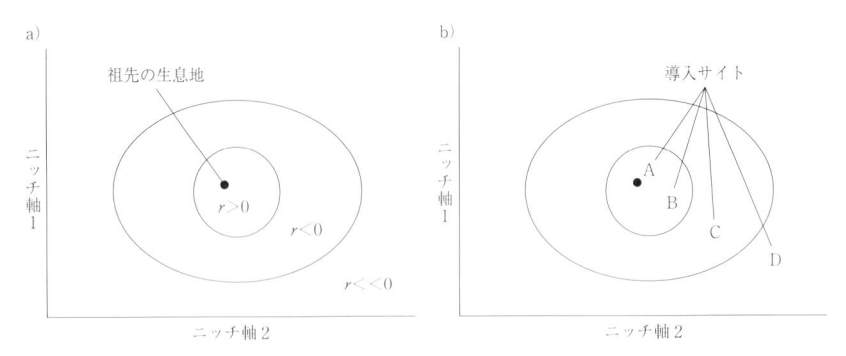

図11-4 a)生態的ニッチの反応表面のモデル。内側の円は基本ニッチの境界を示し，個体群の増加率は正の値を取る。その外側の楕円は，基本ニッチとは異なるが条件が近いニッチを示す。増加率は負の値を取る。最適な環境（点で示した）では高い増加率を示すが，基本ニッチの外側では，個体群はゆっくりと減少する（円の近く）か（ニッチから離れると）急速に減少する。b)移入先が違うと，ある種のニッチ要求との一致の程度も異なりそうである。A は原産地のニッチとかなり似ており増加率が高い。B は原産地のニッチの条件に近いが，A よりゆっくり増加する。D は基本ニッチからかなり離れており，個体群は定着に失敗しそうである。C は基本ニッチの外だが，ゆっくりした個体群の減少のため，最も進化的応答が起きそうである。

資料）Holt et al. [45]を改変。

(elepaio；*Chasiempis sandwichensis ridgwayi*)のくちばしと跗蹠の減少割合が大きかった(図11-5)。絶滅危惧種のコバシハワイミツスイは，メジロが急増した 2000 年以降に激減した。2000 年以後に計測した 7 種すべての在来鳥類の幼鳥は，それ以前と比べて体重が減り，くちばし，および跗蹠が短くなった。メジロのくちばしも少し短くなったが，在来種の減少度合いよりは小さかった。メジロが少ない場所では在来鳥にサイズの変化は見られなかった。再捕獲率から推定すると，幼鳥では検討された 7 種のうち 4 種で，軽い体重が生存率を下げ，2 歳鳥および成鳥では 7 種のうち 6 種で，短いくちばしが生存率を下げた。軽い体重は一般に幼鳥の栄養状態が悪いことを示していると考えられる。小さな鳥が死亡しやすいことは，将来世代のサイズを以前の平均サイズに戻す安定化選択が働いていることを意味する[8]。

　ソウシチョウ *Leiothrix lutea*(図11-6)は，日本の広葉樹林帯に侵入しており，同じササ藪に営巣するウグイスへの影響が危惧されている(図11-7)。霧

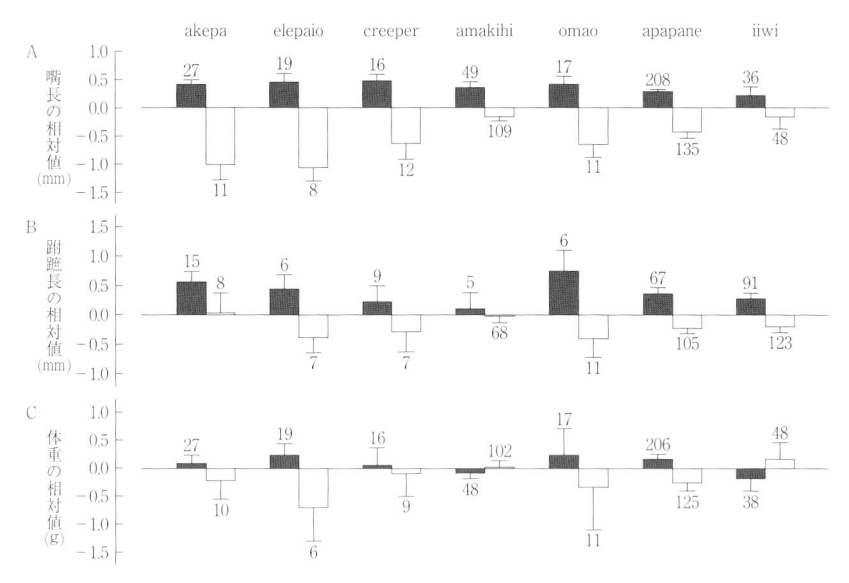

図 11-5　外来種のメジロが増加する前後の 1987〜1999 年(黒)と 2000〜2005 年(白)で
の，ハワイ島の在来鳥類の幼鳥の体サイズの比較。(A)嘴峰長，(B)跗蹠長，(C)体
重の平均値からの相対変化。数字はサンプル数。エラーバーは平均の 1 標準誤差を
示す。種は嘴の長さの順に並べてあり，メジロの嘴は akepa と elepaio の中間にあ
る。メジロの多い標高 1900 m での調査。akepa コバシハワイミツスイ，elepaio ハ
ワイヒタキ，creeper ハワイキバシリ(*Loxops mana*)，amakihi ハワイミツスイ
(*Chlorodrepanis virens virens*)，omao ハワイツグミ(*Myadestes obscurus*)，apapane
アカハワイミツスイ(*Himatione sanguinea*)，iiwi ベニハワイミツスイ(*Drepanis
coccinea*)。

資料)　Freed & Cann [8]を改変。

島の広葉樹林帯の調査では，繁殖期にソウシチョウの巣を除去すると，巣を
除去しなかった対照区と比べて，ウグイスの巣の生存確率が増加した。ここ
では，ソウシチョウの豊富な巣の存在が，探索型の捕食者(カケスなど)を惹
きつける「機能の反応」を起こすことで，同じササ藪にあるウグイスの巣の
捕食率に影響を与えるという，みかけの競争が起きている可能性がある[46]。

4.2　托卵への適応

　托卵は他種の巣に卵を生むことだが，托卵される側の寄主は，ヒナへの抱

図11-6　日本の森林に定着したソウシチョウ。ウグイスへの影響が危惧されている。

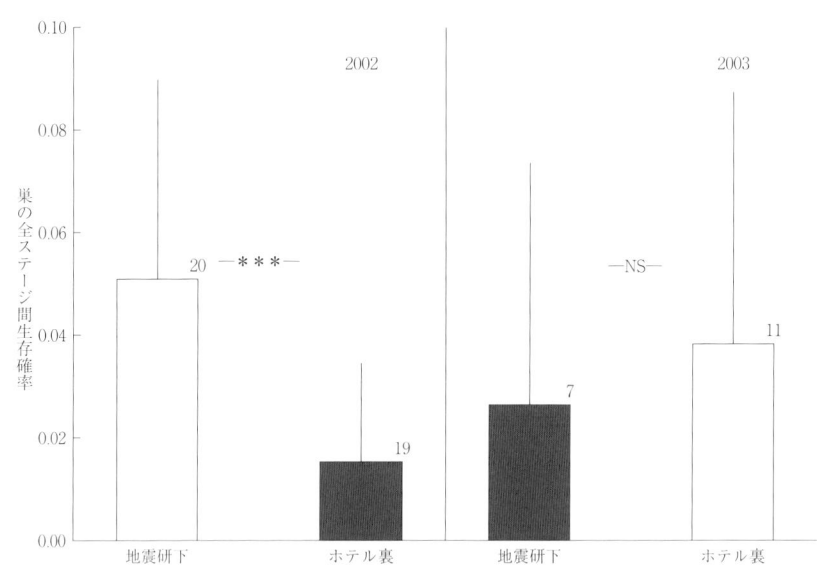

図11-7　ソウシチョウの巣の除去(白)と対照区(黒)における，ウグイスの巣の生存確率。棒グラフの上の線は標準偏差，数値は有効巣数を示す。NS：P＞0.05，＊＊＊：P＜0.001。

資料）江口・天野[46]から転載。

卵や抱雛，給餌への負荷が増えるため，適応度の劇的な減少を被る。初めて寄生者にであったときには，寄主集団が絶滅の危機にさらされるほどである[47, 48]。托卵鳥が新天地に移入されると，寄生相手の鳥類相はしばしば完全に新しくなる。生き残るためには，まわりにいる鳥の巣への寄生を始めなければならない。新しい寄主が見つかると，寄主は非常に強い選択圧にさらされるので，巣にある托卵された卵の識別能力やその排除，巣の放棄の能力を進化させることが期待される。一方，托卵鳥にも卵の模様や大きさなどをより寄主の卵に似せるような選択圧が働くため，托卵者と寄主の間の共進化が期待される。

　Lahti [49]は，アフリカの原産地と 2 つの外来集団(モーリシャスとカリブ海イスパニョーラ島)で，ズグロウロコハタオリ *Ploceus cucullatus* の卵の色と斑紋パターンを比較した。原産地では，この鳥はブロンズミドリカッコウ *Chrysococcyx caprius* に托卵される。托卵下で寄主に有利な戦略は，卵の見た目の個体間変異を最大にすることと，一腹の卵の見た目を揃えることである。自分の卵の見た目を揃えると，托卵されたときに托卵鳥の卵を認識・排除しやすくなる[50]。実際に原産地では，同じ個体は色と斑紋を一致させた卵を生み，さらに同じ集団の個体間では，卵の色や斑紋がかなり異なっていた。このような卵の見た目を維持するコストが比較的高いなら，カッコウの寄生がない移入先では，卵の見た目の変異が変化して，托卵された卵の認識と排除の能力を喪失するかもしれない。実際にズグロウロコハタオリの卵を原産地と比較すると，新天地では斑紋が少なくなり個体間変異が減少し，一腹の卵の模様の変異は大きくなった(口絵-2)。斑紋の減少は，卵の見た目の個体間変異を維持する進化圧から解放された結果かもしれない。

　自分の一腹の卵の色や模様の違いが大きくなると，托卵された卵を識別する能力が減少するかもしれない。Lahti [51]は，さらに原産地(ガンビアと南アフリカ共和国)と移入先(モーリシャスとイスパニョーラ島)のズグロウロコハタオリの巣で，同種の別個体の卵と入れ替える実験(実験的托卵)を行った。ブロンズミドリカッコウの卵は，研究者でも見分けがつかないほどよく似ているので，この実験ではカッコウによる托卵のかわりとして同種の別個

体の卵を使って托卵実験をしている。原産地と比較して，どちらの外来集団でもズグロウロコハタオリはよその卵の認識と排除能力が減少していた。しかし，移入先で卵の見た目に変化があったことを考慮すると，識別能力の喪失の程度は少なかったかもしれない。

4.3　相 利 共 生

　外来種の定着過程では，歴史的に「在来生物群集による抵抗仮説 Biotic resistance hypothesis」など[52]が注目されてきたが，在来種との相利共生や偶発的に形成される生物間の相互作用(facultative interaction)の役割も否定できない[53, 54]。一般に，このような相互作用は，定着成功への障壁ではなく，定着を容易にすると考えられる[2]。

　外来鳥類が在来・外来植物の送粉や種子散布をする例を紹介する。鳥類は植物の種子の分散や受粉に大きな役割を担ってきたが，頻繁に移入されてきたスズメ目やハト目などの外来鳥類がその役目を最も担いそうである。外来鳥類が定着に成功した後には，在来植物と何らかの相利共生関係を形成するだろう。新しい種間関係における新しい選択圧に応答するために，外来鳥類が進化する可能性がある[2]。ハワイ諸島に侵入した外来のメジロは外来のヤマモモ類(*Myrica faya*)の主要な訪問者で，実を食べ，種子を散布する[55]。マウイ島の外来メジロは，意外にも在来の赤い果実をつけるスノキ類(ohe-lo：*Vaccinium calycinum*)をよく訪れるが，蜜と果実を提供する主な在来種のハワイフトモモ(ohia；*Metrosideros polymorpha*)や外来のエニシダ類(al-falfa：*Cytisus proliferus*)はほとんど利用しなかった[56]。むしろ，アカハワイミツスイ *Himatione sanguinea* などの主な在来鳥類のほうが，外来のエニシダ類を利用していた。このメジロが好む樹木は原産地にはないため，ハワイ侵入後に新しい相互作用が形成されてきたといえる。

　一般に鳥類は幅広い採食生態を持つが，採食のジェネラリストであることは外来種の定着を促進する生活史形質の一つであるため[57 ほか]，在来・外来植物との相互作用は比較的弱く，鳥や植物の進化的応答は見られないかもしれない。しかし，外来鳥類ではないがガラパゴスフィンチ類のように種子

サイズの時間的変動に応答して，短期間に種子食者の鳥類のくちばしの形態が変化した例もあり[58, 59]，植物との強い相利共生を確立しなくても，その植物を効率的に処理するのにより適したくちばしを持った個体の頻度が増すなどして，鳥類の進化が起きる可能性が考えられる。

　もともと鳥媒の植物は，外来鳥類との相互作用が強いかもしれない。島嶼の固有種で鳥と植物が共進化して相互に依存関係が強い場合，在来鳥類が絶滅すると，固有植物の送粉者の不在がしばしば問題となるが，外来鳥類がその不在を埋めている例が知られている。たとえばハワイのタコノキ科のツルアダン類（*Freycinetia arborea*）は，送粉をメジロにほとんど頼っている[60]。モーリシャスの希少な固有種のキキョウ類（*Nesocodon mauritianus*）は不思議な赤い蜜腺を持つが，どの在来鳥類よりも外来鳥のコウラウン*Pycnonotus jocosus* に頻繁に訪花される[61]。このように在来植物と外来鳥類の間で新しい共進化が起こっているとき，植物は提供する資源（蜜や果実）を，鳥類はその資源を利用するための形態や行動を進化させて，自身の適応度を増加させるかどうかは興味深い問題である[2]。

5　個体の多様性の基盤

　外来種が新天地に侵入するときに，ボトルネックや創始者効果により遺伝的多様性が低下することはしばしば報告されており[62]，新しい環境適応への遺伝的障壁になりそうであるが，多くの外来種が侵入に成功している。この遺伝的パラドックスに対して，遺伝的変異（ジェネティック変異）に加えて，DNA の配列変化によらない遺伝子発現を制御・伝達するシステムである，エピジェネティック変異も表現型の変化に寄与し，新天地での外来種の定着成功に影響を与える可能性がある。エピジェネティック変異は，環境要因によって動的に変化し，細胞分裂を通して娘細胞に受け継がれる。主なメカニズムとして，DNA のメチル化とヒストンの修飾がある。DNA のメチル化では，DNA の遺伝子のプロモーター領域などにメチル基(−CH3)が付加（メチル化）されると，一般にその遺伝子の転写が不活性化される。ヒストンと

いうたんぱく質にはDNAが巻き付き，それが複数集まってクロマチン構造を作っている。アセチル化やメチル化，リン酸化などによるヒストンの修飾により，クロマチン構造が変化して転写の促進や抑制が起こり，遺伝子の活性が変化する。

　移入されたイエスズメは，集団間や集団内での広範な表現型の変化を示している。侵入後150年のフロリダと50年未満のケニアのナイロビの個体群を比較すると，侵入の歴史が浅いナイロビで，DNAのメチル化がより多く見つかった。ナイロビの個体群は遺伝的多様性が低いが，メチル化多様性はフロリダの個体群と類似していた[63]。さらに，ナイロビでは，ゲノム全体でメチル化が高頻度で起こっていることがわかった。分布拡大期において，エピジェネティック多様性は遺伝的多様性と負の相関があり，近親交配と正の相関があった。DNAのメチル化は，新しい環境に対応した表現型の変化・可塑性を遺伝的な変化よりも短期間に増加させる可能性があり，遺伝的多様性の減少を補って，侵入時に個体の多様性を生み出す源として注目される[64]。

6　ま　と　め

　この章では，外来鳥類が新天地への移入に伴う環境変化に応じて，急速に生活史や行動，形態，種間関係を変化させる例を見てきた。外来種が原産地とは条件の異なる複数の地域で定着しているとき，そこでは競争や捕食，寄生，相利共生のような進化生態学の基本的な問題に対する「自然の実験」が行われているのに等しい。しかし，このような研究はまだ少なく，この分野のさらなる発展が期待される。

引 用 文 献

第 1 章

[1] Roff D (1992) *The evolution of life histories: theory and analysis*. Chapman & Hall, New York.

[2] Stearns SC (1992) *The evolution of life histories*. Oxford University Press, Oxford.

[3] Flatt T & Heyland A (2011) *Mechanisms of life history evolution: the genetics and physiology of life history traits and trade-offs*. Oxford University Press, Oxford.

[4] Lack D (1968) *Ecological adaptations for breeding in birds*. Methuen, London.

[5] Ricklefs RE (2000a) Density dependence, evolutionary optimization, and the diversification of avian life-history histories. Condor 102: 9–22.

[6] Lande R (1982) A quantitative genetic theory of life history evolution. Ecology 63: 607–615.

[7] Merilä J & Sheldon BC (2001) Avian quantitative genetics. Current Ornithology 16: 179–255.

[8] Brommer JE, Merilä J, Sheldon BC & Gustafsson L (2005) Natural selection and genetic variation for reproductive reaction norms in a wild bird population. Evolution 59: 1362–1371.

[9] Charmantier A, Perrins C, McCleery RH & Sheldon BC (2005) Quantitative genetics of age at reproduction in wild swans: support for antagonistic pleiotropy models of senescence. Proceedings of the National Academy of Sciences 17: 6587–6592.

[10] Lessells CM (1991) The evolution of life histories. In: *Behavioral ecology: an evolutionary approach 3rd* (Krebs JR, Davies NB eds), pp. 32–68, Blackwell Scientific Publications, Oxford.

[11] Hirshfield MF & Tinkle DW (1975) Natural selection and the evolution of reproductive effort. Proceedings of the National Academy of Sciences 72: 2227–2231.

[12] Michod RE (1979) Evolution of life histories in response to age-specific mortality factors. American Naturalist 113: 531–550.

[13] Stutchbury BJM & Morton ES (2001) *Behavioral ecology of tropical birds*. Academic Press, San Diego.

[14] Jetz W, Sekercioglu CH & Böhning-Gaese K (2008) The worldwide variation in avian clutch size across species and space. PLoS Biology 6: 2650–2657.

[15] Badyaev AV (1997) Avian life-history variation along altitudinal gradients: an example with cardueline finches. Oecologia 111: 365–374.

[16] Bears H, Martin K & White C (2009) Breeding in high elevation habitat results in shift

to slower life-history strategy within a single species. Journal of Animal Ecology 78: 365-375.

[17] MacArthur RH & Wilson EO (1967) *The theory of island biogeography*. Princeton University Press, Princeton.

[18] Grant PR (1998) *Evolution on islands*. Oxford University Press, Oxford.

[19] Clegg SM & Owens PF (2002) The 'island rule' in birds: medium body size and its ecological explanation. Proceedings of the Royal Society B 269: 1359-1365.

[20] Whittaker RJ & Fernández-Palacios JM (2007) *Island biogeography: ecology, evolution and conservation 2nd*. Oxford University Press, Oxford.

[21] Murray GA (1976) Geographic variation in the clutch sizes of seven owl species. Auk 93: 602-613.

[22] Greenberg R & Droege S (1990) Adaptations to tidal marshes in breeding populations of the swamp sparrow. Condor 92: 393-404.

[23] Olsen BL, Felch JM, Greenberg R & Walters JR (2008) Causes of reduced clutch size in a tidal marsh endemic. Oecologia 158: 421-435.

[24] Ricklefs RE (2000b) Lack, Skutch, and Moreau: the early development of life-history thinking. Condor 102: 3-8.

[25] 永田尚志(2002)鳥類の生活史戦略。山岸哲・樋口広芳(編)「これからの鳥類学」。pp. 40-66, 裳華房, 東京。

[26] Ricklefs RE & Wikelski M (2002) The physiology/life-history nexus. Trends in Ecology and Evolution 17: 462-468.

[27] Martin TE (2004) Avian life-history evolution has an eminent past: does it have a bright future? Auk 121: 289-301.

[28] Martin TE (1987) Food as a limit on breeding birds: a life-history perspective. Annual Review of Ecology, Evolution and Systematics 18: 453-487.

[29] Martin TE (1995) Avian life-history evolution in relation to nest site, nest predation, and food. Ecological Monographs 65: 101-127.

[30] Lack D (1947) The significance of clutch-size. Ibis 89: 302-352.

[31] Murphy GI (1968) Patterns in life history and environment. American Naturalist 102: 390-404.

[32] Bryant DM (1975) Breeding biology of House Martins *Delichon urbica* in relation to aerial insect abundance. Ibis 117: 180-216.

[33] Sealy SG (1978) Extralimital nesting of Bay-Breasted Warblers: response to forest tent caterpillars? Auk 96: 600-603.

[34] Nakamura M (1995) Effects of supplemental feeding and female age on timing of breeding in the Alpine Accentor *Prunella collaris*. Ibis 137: 56-63.

[35] Kelly JF & Van Horne B (1997) Effects of food supplementation on the timing of nest initiation in belted kingfishers. Ecology 78: 2504-2511.

[36] Nagy LR & Holmes RT (2005) Food limits annual fecundity of a migratory songbird: an experimental study. Ecology 86: 675-681.

[37] Murphy MT (1989) Life history variability in North American breeding tyrant flycatchers: phylogeny, size or ecology? Oikos 54: 3-14.

[38] Blondel J, Dias PC, Maistre M & Perret P (1993) Habitat heterogeneity and life-history variation of mediterranean Blue Tits (*Parus caeruleus*). Auk 110: 511-520.

[39] Ashmole NP (1963) The regulation of numbers of tropical oceanic birds. Ibis 03: 458-473.

[40] Ricklefs RE (1980) Geographical variation in clutch-size among passerine birds: Ashmole's hypothesis. Auk 97: 38-49.

[41] Koenig WD (1984) Geographic variation in clutch size in the Northern Flicker (*Colaptes auratus*): support for Ashmole's hypothesis. Auk 101: 698-706.

[42] Bell CP (1996) Seasonality and time allocation as causes of leap-frog migration in the Yellow Wagtail *Motacilla flava*. Journal of Avian Biology 27: 334-342.

[43] Griebeler EM, Caprano T & Böhning-Gaese K (2010) Evolution of avian clutch size along latitudinal gradients: do seasonality, nest predation or breeding season length matter? Journal of Evolutionary Biology 23: 888-901.

[44] Skutch AE (1949) Do tropical birds rear as many young as they can nourish? Ibis 91: 430-455.

[45] Martin TE, Martin PR, Olson CR, Heidinger BJ & Fontaine JJ (2000a) Parental care and clutch sizes in North and South American birds. Science 287: 1482-1485.

[46] Norris K & Evans M (2000) Ecological immunology: life history trade-offs and immune defense in birds. Behavioral Ecology 11: 19-26.

[47] Hoi-Leitner M, Romero-Pujante M, Hoi H & Pavlova A (2001) Food availability and immune capacity in serin (*Serinus serinus*) nestlings. Behavioral Ecology and Sociobiology 49: 333-339.

[48] Sitch S, Smith B, Prentice IC, Arneth A, Bondeau A, Cramer W, Kaplan JO, Levis S, Lucht W, Sykes MT, Thonicke K & Venevsky S. (2003) Evaluation of ecosystem dynamics, plant geography and terrestrial carbon cycling in the LPJ dynamic global vegetation model. Global Change Biology 9: 161-185.

[49] Goodwin TW (1986) Metabolism, nutrition, and function of carotenoids. Annual Review of Nuturition 6: 273-297.

[50] Brush AH (1990) Metabolism of carotenoid pigments in birds. FASEB Journal 4: 2969-2977.

[51] Surai PF, Speakea BK, Woodb NAR, Blountc JD, Bortolottid GR & Sparksa NHC (2001) Carotenoid discrimination by the avian embryo: a lesson from wild birds. Comparative Biochemistry and Physiology B 128: 743-750.

[52] Catoni C, Peters A & Schaefer HM (2008) Life history trade-offs are influenced by the

diversity, availability and interactions of dietary antioxidants. Animal Behaviour 76: 1107-1119.

[53] Slater TF (1984) Free-radical mechanisms in tissue injury. Biochemical Journal 222: 1-15.

[54] Finkel T & Holbrook NJ (2000) Oxidants, oxidative stress and the biology of ageing. Nature 408: 239-247.

[55] Dowling DK & Simmons LW (2009) Reactive oxygen species as universal constraints in life-history evolution. Proceedings of the Royal Society B 276: 1737-1745.

[56] Metcalfe NB & Alonso-Alvarez C (2010) Oxidative stress as a life-history constraint: the role of reactive oxygen species in shaping phenotypes from conception to death. Functional Ecology 24: 984-996.

[57] Perrins CM (1996) Eggs, egg formation and the timing of breeding. Ibis 138: 2-15.

[58] Graveland J & Drent RH (1997) Calcium availability limits breeding success of passerines on poor soils. Journal of Animal Ecology 66: 279-288.

[59] Graveland J, van der Wal R, van Balen JH & van Noordwijk AJ (1994) Poor reproduction in forest passerines from decline of snail abundance on acidified soils. Nature 368: 446-448.

[60] Pabian SE & Brittingham MC (2011) Soil calcium availability limits forest songbird productivity and density. Auk 128: 441-447.

[61] Patten MA (2007) Geographic variation in calcium and clutch size. Journal of Avian Biology 38: 637-643.

[62] Martin TE (1993a) Evolutionary determinants of clutch size in cavity-nesting birds: nest predation or limited breeding opportunities? American Naturalist 142: 937-946.

[63] Charlesworth B (1994) *Evolution in age-structured populations*. Cambridge University Press, Cambridge.

[64] Ricklefs RE (1969) An analysis of nesting mortality in birds. Smithsonian Contributions to Zoology 9: 1-48.

[65] Martin TE (1993b) Nest predation and nest site. BioScience 43: 523-532.

[66] Martin TE (1993c) Nest predation among vegetation layers and habitats: revising the dogmas. American Naturalist 141: 897-913.

[67] Skutch AF (1985) Clutch size, nesting success, and predation on nests of Neotropical birds, reviewed. Ornithological Monographs 36: 575-594.

[68] Cody ML (1966) A general theory of clutch size. Evolution 20: 174-184.

[69] Klomp H (1970) The determination of clutch-size in birds: a review. Ardea 58: 1-124.

[70] Higuchi H (1976) Comparative study on the breeding of mainland and island subspecies of the Varied Tit, *Parus varius*. Tori 25: 11-20.

[71] Blondel J (2000) Evolution and ecology of birds on islands: trends and perspectives. Vie et Millieu 50: 205-220.

[72] Slagsvold T (1982) Clutch size variation in passerine birds: the nest predation hypothesis. Oecologia 54: 159-169.

[73] 堀江明香(2014).鳥類における生活史研究の最新動向と課題。日本鳥学会誌 63：197-233。

[74] Martin TE, Lloyd P, Bosque C, Barton DC, Biancucci AL, Cheng YR & Ton R (2011) Growth rate variation among passerine species in tropical and temperate sites: an antagonistic interaction between parental food provisioning and nest predation risk. Evolution 65: 1607-1622.

[75] Loiselle PV & Hoppes WG (1983) Nest predation in insular and mainland lowland rainforest in Panama. Condor 85: 93-95.

[76] Nilsson SG, Björkman C, Forslund P & Höglund J (1985) Egg predation in forest bird communities on islands and mainland. Oecologia 66: 511-515.

[77] George TL (1987) Greater land bird densities on island vs. mainland: relation to nest predation level. Ecology 68: 1393-1400.

[78] Perrins CM (1970) The timing of birds' breeding seasons. Ibis 112: 245-255.

[79] Visser ME, van Noordwijk AJ, Tinbergen JM & Lessells CM (1998) Warmer springs lead to mistimed reproduction in great tits (Parus major). Proceedings of the Royal Society B 265: 1867-1870.

[80] Buse A, Dury SJ & Woodburn RJW (1999) Effects of elevated temperature on multi-species interactions: the case of Pedunculate Oak, Winter Moth and Tits. Functional Ecology 13: 74-82.

[81] Takagi M (2001) Some effects of inclement weather conditions on the survival and condition of bull-headed shrike nestlings. Ecological Research 16: 55-63.

[82] Haftorn S (1978) Energetics of incubation by the Goldcrest Regulus regulus in relation to ambient air temperatures and the geographical distribution of the species. Ornis Scandinavica 9: 22-30.

[83] Haftorn S & Reinertsen RE (1985) The effect of temperature and clutch size on the energetic cost of incubation in a free-living blue tit (Parus caeruleus). Auk 102: 470-478.

[84] Ardia DR, Pérez JH, Chad EK, Voss MA & Clotfelter ED (2009) Temperature and life history: experimental heating leads female tree swallows to modulate egg temperature and incubation behavior. Journal of Animal Ecology 78: 4-13.

[85] Zerba E & Morton ML (1983) The rhythm of incubation from egg-laying to hatching in Mountain White-crowned Sparrows. Ornis Scandinavica 14: 188-197.

[86] Visser HG (1998) Development of temperature regulation. In: Avian growth and development (Starck JM & Ricklefs RE eds), pp. 117-156. Oxford University Press, Oxford.

[87] Eggers S, Griesser M, Nystrand M & Ekman J (2006) Predation risk induces changes in nest-site selection and clutch size in the Siberian jay. Proceedings of the Royal Society

B 273: 701-706.

[88] Cooper CV, Hochachka WM, Butcher G & Dhondt AA (2005) Seasonal and latitudinal trends in clutch size: thermal constraints during laying and incubation. Ecology 86: 2018-2031.

[89] Martin TE (2008) Egg size variation among tropical and temperate songbirds: an embryonic temperature hypothesis. Proceedings of the National Academy of Sciences 105: 9268-9271.

[90] Ashton KG (2002) Patterns of within-species body size variation of birds: strong evidence for Bergmann's rule. Global Ecology and Biogeography 11: 505-523.

[91] Meiri S & Dayan T (2003) On the validity of Bergmann's rule. Journal of Biogeography 30: 331-351.

[92] Reid JM, Monaghan P & Ruxton GD (2000) The consequences of clutch size for incubation conditions and hatching success in starlings. Functional Ecology 14: 560-565.

[93] Stoleson SH & Beissinger SR (1999) Egg viability as a constraint on hatching synchrony at high ambient temperatures. Journal of Animal Ecology 68: 951-962.

[94] Graves GR (1991) Bergmann's rule is invalid. Canadian Journal of Zoology 65: 1035-1038.

[95] Blackburn TM, Gaston KJ & Loder N (1999) Geographic gradients in body size: a clarification of Bergmann's rule. Diversity and Distributions 5: 165-174.

[96] de Queiroz A & Ashton KG (2004) The phylogeny of a species-level tendency: species heritability and possible deep origins of Bergmann's rule in tetrapods. Evolution 58: 1674-1684.

[97] Olson VA, Davies RG, Orme CDL, Thomas GH, Meiri S, Blackburn TM, Gaston KJ, Owens IPF & Bennett PM (2009) Global biogeography and ecology of body size in birds. Ecology Letters 12: 249-259.

[98] Bartholomew GA & Cade TJ (1963) The water economy of land birds. Auk 80: 504-539.

[99] Walsberg GE (1983) Avian ecological genetics. In: *Avian biology* (Farner, DS ed), pp. 161-219, Cold Spring Harbor Lab Press, New York.

[100] Schoener TW (1968) Sizes of feeding territories among birds. Ecology 49: 123-141.

[101] Biancucci L & Martin TE (2010) Can selection on nest size from nest predation explain the latitudinal gradient in clutch size? Journal of Animal Ecology 79: 1086-1092.

[102] Blueweiss L, Fox H, Kudzma V, Nakashima D, Peters RH & Sams S (1978) Relationships between body size and some life history parameters. Oecologia 37: 257-72.

[103] Christians JK (2002) Avian egg size: variation within species and inflexibility within individuals. Biological Reviews 77: 1-26.

[104] Sibly RM, Witt CC, Wright NA, Venditti C, Jetz W & Brown JH (2012) Energetics, lifestyle, and reproduction in birds. Proceedings of the National Academy of Sciences 109:

10937-10941.

[105] Rose AP & Lyon BE (2013) Day length, reproductive effort and the avian latitudinal clutch size gradient. Ecology 94: 1327-1337.

[106] Sheldon BC & Verhulst S (1996) Ecological immunology: costly parasite defences and trade-offs in evolutionary ecology. Trends in Ecology and Evolution 11: 317-321.

[107] Zuk M & Stoehr AM (2002) Immune defense and host life history. American Naturalist 160: S9-S22.

[108] Lochmiller RL & Deerenberg C (2000) Trade-offs in evolutionary immunology: just what is the cost of immunity? Oikos 88: 87-98.

[109] Møller AP (1991) Ectoparasite loads affect optimal clutch size in swallows. Functional Ecology 5: 351-359.

[110] Marzal A, De Lope F, Navarro C & Møller AP (2005) Malarial parasites decrease reproductive success: an experimental study in a passerine bird. Oecologia 142: 541-545.

[111] Knowles SCL, Wood MJ & Sheldon BC (2010) Context-dependent effects of parental effort on malaria infection in a wild bird population, and their role in reproductive trade-offs. Oecologia 164: 87-97.

[112] Tieleman BI, Williams JB, Ricklefs RE & Klasing KC (2005) Constitutive innate immunity is a component of the pace-of-life syndrome in tropical birds. Proceedings of the Royal Society B 272: 1715-1720.

[113] Martin TE, Møller AP, Merino S & Clobert J (2001) Does clutch size evolve in response to parasites and immunocompetence? Proceedings of the National Academy of Sciences 98: 2071-2076.

[114] Martin II LB, Hasselquist D & Wikelski M (2006) Investment in immune defense is linked to pace of life in house sparrows. Oecologia 147: 565-575.

[115] Calvete C (2003) Correlates of helminth community in the red-legged partridge (*Alectoris rufa* L.) in Spain. Journal of Parasitology 89: 445-451.

[116] Merino S, Moreno J, Vásquez RA, Martínez J, Sánchez MI, Estades CF, Ippi S, Sabat P, Rozzi R & Mcgehee S (2008) Haematozoa in forest birds from southern Chile: latitudinal gradients in prevalence and parasite lineage richness. Austral Ecology 33: 329-340.

[117] Owen-Ashley NT, Hasselquist D, Råberg L & Wingfield JC (2008) Latitudinal variation of immune defense and sickness behavior in the White-Crowned Sparrow (*Zonotrichia leucophrys*). Brain, Behavior and Immunity 22: 614-625.

[118] Cook MI, Beissinger SR, Toranzos GA, Rodriguez RA & Arendt WJ (2003) Trans-shell infection by pathogenic micro-organisms reduces the shelf life of non-incubated bird's eggs: a constraint on the onset of incubation? Proceedings of the Royal Society B 270: 2233-2240.

[119] Cook MI, Beissinger SR, Toranzos GA, Rodriguez RA & Arendt WJ (2005) Microbial

infection affects egg viability and incubation behavior in a tropical passerine. Behavioral Ecology 16: 30–36.

[120] Payne RB (1974) The evolution of clutch size and reproductive success in parasitic cuckoos. Evolution 28: 169–181.

[121] Krüger O & Davies NB (2002) The evolution of cuckoo parasitism: a comparative analysis. Proceedings of the Royal Society B 269: 375–381.

[122] Krüger O (2007) Cuckoos, cowbirds and hosts: adaptations, trade-offs and constraints. Philosophical Transactions of the Royal Society B 362: 1873–1886.

[123] Hauber ME (2003) Hatching asynchrony, nestling competition, and the cost of interspecific brood parasitism. Behavioral Ecology 14: 227–235.

[124] Soler JJ, Martinez JG, Soler M & Møller AP (2001) Life history of magpie populations sympatric or allopatric with the brood parasitic great spotted cuckoo. Ecology 82: 1621–1631.

[125] Lloyd JD & Martin TE (2003) Sibling competition and the evolution of prenatal development rates. Proceedings of the Royal Society B 270: 735–740.

[126] Dhondt AA, Kempenaers B & Adriaensen F (1992) Density-dependent clutch size caused by habitat heterogeneity. Journal of Animal Ecology 61: 643-648.

[127] Both C, Tinbergen JM & Visser ME (2000) Adaptive density dependence of avian clutch size. Ecology 81: 3391–3403.

[128] Ahola MP, Laaksonen T, Eeva T & Lehikoinen E (2009) Great tits lay increasingly smaller clutches than selected for: a study of climate- and density-related changes in reproductive traits. Journal of Animal Ecology 78: 1298–1306.

[129] Ahola MP, Laaksonen T, Eeva T & Lehikoinen E (2012) Selection on laying date is connected to breeding density in the pied flycatcher. Oecologia 168: 703–710.

[130] Baillie SR & Peach WJ (1992) Population limitation in Palaearctic-African migrant passerines. Ibis 134: 120–132.

[131] Norman D & Peach WJ (2013) Density-dependent survival and recruitment in a long-distance Palaearctic migrant, the Sand Martin *Riparia riparia*. Ibis 155: 284–296.

[132] Nilsson JA (1989) Causes and consequences of natal dispersal in the marsh tit, *Parus palustris*. Journal of Animal Ecology 58: 619–636.

[133] Tinbergen JM (2005) Biased estimates of fitness consequences of brood size manipulation through correlated effects on natal dispersal. Journal of Animal Ecology 74: 1112–1120.

[134] Both C (2000) Density dependence of avian clutch size in resident and migrant species: is there a constraint of the predictability of competitor density? Journal of Avian Biology 31: 412–417.

[135] Samaš P, Grim T, Hauber ME, Cassey P, Weidinger K & Evans KL (2013) Ecological predictors of reduced avian reproductive investment in the southern hemisphere.

Ecography 36: 809-818.

[136] Atatalo RV & Lundberg A (1984) Density dependence in breeding success of the pied flycatcher (*Ficedula hypoleuca*). Journal of Animal Ecology 53: 969-977.

[137] Török J & Tóth L (1988) Density dependence in reproduction of the Collared Flycatcher (*Ficedula albicollis*) at high population levels. Journal of Animal Ecology 57: 251-258.

[138] Nicolaus M, Michler SPM, Ubels R, van der Velde M, Bouwman KM, Both C & Tinbergen KM (2012) Local sex ratio affects the cost of reproduction. Journal of Animal Ecology 81: 564-572.

[139] Martin TE (1996) Fitness costs of resource overlap among coexisting bird species. Nature 380: 338-340.

[140] Hochachka WM & Dhondt AA (2000) Density-dependent decline of host abundance resulting from a new infectious disease. Proceedings of the National Academy of Sciences 97: 5303-5306.

[141] Caro T (2005) *Antipredator defenses in birds and mammals*. Chicago University Press, Chicago.

[142] Larivière S & Messier F (2001) Space-use patterns by female striped skunks exposed to aggregations of simulated duck nests. Canadian Journal of Zoology 79: 1604-1608.

[143] Phillips ML, Clark WR, Sovada MA, Horn DJ, Koford RR & Greenwood RJ (2003) Predator selection of prairie landscape features and its relation to duck nest success. Journal of Wildlife Management 67: 104-114.

[144] Schmidt KA & Whelan CJ (1999) Nest predation on woodland songbirds: when is nest predation density dependent? Oikos 87: 65-74.

[145] Clark RG & Wobeser BK (1997) Making sense of scents: effects of odour on survival of simulated duck nests. Journal of Avian Biology 28: 31-37.

[146] Ringelman KM, Eadie JM & Ackerman JT (2012) Density-dependent nest predation in waterfowl: the relative importance of nest density versus nest dispersion. Oecologia 169: 695-702.

[147] Arneberg P (2002) Host population density and body mass as determinants of species richness in parasite communities: comparative analyses of directly transmitted nematodes of mammals. Ecography 25: 88-94.

[148] Bruno JF, Stachowicz JJ & Bertness MD (2003) Inclusion of facilitation into ecological theory. Trends in Ecology and Evolution 18: 119-125.

[149] Sillett TS, Rodenhouse NL & Holmes RT (2004) Experimentally reducing neighbor density affects reproduction and behavior of a migratory songbird. Ecology 85: 2467-2477.

[150] Westneat DF & Sherman PW (1997) Density and extra-pair fertilizations in birds: a comparative analysis. Behavioral Ecology and Sociobiology 41: 205-215.

[151] Owens IPF (2002) Male-only care and classical polyandry in birds: phylogeny, ecology and sex differences in remating opportunities. Philosophical Transactions of the Royal Society B 357: 283-293.

[152] Stamps JA & Buechner M (1985) The territorial defense hypothesis and the ecology of insular vertebrates. Quarterly Review of Biology 60: 155-181.

[153] Vander Werf E (1992) Lack's clutch size hypothesis: an examination of the evidence using meta-analysis. Ecology 73: 1699-1705.

[154] Styrsky JN, Brawn JD & Robinson SK (2005) Juvenile mortality increases with clutch size in a neotropical bird. Ecology 86: 3238-3244.

[155] Ricklefs RE (2010) Life-history connections to rates of aging in terrestrial vertebrates. Proceedings of the National Academy of Sciences 107: 10314-10319.

[156] Dmitriew CM (2011) The evolution of growth trajectories: what limits growth rate? Biological Reviews 86: 97-116.

[157] Dunham AE, Grant BW & Overall KL (1989) Interfaces between biophysical and physiological ecology and the population ecology of terrestrial vertebrate ectotherms. Physiological Zoology 62: 335-355.

[158] Zera AJ, Potts J & Kobus K (1998) The physiology of life history trade-offs: experimental analysis of a hormonally-induced life history trade-off in *Gryllus assimilis*. American Naturalist 152: 7-23.

[159] Zera AJ & Harshman LG (2001). The physiology of life history trade-offs in animals. Annual Review of Ecology, Evolution and Systematics 32: 95-126.

[160] Angilletta Jr. MJ, Wilson RS, Navas CA & James RS (2003) Tradeoffs and the evolution of thermal reaction norms. Trends in Ecology and Evolution 18: 234-240.

第 2 章

[1] Martin TE (1987) Food as a limit on breeding birds: a life-history perspective. Annual Review of Ecology and Systematics 18: 453-487.

[2] Jetz W, Sekercioglu CH & Böhning-Gaese K (2008) The worldwide variation in avian clutch size across species and space. PLoS Biology 6: e303.

[3] Moreau RE (1944) Clutch-size: a comparative study, with special reference to African birds. Ibis 86: 286-347.

[4] Lack D (1948) The significance of clutch size. Part III. Some interspecific comparisons. Ibis 90: 25-45.

[5] Skutch AF (1949) Do tropical birds rear as many young as they can nourish? Ibis 91: 430-455.

[6] Stearns SC (1992) *The evolution of life history*. Oxford University Press, Oxford.

[7] Martin TE (1995) Avian life-history evolution in relation to nest sites, nest predation, and food. Ecological Monographs 65: 101-127.

[8]　綿貫豊(2010)*海鳥の行動と生態：その海洋生活への適応*。生物研究社，東京。

[9]　Sæther B-E (1990) Age-specific variation in reproductive performance of birds. In: *Current Ornithology, Vol 7* (Power DM ed), pp. 251-283, Plenum Press, New York.

[10]　Perrins CM (1965) Population fluctuations and clutch-size in the Great Tit, *Parus major* L. Journal of Animal Ecology 34: 601-647.

[11]　Harvey PH, Stenning MJ & Campbell B (1985) Individual variation in seasonal breeding success of pied flycatchers *Ficedula hypoleuca*. Journal of Animal Ecology 54: 391-398.

[12]　Martin TE, Martin PR, Olson CR, Heidinger BJ & Fontaine JJ (2000) Parental care and clutch sizes in North and South American birds. Science 287: 1482-1485.

[13]　Hamann J & Cooke F (1989) Intra-seasonal decline of clutch size in Lesser Snow Geese. Oecologia 79: 83-90.

[14]　Aparicio JM (1994) The seasonal decline in clutch size: an experiment with supplementary food in the kestrel, *Falco tinnunculus*. Oikos 71: 451-458.

[15]　Winkler DW & Allen PE (1996) The seasonal decline in tree swallow clutch size: physiological constraint or strategic adjustment? Ecology 77: 922-932.

[16]　Boyce MS & Perrins CM (1987) Optimizing great tit clutch size in a fluctuating environment. Ecology 68: 142-153.

[17]　Gillespie JH (1977) Natural selection for variances in offspring numbers: a new evolutionary principle. American Naturalist 111: 1010-1014.

[18]　Lack D (1954) *The natural regulation of animal numbers*. Clarendon Press, Oxford.

[19]　Lesselles CM (1991) The evolution of life histories. In: *Behavioural ecology; an evolutionary approach 3rd* (Krebs JR & Davies NB eds), pp. 32-68, Blackwell Scientific Press, Oxford.

[20]　Fisher RA (1930) *The genetical theory of natural selection*. Dover, New York.

[21]　Roff DA (1992) *The evolution of life-histories*. Chapman and Hall, New York.

[22]　Williams GC (1966) *Adaptation and Natural Selection*. Princeton University Press, Princeton.

[23]　Daan S, Dijkstra C & Tinbergen JM (1990) Family planning in the kestrel (*Falco tinnunculus*): the ultimate control of covariation of laying date and clutch size. Behaviour 114: 83-116.

[24]　Nur N (1984) The consequences of brood size for breeding Blue Tits I. Adult survival, weight change and the cost of reproduction. Journal of Animal Ecology 53: 479-496.

[25]　Gustafsson L & Sutherland WJ (1988) The costs of reproduction in the collared flycatcher *Ficedula albicollis*. Nature 335: 813-815.

[26]　Pettifor R, Perrins C & McCleery R (1988) Individual optimization of clutch size in great tits. Nature 336: 160-162.

[27]　Perrins C & Moss D (1975) Reproductive rates in the great tit. Journal of Animal

Ecology 44: 695–706.

［28］Pettifor RA, Perrins CM & McCleery RH (2001) The individual optimization of fitness: variation in reproductive output, including clutch size, mean nestling mass and offspring recruitment, in manipulated broods of great tits *Parus major*. Journal of Animal Ecology 70: 62–79.

［29］Tinbergen JM & Both C (1999) Is clutch size individually optimized? Behavioral Ecology 10: 504–509.

［30］Tinbergen JM & Sanz JJ (2004) Strong evidence for selection for larger brood size in a great tit population. Behavioral Ecology 15: 525–533.

［31］Visser ME & Lessells CM (2001) The costs of egg production and incubation in great tits (*Parus major*). Proceedings of the Royal Society B 268: 1271–1277.

［32］Monaghan P & Nager RG (1997) Why don't birds lay more eggs? Trends in Ecology and Evolution 12: 270–274.

［33］Monaghan P, Nager R & Houston D (1998) The price of eggs: increased investment in egg production reduces the offspring rearing capacity of parents. Proceedings of the Royal Society B 265: 1731–1735.

［34］Martin TE (2008) Egg size variation among tropical and temperate songbirds: An embryonic temperature hypothesis. Proceedings of the National Academy of Sciences 105: 9268–9271.

［35］Martin TE & Schwabl H (2008) Variation in maternal effects and embryonic development rates among passerine species. Philosophical Transactions of the Royal Society B 363: 1663–1674.

［36］Ricklefs RE (1969) The nesting cycle of songbirds in tropical and temperate regions. Living Bird 8: 165–175.

［37］Ricklefs RE (1976) Growth rates of birds in the humid New World tropics. Ibis 118: 179–207.

［38］McGregor R, Whittingham MJ & Cresswell W (2007) Survival rates of tropical birds in Nigeria, West Africa. Ibis 149: 615–618.

［39］Wiersma P, Muñoz-Garcia A, Walker A & Williams JB (2007) Tropical birds have a slow pace of life. Proceedings of the National Academy of Sciences 104: 9340–9345.

［40］Stutchbury BJM & Morton ES (2001) *Behavioral ecology of tropical birds*. Academic Press, London.

［41］Martin LB, Pless M, Svoboda J & Wikelski M (2004) Immune activity in temperate and tropical house sparrows: a common-garden experiment. Ecology 85: 2323–2331.

［42］江口和洋(2010)オーストラリア熱帯モンスーン性鳥類の生活史の特徴。山階鳥類学雑誌 42：1-18。

［43］松井晋(2014)鳥類の一腹卵数の進化：熱帯性鳥類の免疫機能への投資や温度による制約。日本鳥学会誌 63(2)：235-248。

[44] Pianka ER (1983) *Evolution ecology, 3rd*. Harper & Row, Publisher, New York.

[45] Ricklefs RE & Wikelski M (2002) The physiology/life-history nexus. Trends in Ecology and Evolution 17: 462–468.

[46] Cooper CB, Hochachka WM, Butcher G & Dhondt AA (2005) Seasonal and latitudinal trends in clutch size: thermal constraints during laying and incubation. Ecology 86: 2018–2031.

[47] Beissinger SR, Cook MI & Arendt WJ (2005). The shelf life of bird eggs: testing egg viability using a tropical climate gradient. Ecology 86: 2164–2175.

[48] Cook MI, Beissinger SR, Toranzos GA & Arendt WJ (2005a) Incubation reduces microbial growth on eggshells and the opportunity for trans-shell infection. Ecology Letters 8: 532–537.

[49] Cook MI, Beissinger SR, Toranzos GA, Rodriguez RA & Arendt WJ (2005b) Microbial infection affects egg viability and incubation behavior in a tropical passerine. Behavioral Ecology 16: 30–36.

[50] Wang JM, Firestone MK & Beissinger SR (2011) Microbial and environmental effects on avian egg viability: do tropical mechanisms act in temperate environments? Ecology 92: 1137–1145.

[51] Patten MA (2007) Geographic variation in calcium and clutch size. Journal of Avian Biology 38: 637–643.

[52] Martin TE (2015) Age-related mortality explains life history strategies of tropical and temperate songbirds. Science 349: 966–970.

[53] Lack D (1947) The significance of clutch-size. Part I. Interspecific variations. Part II. Factors involved. Ibis 89: 302–352.

[54] Rose AP & Lyon BE (2013) Day length, reproductive effort, and the avian latitudinal clutch size gradient. Ecology 94: 1327–1337.

[55] Schemske DW, Mittelbach GG, Cornell HV, Sobel JM & Kaustuv R (2009) Is there a latitudinal gradient in the importance of biotic interaction? Annual Review of Ecology, Evolution and Systematics 40: 245–269.

[56] Fogden MPL (1972) The seasonality and population dynamics of equatorial forest birds in Sarawak. Ibis 114: 307–343.

[57] Willis EO (1972) The behaviour of Spotted Antbirds. Ornithological Monographs 10: 1–162.

[58] Snow DW & Snow BK (1973) The breeding of the Hairy Hermit *Glaucis hirsuta* in Trinidad. Ardea 61: 106–122.

[59] Oniki Y (1979) Is nesting success of birds low in the tropics? Biotropica 11: 60–69.

[60] Martin TE (1996) Life history evolution in tropical and south temperate birds: What do we really know? Journal of Avian Biology 27: 263–272.

[61] Marchant S (1960) The breeding of some S. W. Ecuadorian birds. Ibis 102: 349–382,

584-599.

[62] Morton ES (1971) Nest predation affecting the breeding season of the Clay-colored Robin, a tropical song bird. Science 171: 920-921.

[63] Skutch AF (1985) Clutch size, nesting success, and predation on nests of neotropical birds, reviewed. Ornithological Monographs 36: 575-594.

[64] Robinson WD, Styrsky JD & Brown JD (2005) Are artificial bird nests effective surrogates for estimating predation on real bird nests? A test with tropical birds. Auk 122: 843-852.

[65] Robinson WD, Robinson TR, Robinson SK & Brawn JD (2000) Nesting success of understory forest birds in central Panama. Journal of Avian Biology 31: 151-164.

[66] Keymer AE & Read AF (1991) Behavioural ecology: the impact of parasitism. In: *Parasite-host associations: coexistence or conflict?* (Toft CA, Aeschlimann A & Bolis L eds), pp. 37-61, Oxford University Press, Oxford.

[67] Sheldon BC & Verhulst S (1996) Ecological immunology: costly parasite defences and trade-offs in evolutionary ecology. Trends in Ecology and Evolution 11: 317-321.

[68] Owens IPF & Wilson K (1999) Immunocompetence: a neglected life history trait or conspicuous red herring? Trends in Ecology and Evolution 14: 170-172.

[69] Connors VA & Nickol BB (1991) Effects of *Plagiorhynchus cylindraceus* (Acanthocephala) on the energy metabolism of adult starlings, *Sturnus vulgaris*. Parasitology 103: 395-402.

[70] Martin LB, Scheuerlein A & Wikelski M (2003) Immune activity elevates energy expenditure of house sparrows: a link between direct and indirect costs? Proceedings of the Royal Society B 270: 153-158.

[71] Ilmonen P, Taarna T & Hasselquist D (2000) Experimentally activated immune defence in female pied flycatchers results in reduced breeding success. Proceedings of the Royal Society B 267: 665-670.

[72] Råberg L, Nilsson J, Ilmonen P, Stjernman M & Hasselquist D (2000) The cost of an immune response: vactination reduces parental effort. Ecology Letters 3: 382-386.

[73] Cichoń M (2000) Cost of incubation and immunocompetence in the collared flycatcher. Oecologia 125: 453-457.

[74] Fair JM, Hansen ES & Ricklefs RE (1999) Growth, developmental stability and immune response in juvenile Japanese quails (*Coturnix coturnix japonica*). Proceedings of the Royal Society B 266: 1735-1742.

[75] Deerenberg C, Apanius V, Daan S & Bos N (1997) Reproductive effort decreases antibody responsiveness. Proceedings of the Royal Society B 264: 1021-1029.

[76] Saino N, Calza S & Møller A (1997) Immunocompetence of nestling barn swallows in relation to brood size and parental effort. Journal of Animal Ecology 66: 827-836.

[77] Nordling D, Andersson M, Zohari S & Gustafsson L (1998) Reproductive effort

reduces specific immune response and parasite resistance. Proceedings of the Royal Society B 265: 1291-1298.

[78] Moreno J, Sanz JJ, Arriero E (1999) Reproductive efforts and T-lymphocyte cell-mediated immunocompetence in female pied flycatchers *Ficedula hypoleuca*. Proceedings of the Royal Society B 266: 1105-1109.

[79] Råberg L, Grahn M, Hasselquist D & Svensson E (1998) On the adaptive significance of stress-induced immunosuppression. Proceedings of the Royal Society B 265: 1637-1641.

[80] Lochmiller RL & Deerenberg C (2000) Trade-offs in evolutionary immunology: just what is the cost of immunity? Oikos 88: 87-98.

[81] Bonneaud C, Mazuc J, Gonzalez G, Haussy C, Chastel O, Faivre B & Sorci G (2003) Assessing the cost of mounting an immune response. American Naturalist 161: 367-379.

[82] Richner H, Christe P & Oppliger A (1995) Paternal investment affects prevalence of malaria. Proceedings of the National Academy of Sciences 92: 1192-1194.

[83] Oppliger A, Christe P & Richner H (1996) Clutch size and malaria resistance. Nature 381: 565.

[84] Gustafsson L, Nordling D, Andersson MS, Sheldon BC (1994) Infectious diseases, reproductive effort and the cost of reproduction in birds. Philosophical Transactions of the Royal Society B 346: 323-331.

[85] Cohen AA, Martin LB, Wingfield JC, McWilliams SR & Dunne JA (2012) Physiological regulatory networks: ecological roles and evolutionary constraints. Trends in Ecology and Evolution 27: 428-435.

[86] Booth DT, Clayton DH & Block BA (1993) Experimental demonstration of the energetic cost of parasitism in free-ranging hosts. Proceedings of the Royal Society B 253: 125-129.

[87] Moyer BR, Drown DM & Clayton DH (2002) Low humidity reduces ectoparasite pressure: implications for host life history evolution. Oikos 97: 223-228.

[88] Clayton DH, Moyer BR, Bush SE, Zones TG, Gardiner DW, Rhodes BB & Goller F (2005) Adaptive significance of avian beak morphology for ectoparasite control. Proceedings of the Royal Society B 272: 811-817.

[89] Reid JM, Monaghan P & Ruxton GD (2000) Resource allocation between reproductive phases: the importance of thermal conditions in determining the cost of incubation. Proceedings of the Royal Society B 267: 37-41.

[90] Veiga JP (1992) Hatching asynchrony in the house sparrow: a test of the egg-viability hypothesis. American Naturalist 139: 669-675.

[91] Moreno J & Hillstrom L (1992) Variation in time and energy budgets of breeding Wheatears. Behaviour 120: 11-39.

[92] Reid JM, Ruxton GD, Monaghan P & Hilton GM (2002) Energetic consequences of clutch temperature and clutch size for a uniparental intermittent incubator: the starling.

Auk 119: 54-61.

［93］Mertens JAL (1969) The influence of brood size on the energy metabolism and water loss of nestling Great Tits *Parus major major*. Ibis 111: 11-16.

［94］Royama T (1969) A model for the global variation of clutch size in birds. Oikos 20: 562-567.

［95］Stoleson SH & Beissinger SR (1999) Egg viability as a constraint on hatching synchrony at high ambient temperatures. Journal of Animal Ecology 68: 951-962.

［96］Stoleson SH & Beissinger SR (1995) Hatching asynchrony and the onset of incubation in birds, revisited: what is the critical period? In: *Current ornithology vol. 12* (Power DM ed), pp. 191-270, Plenum Press, New York.

［97］Webb DR (1987) Thermal tolerance of avian embryos: a review. Condor 89: 874-898.

［98］Veiga JP & Viñuela J (1993) Hatching asynchrony and hatching success in the house sparrow: evidence for the egg viability hypothesis. Ornis Scandinavica 24: 237-242.

［99］Ricklefs RE (1993) Sibling competition, hatching asynchrony, incubation period, and lifespan in artricial birds. In: *Current ornithology vol. 11* (Power DM ed), pp. 199-276, Plenum Press, New York.

［100］van Balen JH & Cavé AJ (1969) Survival and weight loss of nestling Great Tits, *Parus major*, in relation to brood-size and air temperature. Netherlands Journal of Zoology 20: 464-474.

［101］Martin TE (2004) Avian life-history evolution has an eminent past: does it have a bright future? Auk 121: 289-301.

［102］Stearns SC (1989) Trade-offs in life-history evolution. Functional Ecology 3: 259-268.

第 3 章

［1］Lack D (1966) *Population studies of birds*. Oxford University Press, Oxford.

［2］Perrins CM (1970) The timing of birds' breeding seasons. Ibis 112: 242-255.

［3］Feare C (1984) *The starling*. Oxford University Press, Oxford.

［4］Cooke F, Rockwell RF & Lank DB (1995) *Snow geese of La Pérouse Bay*. Oxford University Press, Oxford.

［5］Daan S, Dijkstra C & Tinbergen JM (1990) Family planning in the kestrel (*Falco tinnunculus*): the ultimate control of covariation of laying date and clutch size. Behaviour 114: 83-116.

［6］Camfield AF, Pearson SF & Martin K (2010) Life history variation between high and low elevation subspecies of horned larks *Eremophila* spp. Journal of Avian Biology 41: 273-281.

［7］Travers M, Clinchy M, Zanette L, Boonstra R & Williams TD (2010) Indirect predator effects on clutch size and the cost of egg production. Ecology Letters 13: 980-988.

［8］van Noordwijk AJ, McCleery RH & Perrins CM (1995) Selection for the timing of great tit breeding in relation to caterpillar growth and temperature. Journal of Animal Ecology 64: 451-458.

[9] Brinkhof MWG & Cavé AJ (1997) Food supply and seasonal variation in breeding success: an experiment in the European coot. Proceedings of the Royal Society B 264: 291-296.

[10] Crick HQP, Gibbons DW & Magrath RD (1993) Seasonal changes in clutch size in British birds. Journal of Animal Ecology 62: 263-273.

[11] Verboven N & Visser ME (1998) Seasonal variation in local recruitment of great tits: the importance of being early. Oikos 81: 511-524.

[12] Dawson RD & Clark RG (2000) Effects of hatching date and egg size on growth, recruitment, and adult size of lesser scaup. Condor 102: 930-935.

[13] Lepage D, Gauthier G & Menu S (2000) Reproductive consequences of egg-laying decisions in snow geese. Journal of Animal Ecology 69: 414-427.

[14] Spear L & Nur N (1994) Brood size, hatching order and hatching date: effects on four life-history stages from hatching to recruitment in western gulls. Journal of Animal Ecology 63: 283-298.

[15] Smith HG (1993) Seasonal decline in clutch size of the marsh tit (*Parus palustris*) in relation to date-specific survival of offspring. Auk 110: 889-899.

[16] Perrins CM & McCleery RH (1989) Laying dates and clutch size in the great tit. Wilson Bulletin 101: 236-253.

[17] Smith HG (2004) Selection for synchronous breeding in the European starling. Oikos 105: 301-311.

[18] Verhulst S, van Balen JH & Tinbergen JM (1995) Seasonal decline in reproductive success of the great tit: variation in time or quality? Ecology 76: 2392-2403.

[19] Verhulst S & Nilsson JÅ (2008) The timing of birds' breeding seasons: a review of experiments that manipulated timing of breeding. Philosophical Transactions of the Royal Society B 363: 399-410.

[20] Lessells CM, Dingemanse NJ & Both C (2002) Weights, egg component weights, and laying gaps in great tits in relation to ambient temperature. Auk 119: 1091-1103.

[21] Creswell W & McCleery R (2003) How great tits maintain synchronization of their hatch date with food supply in response to long-term variability in temperature. Journal of Animal Ecology 72: 356-366.

[22] Verhulst S & Tinbergen JM (1991) Experimental evidence for a causal relationship between timing and success of reproduction in the great tit *Parus m. major*. Journal of Animal Ecology 60: 269-282.

[23] Nilsson JÅ & Svensson E (1996) The cost of reproduction: a new link between current reproductive effort and future reproductive success. Proceedings of the Royal Society B 263: 711-714.

[24] Norris K (1993) Seasonal variation in the reproductive success of blue tits: an experimental study. Journal of Animal Ecology 62: 287-294.

[25] Barba E, Gil-Delgado JA & Monrós JS (1995) The costs of being late: consequences of delaying great tit *Parus major* first clutches. Journal of Animal Ecology 64: 642-651.

[26] Svensson E (1997) Natural selection on avian breeding time: causality, fecundity-dependent, and fecundity independent selection. Evolution 51: 1276-1283.

[27] Nilsson JÅ (1994) Energetic bottle-necks during breeding and the reproductive cost of being too early. Journal of Animal Ecology 63: 200-208.

[28] Thomas DW, Blondel J, Perret P, Lambrechts MM & Speakman JR (2001) Energetic and fitness costs of mismatching resource supply and demand in seasonally breeding birds. Science 291: 2598-2600.

[29] Sheldon BC, Kruuk LEB & Merila J (2003) Natural selection and inheritance of breeding time and clutch size in the collared flycatcher. Evolution 57: 406-420.

[30] Brown CR & Brown MB (1999) Fitness components associated with laying date in the cliff swallow. Condor 101: 230-245.

[31] Monrós JS, Belda EJ & Barba E (2002) Post-fledging survival of individual great tits: the effect of hatching date and fledging mass. Oikos 99: 481-488.

[32] Charmantier A, McCleery RH, Cole LR, Perrins C, Kruuk LE & Sheldon BC (2008) Adaptive phenotypic plasticity in response to climate change in a wild bird population. Science 320: 800-803.

[33] Wingfield JC, Hahn TP, Levin R & Honey P (1992) Environmental predictability and control of gonadal cycles in birds. Journal of Experimental Zoology 261: 214-231.

[34] Coppack T & Pulido F (2004) Photoperiodic response and the adaptability of avian life cycles to environmental change. Advances in Ecological Research 35: 131-150.

[35] Lambrechts MM, Blondel J, Maistre M & Perret P (1997) A single response mechanism is responsible for evolutionary adaptive variation in a bird's laying date. Proceedings of the National Academy of Science 94: 5153-5155.

[36] Sharp PJ & Moss R (1981) A comparison of the responses of captive willow ptarmigan (*Lagopus lagopus lagopus*), red grouse (*Lagopus lagopus scoticus*), and hybrids to increasing daylengths with observations on the modifying effects of nutrition and crowding in red grouse. General and Comparative Endocrinology 45: 181-188.

[37] Rubin CJ, Zody MC, Eriksson J, Meadows JR, Sherwood E, Webster MT & Hallböök F (2010) Whole-genome resequencing reveals loci under selection during chicken domestication. Nature 464: 587-591.

[38] Helm B & Visser ME (2010) Heritable circadian period length in a wild bird population. Proceedings of the Royal Society B 277: 3335-3342.

[39] Dunn P (2004) Breeding dates and reproductive performance. Advances in Ecological Research 35: 69-87.

[40]　van Balen J (1973) A comparative study of the breeding ecology of the Great Tit *Parus major* in different habitats. Ardea 61: 1-93.

[41]　Seebacher F & Franklin CE (2012) Determining environmental causes of biological effects: the need for a mechanistic physiological dimension in conservation biology. Philosophical Transactions of the Royal Society B 367: 1607-1614.

[42]　Schaper SV, Dawson A, Sharp PJ, Gienapp P, Caro SP & Visser ME (2012) Increasing temperature, not mean temperature, is a cue for avian timing of reproduction. American Naturalist 179: E55-E69.

[43]　Møller AP (2008) Climate change and micro-geographic variation in laying date. Oecologia 155: 845-857.

[44]　Bourgault P, Thomas D, Perret P & Blondel J (2010) Spring vegetation phenology is a robust predictor of breeding date across broad landscapes: a multi-site approach using the Corsican blue tit (*Cyanistes caeruleus*). Oecologia 162: 885-892.

[45]　Hinks AE, Cole EF, Daniels KJ, Wilkin TA, Nakagawa S & Sheldon BC (2015) Scale-dependent phenological synchrony between songbirds and their caterpillar food source. American Naturalist 186: 84-97.

[46]　Visser ME, Silverin B, Lambrechts MM & Tinbergen JM (2002) No evidence for tree phenology as a cue for the timing of reproduction in tits *Parus spp.* Avian Science 2: 77-86.

[47]　Wingfield JC, Hahn TP, Wada M, Astheimer LB & Schoech S (1996) Interrelationship of day length and temperature on the control of gonadal development, body mass, and fat score in white-crowned sparrows, *Zonotrichia leucophrys gambelii*. General and Comparative Endocrinology 101: 242-255.

[48]　Wingfield JC, Hahn TP, Maney DL, Schoech SJ, Wada M & Morton ML (2003) Effects of temperature on photoperiodically induced reproductive development, circulating plasma luteinizing hormone and thyroid hormones, body mass, fat deposition and molt in mountain white-crowned sparrows, *Zonotrichia leucophrys oriantha*. General and Comparative Endocrinology 131: 143-158.

[49]　Williams TD (2012) *Physiological adaptations for breeding in birds.* Princeton University Press, Princeton.

[50]　Caro SP, Schaper SV, Hut RA, Ball GF & Visser ME (2013) The case of the missing mechanism: how does temperature influence seasonal timing in endotherms? PLoS Biology 11: e1001517.

[51]　Perrins CM (1996) Eggs, egg formation and the timing of breeding. Ibis 138: 2-15.

[52]　Drent RH (2006) The timing of birds' breeding seasons: the Perrins hypothesis revisited especially for migrants. Ardea 94: 305-322.

[53]　Nager RG (2006) The challenges of making eggs. Ardea 94: 323-346.

[54]　Ruffino L, Salo P, Koivisto E, Banks PB & Korpimäki E (2014) Reproductive responses of birds to experimental food supplementation: a meta-analysis. Frontiers in Zoology 11: 1.

［55］ Nager RG, Ruegger C & van Noordwijk AJ (1997) Nutrient or energy limitation on egg formation: a feeding experiment in great tits. Journal of Animal Ecology 66: 495-507.

［56］ Meijer T & Drent R (1999) Re-examination of the capital and income dichotomy in breeding birds. Ibis 141: 399-414.

［57］ Chamberlain DE, Cannon AR, Toms MP, Leech DI, Hatchwell BJ & Gaston KJ (2009) Avian productivity in urban landscapes: a review and meta-analysis. Ibis 151: 1-18.

［58］ Harrison TJ, Smith JA, Martin GR, Chamberlain DE, Bearhop S, Robb GN & Reynolds SJ (2010) Does food supplementation really enhance productivity of breeding birds? Oecologia 164: 311-320.

［59］ Chappell MA, Bech C & Buttemer WA (1999) The relationship of central and peripheral organ masses to aerobic performance variation in house sparrows. Journal of Experimental Biology 202: 2269-2279.

［60］ Nilsson JÅ & Råberg L (2001) The resting metabolic cost of egg laying and nestling feeding in great tits. Oecologia 128: 187-192.

［61］ Vézina F & Williams TD (2002) Metabolic costs of egg production in the European starling (*Sturnus vulgaris*). Physiological and Biochemical Zoology 75: 377-385.

［62］ Vézina F & Williams TD (2005) Interaction between organ mass and citrate synthase activity as an indicator of tissue maximal oxidative capacity in breeding European starlings: implications for metabolic rate and organ mass relationships. Functional Ecology 19: 119-128.

［63］ Williams TD (2005) Mechanisms underlying the costs of egg production. BioScience 55: 39-48.

［64］ Salvante KG, Walzem RL & Williams TD (2007) What comes first, the zebra finch or the egg: temperature-dependent reproductive, physiological and behavioural plasticity in egg-laying zebra finches. Journal of Experimental Biology 210: 1325-1334.

［65］ Ward S (1996) Energy expenditure of female barn swallows *Hirundo rustica* during egg formation. Physiological Zoology 69: 930-951.

［66］ Stevenson IR & Bryant DM (2000) Avian phenology: climate change and constraints on breeding. Nature 406: 366-367.

［67］ Williams TD & Vézina F (2001) Reproductive energy expenditure, intraspecific variation and fitness in birds. In: *Current ornithology vol. 16* (Nolan V, Jr & Thompson CF eds), pp. 355-406, Kluwer Academic/Plenum, New York.

［68］ Nager RG & van Noordwijk AJ (1992) Energetic limitation in the egg-laying period of great tits. Proceedings of the Royal Society B 249: 259-263.

［69］ Yom-Tov Y & Wright J (1993) Effect of heating nest boxes on egg-laying in the blue tit (*Parus caeruleus*). Auk 110: 95-99.

［70］ Vézina F & Williams TD (2003) Plasticity in body composition in breeding birds: what drives the metabolic costs of egg production? Physiological and Biochemical Zoology 76:

716–730.

[71] Smith RJ & Moore FR (2003) Arrival fat and reproductive performance in a long-distance passerine migrant. Oecologia 134: 325–331.

[72] Ebbinge BS & Spaans B (1995) The importance of body reserves accumulated in spring staging areas in the temperate zone for breeding in dark-bellied brent geese *Branta b. bernicla* in the high Arctic. Journal of Avian Biology 26: 105–113.

[73] Madsen J (2001) Spring migration strategies in Pink-footed Geese *Anser brachyrhynchus* and consequences for spring fattening and fecundity. Ardea 89: 43–55.

[74] Devries JH, Brook RW, Howerter DW & Anderson MG (2008) Effects of spring body condition and age on reproduction in mallards (*Anas platyrhynchos*). Auk 125: 618–628.

[75] Bêty J, Gauthier G & Giroux JF (2003) Body condition, migration, and timing of reproduction in snow geese: a test of the condition-dependent model of optimal clutch size. American Naturalist 162: 110–121.

[76] Hau M, Wikelski M & Wingfield JC (2000) Visual and nutritional food cues fine-tune timing of reproduction in a neotropical rainforest bird. Journal of Experimental Zoology 286: 494–504.

[77] Sæther BE (1990) Age-specific variation in reproductive performance of birds. In: *Current ornithology vol. 7* (Power DM ed), pp. 251–283, Plenum, New York.

[78] Forslund P & Pärt T (1995) Age and reproduction in birds: hypotheses and tests. Trends in Ecology and Evolution 10: 374–378.

[79] Grieco F, van Noordwijk AJ & Visser ME (2002) Evidence for the effect of learning in timing of reproduction in blue tits. Science 296: 136–138.

[80] 永田尚志(2002)鳥類の生活史戦略。山岸哲・樋口広芳(編)「これからの鳥類学」。pp. 40–66, 裳華房, 東京。

[81] van Noordwijk AJ, van Balen JV & Scharloo W (1981) Genetic variation in the timing of reproduction in the great tit. Oecologia 49: 158–166.

[82] Thorley JB & Lord AM (2015) Laying date is a plastic and repeatable trait in a population of Blue Tits *Cyanistes caeruleus*. Ardea 103: 69–78.

[83] Brommer JE & Rattiste K (2008) "Hidden" reproductive conflict between mates in a wild bird population. Evolution 62: 2326–2333.

[84] Auld JR & Charmantier A (2011) Life history of breeding partners alters age-related changes of reproductive traits in a natural population of blue tits. Oikos 120: 1129–1138.

[85] Auld JR, Perrins CM & Charmantier A (2013) Who wears the pants in a mute swan pair? Deciphering the effects of male and female age and identity on breeding success. Journal of Animal Ecology 82: 826–835.

[86] Whelan S, Strickland D, Morand-Ferron J & Norris DR (2016) Male experience buffers female laying date plasticity in a winter-breeding, food-storing passerine. Animal Behaviour 121: 61–70.

［87］ Tschumi M, Schaub M & Arlettaz R (2014) Territory occupancy and parental quality as proxies for spatial prioritization of conservation areas. PloS ONE 9: e97679.

［88］ Waas JR, Colgan PW & Boag PT (2005) Playback of colony sound alters the breeding schedule and clutch size in zebra finch (*Taeniopygia guttata*) colonies. Proceedings of the Royal Society B 272: 383-388.

［89］ Perrins CM & McCleery RH (1985) The effect of age and pair bond on the breeding success of Great Tits *Parus major*. Ibis 127: 306-315.

［90］ Griggio M & Hoi H (2011) An experiment on the function of the long-term pair bond period in the socially monogamous bearded reedling. Animal Behaviour 82: 1329-1335.

［91］ Gabriel PO & Black JM (2013) Correlates and consequences of the pair bond in Steller's jays. Ethology 119: 178-187.

［92］ Teplitsky C, Mills JA, Yarrall JW & Merilä J (2010) Indirect genetic effects in a sex-limited trait: the case of breeding time in red-billed gulls. Journal of Evolutionary Biology 23: 935-944.

［93］ Reed TE, Wanless S, Harris MP, Frederiksen M, Kruuk LEB & Cunningham EJ (2006) Responding to environmental change: plastic responses vary little in a synchronous breeder. Proceedings of the Royal Society B 273: 2713-2719.

［94］ Wingfield JC, Hahn TP, Wada M & Schoech SJ (1997) Effects of day length and temperature on gonadal development, body mass, and fat depots in white-crowned sparrows, *Zonotrichia leucophrys pugetensis*. General and Comparative Endocrinology 107: 44-62.

［95］ Visser ME, Caro SP, van Oers K, Schaper SV & Helm B (2010) Phenology, seasonal timing and circannual rhythms: towards a unified framework. Philosophical Transactions of the Royal Society B 365: 3113-3127.

［96］ Davies S & Deviche P (2014) At the crossroads of physiology and ecology: food supply and the timing of avian reproduction. Hormones and Behavior 66: 41-55.

第 4 章
［1］ Roff DA (1992) *The evolution of life histories: theory and analysis*. Chapman & Hall, New York.

［2］ Stearns SC (1992) *The evolution of life histories*. Oxford University Press, Oxford.

［3］ Dijkstra C, Bult A, Bijlsma S, Daan S, Meijer T & Zijlstra M (1990) Brood size manipulations in the kestrel (*Falco tinnunculus*): effects on offspring and parent survival. Journal of Animal Ecology 59: 269-285.

［4］ Hunt KE, Hahn TP & Wingfield JC (1999) Endocrine influences on parental care during a short breeding season: testosterone and male parental care in Lapland longspurs (*Calcarius lapponicus*). Behavioral Ecology and Sociobiology 45: 360-369.

［5］ Ketterson ED & Nolan Jr, V (1992) Hormones and life histories: an integrative approach. American Naturalist 140: 33-62.

［6］ Ketterson ED, Nolan Jr, V, Cawthorn MJ, Parker PG & Ziegenfus C (1996) Phenotypic engineering: using hormones to explore the mechanistic and functional bases of phenotypic variation in nature. Ibis 138: 70-86.

［7］ Jacobs JD & Wingfield JC (2000) Endocrine control of life-cycle stages: a constraint on response to the environment? Condor 102: 35-51.

［8］ Zera AJ & Harshman LG (2001) The physiology of life history trade-offs in animals. Annual Review of Ecological Systems 32: 95-126.

［9］ Williams TD (2012) *Physiological adaptations for breeding in birds*. Princeton University Press, Princeton.

［10］ Ricklefs R & Wikelski M (2002) The physiology/life-history nexus. Trends in Ecology and Evolution 17: 462-468.

［11］ 堀江明香(2014)鳥類における生活史研究の最新動向と課題。日本鳥学会誌 63：197-233。

［12］ 酒井秀嗣(1997)ホルモンと繁殖活動。山岸哲(編)「鳥類生態学入門：観察と研究のしかた」。pp. 143-157，築地書館，東京。

［13］ 和田勝(2002)鳥類の繁殖とホルモン。山岸哲・樋口広芳(編)「これからの鳥類学」。pp. 120-142，裳華房，東京。

［14］ 風間健太郎(2016)行動と生理：ストレスホルモンによる"異常事態"への応答。江口和洋(編)「鳥の行動生態学」。pp. 261-283，京都大学学術出版会，京都。

［15］ ウィングフィールド JC・ラメノフスキー M(2016)鳥類における渡りの生活史段階の制御。浦野明央(訳)，安東宏徳・浦野明央(編)「回遊・渡り　ホルモンから見た生命現象と進化シリーズⅥ」。pp. 101-142，裳華房，東京。

［16］ 真島英信(1986)生理学　改訂第18版。文光堂，東京。

［17］ シュミット＝ニールセン K(2007)動物生理学：環境への適応[原著第5版]。(沼田英治・中嶋康裕　監訳)，東京大学出版会，東京。

［18］ Sockman KW, Schwable H & Sharp PJ (2000) The role of prolactin in the regulation of clutch size and onset of incubation behavior in the American kestrel. Hormones and Behavior 38: 168-176.

［19］ Vleck CM (2002) Hormonal control of incubation behaviour. In: *Avian incubation* (Deeming DC ed), pp. 54-62, Oxford University Press, Oxford.

［20］ Angelier F & Chastel O (2009) Stress, prolactin and parental investment in birds: a review. General and Comparative Endocrinology 163: 142-148.

［21］ 筒井和義・李丹・坂本浩隆・浮穴和義(1999)鳥類の微小脳の繁殖戦略：産卵誘起ペプチドとその作用機構。比較生理生化学 16：191-199。

［22］ 今井清(2003)ニワトリにおける卵生産過程とそのしくみ。日本鳥学会誌 52：1-12。

［23］ Ball GF, Riters LV & Balthazart J (2002) Neuroendocrinology of song behavior and avian brain plasticity: multiple sites of action of sex steroid hormones. Frontiers in

Neuroendocrinology 23: 137-178.

［24］ Wingfield JC (2005) A continuing saga: the role of testosterone in aggression. Hormones and Behavior 48: 253-255.

［25］ Balthazart J, Reid J, Absil P, Foidart A & Ball GF (1995) Appetitive as well as consummatory aspects of male sexual-behavior in quail are activated by androgens and estrogens. Behavioral Neuroscience 109: 485-501.

［26］ Fusani L (2008) Testosterone control of male courtship in birds. Hormones and Behavior 54: 227-233.

［27］ Garamszegi LZ, Eens M, Hurtrez-Boussès S & Møller AP (2005) Testosterone, testes size, and mating success in birds: a comparative study. Hormones and Behavior 47: 389-409.

［28］ Fuxjager MJ, Barske J, Du S, Day LB & Schlinger BA (2012) Androgens regulate gene expression in avian skeletal muscles. PLoS ONE 7 (12): e51482. https://doi.org/10.1371/journal.pone.0051482.

［29］ Wingfield JC, Lynn SE & Soma KK (2001) Avoiding the 'costs' of testosterone: ecological bases of hormone-behavior interactions. Brain, Behavior and Evolution 57: 239-251.

［30］ Ketterson ED, Nolan Jr, V, Wolf L & Ziegenfus C (1992) Testosterone and avian life histories: effects of experimentally elevated testosterone on behavior and correlates of fitness in the dark-eyed junco (*Junco hyemalis*). American Naturalist 140: 980-999.

［31］ Raouf SA, Parker PG, Ketterson ED, Nolan Jr, V & Ziegenfus C (1997) Testosterone affects reproductive success by influencing extra-pair fertilizations in male dark-eyed juncos (Aves: *Junco hyemalis*). Proceedings of the Royal Society B 264: 1599-1603.

［32］ Reed WL, Clark ME, Parker PG, Raouf SA, Arguedas N, Monk DS, Snajdr E, Nolan Jr, V & Ketterson ED (2006) Physiological effects on demography: a long-term experimental study of testosterone's effects on fitness. American Naturalist 167: 667-683.

［33］ McGlothlin JW & Ketterson ED (2008) Hormone-mediated suites as adaptations and evolutionary constraints. Philosophical Transactions of the Royal Society B 363: 1611-1620.

［34］ Goymann W, Moore LT, Scheuerlein A, Hirschenhauser K, Grafen A & Wingfield JC (2004) Testosterone in tropical birds: effects of environmental and social factors. American Naturalist 164: 327-334.

［35］ Garamszegi LZ, Hirschenhauser K, Bokony V, Eens M, Hurtrez-Boussès S, Møller AP, Oliveira RF & Wingfield JC (2008) Latitudinal distribution, migration, and testosterone levels in birds. American Naturalist 172: 533-546.

［36］ Wingfield JC, Hegner RE, Dufty Jr, AM & Ball GF (1990) The "challenge hypothesis": theoretical implications for patterns of testosterone secretion, mating systems, and breeding strategies. American Naturalist 136: 829-846.

[37] Beletsky LD, Orians GH & Wingfield JC (1992) Year-to-year patterns of circulating levels of testosterone and corticosterone in relation to breeding density, experience, and reproductive success of the polygynous red-winged blackbird. Hormones and Behavior 26: 420-432.

[38] Lynn SE (2008) Behavioral insensitivity to testosterone: why and how does testosterone alter paternal and aggressive behavior in some avian species but not others? General and Comparative Endocrinology 157: 233-240.

[39] Ketterson ED, Nolan Jr, V & Sandell M (2005) Testosterone in females: mediator of adaptive traits, constraint on sexual dimorphism, or both? American Naturalist 166: S85-S98.

[40] Møller AP, Garamszegi LZ, Gil D, Hurtrez-Boussès S & Eens M (2005) Correlated evolution of male and female testosterone profiles in birds and its consequences. Behavioral Ecology and Sociobiology 58: 534-544.

[41] Yu JYL & Marquardt RR (1973) Synergism of testosterone and estradiol in the development and function of the magnum from the immature chicken oviduct. Endocrinology 92: 563-572.

[42] Groothuis TGG & Schwabl H (2008) Hormone-mediated maternal effects in birds: mechanisms matter but what do we know of them? Philosophical Transactions of the Royal Society B 363: 1647-1661.

[43] Langmore NE, Cockrem JF & Candy EJ (2002) Competition for male reproductive investment elevates testosterone levels in female dunnocks, *Prunella modularis*. Proceedings of the Royal Society B 269: 2473-2478.

[44] Searcy W (1988) Do female red-winged blackbirds limit their own breeding densities? Ecology 69: 85-95.

[45] Adkins-Regan E (1999) Testosterone increases singing and aggression but not male-typical sexual partner preference in early estrogen treated female zebra finches. Hormones and Behavior 35: 63-70.

[46] Clotfelter ED, O'Neal DM, Gaudioso JM, Casto JM, Parker-Renga IM, Snajdr EA, Duffy DL, Nolan Jr, V & Ketterson ED (2004) Consequences of elevating plasma testosterone in females of a socially monogamous songbird: evidence of constraints on male evolution? Hormones and Behavior 46: 171-179.

[47] Zysling DA, Greives TJ, Breuner CW, Casto JM, Demas GE & Ketterson ED (2006) Behavioral and physiological responses to experimentally elevated testosterone in female dark-eyed juncos (*Junco hyemalis carolinensis*). Hormones and Behavior 50: 200-207.

[48] Eens M, van Duyse E, Berghman L & Pinxten R (2000) Shield characteristics are testosterone-dependent in both male and female moorhens. Hormones and Behavior 37: 126-134.

[49] Nespor A, Lukazewicz M, Dooling R & Ball G (1996) Testosterone induction of male-

like vocalizations in female budgerigars (*Melopsittacus undulatus*). Hormones and Behavior 30: 162–169.

[50] DeRidder E, Pinxten P, Mees V & Eens M (2002) Short- and long-term effects of male-like concentrations of testosterone on female European starlings (*Sturnus vulgaris*). Auk 119: 487–497.

[51] Lahaye SEP, Eens M, Darras VM & Pinxten R (2012) Testosterone stimulates the expression of male-typical socio-sexual and song behaviors in female budgerigars (*Melopsittacus undulatus*): an experimental study. General and Comparative Endocrinology 178: 82–88.

[52] Rutkowska J, Cichoń M, Puerta M & Gil D (2005) Negative effects of elevated testosterone on female fecundity in zebra finches. Hormones and Behavior 47: 585–591.

[53] Veiga JP & Polo V (2008) Fitness consequences of increased testosterone levels in female spotless starlings. American Naturalist 172: 42–53.

[54] Gerlach NM & Ketterson ED (2013) Experimental elevation of testosterone lowers fitness in female dark-eyed juncos. Hormones and Behavior 63: 782–790.

[55] O'Neal DM, Reichard DG, Pavilis K & Ketterson ED (2008) Experimentally-elevated testosterone, female parental care, and reproductive success in a songbird, the Dark-eyed Junco (*Junco hyemalis*). Hormones and Behavior 54: 571–578.

[56] Duffy DL, Bentley GE, Drazen DL & Ball GF (2000) Effects of testosterone on cell-mediated and humoral immunity in nonbreeding adult European starlings. Behavioral Ecology 11: 654–662.

[57] Goymann W & Wingfield JC (2014) Male-to-female testosterone ratios, dimorphism, and life history: what does it really tell us? Behavioral Ecology 25: 685–699.

[58] Groothuis TGG, de Jong & Müller M (2014) In search for a theory of testosterone in female birds: a comment on Goymann and Wingfield. Behavioral Ecology 25: 702–704.

[59] Cain KE & Ketterson ED (2013) Individual variation in testosterone and parental care in a female songbird: the dark-eyed junco (*Junco hyemalis*). Hormones and Behavior 64: 685–692.

[60] Mousseau TA & Fox CW (1998) *Maternal effects as adaptations*. Oxford University Press, Oxford.

[61] Schwabl H (1993) Yolk is a source of maternal testosterone for developing birds. Proceedings of the National Academy of Science 90: 11446–11450.

[62] Schwabl H (1996) Maternal testosterone in the egg enhances postnatal growth. Comparative Biochemistry and Physiology 114: 271–276.

[63] Groothuis TGG, Müller W, von Engelhardt N, Carere C & Eising C (2005) Maternal hormones as a tool to adjust offspring phenotype in avian species. Neuroscience & Biobehavioral Reviews 29: 329–352.

[64] Williams TD (1994) Intraspecific variation in egg size and egg composition in birds:

effects on offspring fitness. Neuroscience & Biobehavioral Reviews 69: 35-59.

［65］ Stoleson SH & Beissinger SR (1995) Hatching asynchrony and the onset of incubation in birds, revisited: when is the critical period? In: *Current ornithology vol. 12* (Power DM ed), pp. 191-270, Plenum, New York.

［66］ Wang JM & Beissinger SR (2011) Partial incubation in birds: its occurrence, function, and quantification. Auk 128: 454-466.

［67］ Tomita N & Takagi M (2013) Seasonal changes in hatching patterns in relation to incubation behavior of the Black-tailed gull (*Larus crassirostris*). Wilson Journal of Ornithology 125: 121-127.

［68］ Elf PK & Fivizzani AJ (2002) Changes in sex steroid levels in yolks of the leghorn chicken, Gallus domesticus, during embryonic development. Journal of Experimental Zoology Part A 293: 594-600.

［69］ Eising CM, Müller W, Dijkstra C & Groothuis TGG (2003) Maternal androgens in egg yolks: relation with sex, incubation time and embryonic growth. General and Comparative Endocrinology 132: 241-247.

［70］ Lipar JL, Ketterson ED, Nolan Jr, V & Casto JM (1999) Egg yolk layers vary in the concentration of steroid hormones in two avian species. General and Comparative Endocrinology 115: 220-227.

［71］ Hackl R, Bromundt V, Daisley J, Kotrschal K & Möstl E (2003) Distribution and origin of steroid hormones in the yolk of Japanese quail eggs (*Coturnix coturnix japonica*). Journal of Comparative Physiology B 173: 327-331.

［72］ Groothuis TGG & von Engelhardt N (2005) Investigating maternal hormones in avian eggs: Measurement, manipulation, and interpretation. Annals of the New York Academy of Sciences 1046: 168-180.

［73］ von Engelhardt N & Groothuis TGG (2005) Measuring steroid hormones in avian eggs: Measurement, manipulation, and interpretation. Annals of the New York Academy of Sciences 1046: 181-192.

［74］ Eising CM, Eikenaar C, Schwabl H & Groothuis TGG (2001) Maternal androgens in black-headed gull (*Larus ridibundus*) eggs: consequences for chick development. Proceedings of the Royal Society B 268: 839-846.

［75］ Müller W, Boonen S, Groothuis TGG & Eens M (2010) Maternal yolk testosterone in canary eggs: toward a better understanding of mechanisms and function. Behavioral Ecology 21: 493-500.

［76］ Lipar JL & Ketterson ED (2000) Maternally derived yolk testosterone enhances the development of the hatching muscle in the red-winged blackbird *Agelaius phoeniceus*. Proceedings of the Royal Society B 267: 2005-2010.

［77］ Lipar JL (2001) Yolk steroids and the development of the hatching muscle in nestling European starlings. Journal of Avian Biology 32: 231-238.

［78］ Eising CM & Groothuis TGG (2003) Yolk androgens and begging behaviour in black-headed gull chicks: an experimental field study. Animal Behaviour 66: 1027-1034.

［79］ Müller W, Dijkstra C & Groothuis TGG (2009) Maternal yolk androgens stimulate territorial behaviour in black-headed gull chicks. Biology Letters 5: 586-588.

［80］ Pilza KM, Quiroga M, Schwabl H & Adkins-Regan E (2004) European starling chicks benefit from high yolk testosterone levels during a drought year. Hormones and Behavior 46: 179-192.

［81］ von Engelhardt N, Carere C, Dijkstra C & Groothuis TGG (2006) Sex-specific effects of yolk testosterone on survival, begging and growth of zebra finches. Proceedings of the Royal Society B 273: 65-70.

［82］ Navara KJ, Hill GE & Mendonc MT (2005) Variable effects of yolk androgens on growth, survival, and immunity in Eastern bluebird nestlings. Physiological and Biochemical Zoology 78: 570-578.

［83］ Groothuis TGG, Eising CM, Dijkstra C & Müller W (2005) Balancing between costs and benefits of maternal hormone deposition in avian eggs. Biology Letters 1: 78-81.

［84］ Sockman KW & Schwabl H (2000) Yolk androgens reduce offspring survival. Proceedings of the Royal Society B 267: 1451-1456.

［85］ Eising CM, Müller W & Groothuis TGG (2006) Avian mothers create different phenotypes by hormone deposition in their eggs. Biology Letters 2: 20-22.

［86］ Müller W, Vergauwen J & Eens M (2008) Yolk testosterone, postnatal growth and song in male canaries. Hormones and Behavior 54: 125-133.

［87］ Ruuskanen S & Laaksonen T (2010) Yolk hormones have sex-specific long-term effects on behavior in the pied flycatcher (*Ficedula hypoleuca*). Hormones and Behavior 57: 119-127.

［88］ Ruuskanen S, Doligez B, Pitala N & Gustafsson L (2012) Long-term fitness consequences of high yolk androgen levels: sons pay the costs. Functional Ecology 26: 884-894.

［89］ Tomita N, Kazama K, Sakai H, Sato M, Saito A, Takagi M & Niizuma Y (2011) Within- and among-clutch variation in maternal yolk testosterone level in the Black-tailed Gulls *Larus crassirostris*. Ornithological Science 10: 21-25.

［90］ Schwabl H, Mock DW, Gieg JA (1997) A hormonal mechanism for parental favouritism. Nature 386: 231.

［91］ Pilz KM, Smith HG, Sandell MI & Schwabl H (2003) Interfemale variation in egg yolk androgen allocation in the European starling: do high-quality females invest more? Animal Behaviour 65: 841-850.

［92］ Schwabl H (1996) Environmental modifies the testosterone levels of a female bird and its eggs. Journal of Experimental Zoology 276: 157-163.

［93］ Müller W, Eising CM, Dijkstra C & Groothuis TGG (2004) Within-clutch patterns of yolk testosterone vary with the onset of incubation in black-headed gulls. Behavioral Ecology 15: 893–897.

[94] Groothuis TGG, Carere C, Lipar J, Drent PJ & Schwabl H (2008) Selection on personality in a songbird affects maternal hormone levels tuned to its effect on timing of reproduction. Biology Letters 4: 465–467.

[95] Benowitz-Fredericks ZM, Kitaysky AS, Welcker J & Hatch SA (2013) Effects of food availability on yolk androgen deposition in the Black-legged kittiwake (*Rissa tridactyla*), a seabird with facultative brood reduction. PLoS ONE 8 (5): e62949. doi: 10.1371/journal.pone.0062949.

[96] Drent PJ, van Oers K & van Noordwijk AJ (2003) Realised heritability of personalities in the great tit (*Parus major*). Proceedings of the Royal Society B 270: 45–51.

[97] Schwabl H (1997) The contents of maternal testosterone in House sparrow *Passer domesticus* eggs vary with breeding conditions. Naturewissenschaften 84: 406–408.

[98] Mazuc J, Bonneaud C, Chastel O & Sorci G (2003) Social environment affects female and egg testosterone levels in the house sparrow (*Passer domesticus*). Biology Letters 6: 1084–1090.

[99] Pilz KM & Smith HG (2004) Egg yolk androgen levels increase with breeding density in the European Starling, *Sturnus vulgaris*. Functional Ecology 18: 58–66.

[100] Eising CM, Pavlova D, Groothuis TGG, Eens M & Pinxten1 R (2008) Maternal yolk androgens in European starlings: affected by social environment or individual traits of the mother? Behaviour 145: 51–72.

[101] Gil D, Graves J, Hazon N & Wells A (1999) Male attractiveness and differential testosterone investment in Zebra finch eggs. Science 286: 126–128.

[102] Loyau A & Lacroix F (2010) Watching sexy displays improves hatching success and offspring growth through maternal allocation. Proceedings of the Royal Society B 277: 3453–3460.

[103] Remeš V (2011) Yolk androgens in great tit eggs are related to male attractiveness, breeding density and territory quality. Behavioral Ecology and Sociobiology 65: 1257–1266.

[104] Whittingham LA & Schwabl II (2002) Maternal testosterone in tree swallow eggs varies with female aggression. Animal Behaviour 63: 63–67.

[105] Verboven N, Monaghan P, Evans DM, Schwabl H, Evans N, Whitelaw C & Nager RG (2003) Maternal condition, yolk androgens and offspring performance: a supplemental feeding experiment in the lesser black-backed gull (*Larus fuscus*). Proceedings of the Royal Society B 270: 2223–2232.

[106] Hahn DC (2011) Patterns of maternal yolk hormones in eastern screech owl eggs (*Megascops asio*). General and Comparative Endocrinology 172: 423–429.

[107] Verboven N, Evans NP, D'Alba L, Nager RG, Blount JD, Surai PF & Monaghan P

(2005) Intra-specific interactions influence egg composition in the lesser black-backed gull (*Larus fuscus*). Behavioral Ecology and Sociobiology 57: 357-365.

[108] Safran RJ, McGraw KJ, Pilz KM & Correa SM (2010) Egg-yolk androgen and carotenoid deposition as a function of maternal social environment in barn swallows *Hirundo rustica*. Journal of Avian Biology 41: 470-478.

[109] Groothuis TGG, Eising CM, Blount JD, Surai P, Apanius V, Dijkstra C & Müller W (2006) Multiple pathways of maternal effects in black-headed gull eggs: constraint and adaptive compensatory adjustment. Journal of Evolutionary Biology 19: 1304-1313.

[110] Hau M & Wingfield JC (2011) Hormonally-regulated trade-offs: evolutionary variability and phenotypic plasticity in testosterone signaling pathways. In: *Mechanisms of life history evolution: the genetics and physiology of life history traits and trade-offs* (Flatt T & Heyland A eds), pp. 349-361, Oxford University Press, Oxford.

第 5 章

[1] Dawkins R (1982) *The extended phenotype*. Oxford University Press, Oxford.

[2] Collias NE (1964) The evolution of nests and nest-building in birds. American Zoologist 4: 175-190.

[3] Webb DR (1987) Thermal tolerance of avian embryos: a review. Condor 89: 874-898.

[4] McGowan A, Sharp SP & Hatchwell BJ (2004) The structure and function of nests of long-tailed tits *Aegithalos caudatus*. Functional Ecology 18: 578-583.

[5] Winkler DW (2016) Breeding biology of birds. In: *Handbook of bird biology* (Lovette IJ and Fitzpatrick JW eds), pp. 407-450, John Wiley & Sons, West Sussex.

[6] Collias NE & Collias EC (1984) *Nest building and bird behavior*. Princeton University Press, Princeton.

[7] Healy S, Walsh P & Hansell M (2008) Nest building by birds. Current Biology 18: 271-273.

[8] Mainwaring MC, Hartley IR, Lambrechts MM & Deeming DC (2014) The design and function of birds' nests. Ecology and Evolution 4: 3909-3928.

[9] Mainwaring MC & Hartley IR (2013) The energetic costs of nest building in birds. Avian Biology Research 6: 12-17.

[10] 小海途銀次郎・和田岳 (2011) 日本鳥の巣図鑑：小海途銀次郎コレクション。東海大学出版会，神奈川。

[11] Hansell M (2000) *Bird nests and construction behaviour*. Cambridge University Press, Cambridge.

[12] Howell TR (1979) Breeding biology of the Egyptian plover, *Pluvianus aegyptius*. University of California Publications in Zoology 113: 1-76.

[13] Amat JA, Monsa R & Masero JA (2012) Dual function of egg-covering in the Kentish plover. Behaviour 149: 881-895.

[14] Grant GS (1982) Avian incubation: egg temperature, nest humidity, and Behavioral thermoregulation in a hot environment. Ornithological Monographs 30: 1-75.

[15] Le Maho Y (1977) The emperor penguin: a strategy to live and breed in the cold: morphology, physiology, ecology, and behavior distinguish the polar emperor penguin from other penguin species, particularly from its close relative, the king penguin. American Scientist 65: 680-693.

[16] Aitken KEH, Wiebe KL, Martin K & Blem C (2002) Nest-site reuse patterns for a cavity-nesting bird community in interior British Columbia. Auk 119: 391-402.

[17] 中村豊 (2016) 宮崎県枇榔島で得られたカンムリウミスズメ *Synthliboramphus wumizusume* の知見について。Strix 32：17-41。

[18] 樋口行雄 (1979) カンムリウミスズメの繁殖生態と分布。海洋と生物 1：20-24。

[19] White FN, Bartholomew GA & Howell TR (1975) The thermal significance of the nest of the sociable weaver *Philetairus socius*: winter observations. Ibis 117: 171-179.

[20] Varricchio DJ & Jackson FD (2016) Reproduction in Mesozoic birds and evolution of the modern avian reproductive mode. Auk 133: 654-684.

[21] Norell MA, Clark JM, Chiappe LM & Dashzeveg D (1995) A nesting dinosaur. Nature 378: 774-776.

[22] Tanaka K, Zelenitsky DK & Therrien F (2015) Eggshell porosity provides insight on evolution of nesting in dinosaurs. PLoS ONE 10: e0142829.

[23] Amiot R, Wang X, Wang S, Lécuyer C, Mazin J-M, et al. (2017) δ^{18}O-derived incubation temperatures of oviraptorosaur eggs. Palaeontology 60: 633-647.

[24] Varricchio DJ, Jackson F, Borkowski JJ & Horner JR (1997) Nest and egg clutches of the dinosaur *Troodon formosus* and the evolution of avian reproductive traits. Nature 385: 247-250.

[25] Eagle RA, Enriquez M, Grellet-Tinner G, Pérez-Huerta A, Hu D, et al. (2015) Isotopic ordering in eggshells reflects body temperatures and suggests differing thermophysiology in two Cretaceous dinosaurs. Nature Communications 6: 8296.

[26] Harris RB, Birks SM & Leaché AD (2014) Incubator birds: biogeographical origins and evolution of underground nesting in megapodes (Galliformes: Megapodiidae). Journal of Biogeography 41: 2045-2056.

[27] Collias NE (1997) On the origin and evolution of nest building by passerine birds. Condor 99: 253-270.

[28] Price JJ & Griffith SC (2017) Open cup nests evolved from roofed nests in the early passerines. Proceedings of the Royal Society B 284: DOI: 10.1098/rspb.2016.2708.

[29] Martin TE, Boyce AJ, Fierro-Calderón K, Mitchell AE, Armstad CE, et al. (2017) Enclosed nests may provide greater thermal than nest predation benefits compared with open nests across latitudes. Functional Ecology 31: 1231-1240.

[30] Lamprecht I & Schmolz E (2004) Thermal investigations of some bird nests.

Thermochimica Acta 415: 141-148.

[31] Miller ET, Zanne AE & Ricklefs RE (2013) Niche conservatism constrains Australian honeyeater assemblages in stressful environments. Ecology Letters 16: 1186-1194.

[32] Jønsson KA, Fabre P-H, Ricklefs RE & Fjeldså J (2011) Major global radiation of corvoid birds originated in the proto-Papuan archipelago. Proceedings of the National Academy of Sciences 108: 2328-2333.

[33] Jetz W, Thomas GH, Joy JB, Hartmann K & Mooers AO (2012) The global diversity of birds in space and time. Nature 491: 444-448.

[34] Claramunt S & Cracraft J (2015) A new time tree reveals Earth history's imprint on the evolution of modern birds. Science Advances 1: e1501005.

[35] Barker FK, Cibois A, Schikler P, Feinstein J & Cracraft J (2004) Phylogeny and diversification of the largest avian radiation. Proceedings of the National Academy of Sciences 101: 11040-11045.

[36] Bennett PM & Owens IPF (2002) *Evolutionary ecology of birds: life histories, mating systems and extinction.* Oxford University Press, Oxford.

[37] Martin TE (1995) Avian life history evolution in relation to nest sites, nest predation, and food. Ecological Monographs 65: 101-127.

[38] Johnson DH (1980) The comparison of usage and availability measurements for evaluating resource preference. Ecology 61: 65-71.

[39] Jones J (2001) Habitat selection studies in avian ecology: a critical review. Auk 118: 557-562.

[40] Kang W, Lee D & Park C-R (2012) Nest distribution of magpies *Pica pica sericea* as related to habitat connectivity in an urban environment. Landscape and Urban Planning 104: 212-219.

[41] 天野達也(2011)鳥類個体群の時空間動態を明らかにする包括的アプローチ。日本鳥学会誌 60：165-177。

[42] Martin TE (1998) Are microhabitat preferences of coexisting species under selection and adaptive? Ecology 79: 656-670.

[43] Jedlikowski J & Brambilla M (2017) The adaptive value of habitat preferences from a multi-scale spatial perspective: insights from marsh-nesting avian species. PeerJ 5: e3164.

[44] Bonnot TW, Millspaugh JJ & Rumble MA (2009) Multi-scale nest-site selection by black-backed woodpeckers in outbreaks of mountain pine beetles. Forest Ecology and Management 259: 220-228.

[45] Nakahara T, Kuroe M, Hasegawa O, Hayashi Y, Mori S, et al. (2015) Nest site characteristics of the newly established eurasian magpie *Pica pica* population in Hokkaido, Japan. Ornithological Science 14: 99-109.

[46] Clark L & Mason JR (1985) Use of nest material as insecticidal and anti-pathogenic agents by the European starling. Oecologia 67: 169-176.

[47] Lima SL (2009) Predators and the breeding bird: behavioral and reproductive flexibility under the risk of predation. Biological Reviews 84: 485-513.

[48] Shields WM (1984) Factors affecting nest and site fidelity in adirondack barn swallows (*Hirundo rustica*). Auk 101: 780-789.

[49] Barclay RMR (1988) Variation in the costs, benefits, and frequency of nest reuse by barn swallows (*Hirundo rustica*). Auk 105: 53-60.

[50] Vergara P, Aguirre JI, Fargallo JA & DáVila JA (2006) Nest-site fidelity and breeding success in White stork *Ciconia ciconia*. Ibis 148: 672-677.

[51] Jenkins JM & Jackman RE (1993) Mate and nest site fidelity in a resident population of bald eagles. Condor 95: 1053-1056.

[52] Barbraud C, Barbraud J-C & Barbraud M (1999) Population dynamics of the White stork *Ciconia ciconia* in western France. Ibis 141: 469-479.

[53] Zhou T, Wang H, Liu Y, Lei F & Gao W (2009) Patterns of magpie nest utilization by a nesting raptor community in a secondary forest. Progress in Natural Science 19: 1253-1259.

[54] Warkentin IG & James PC (1988) Nest-site selection by urban merlins. Condor 90: 734-738.

[55] Mazgajski TD (2007) Effect of old nest material on nest site selection and breeding parameters in secondary hole nesters a review. Acta Ornithologica 42: 1-14.

[56] Wiebe KL, Koenig WD & Martin K (2007) Costs and benefits of nest reuse versus excavation in cavity-nesting birds. Annales Zoologici Fennici 44: 209-217.

[57] Slagsvold T (1989) On the evolution of clutch size and nest size in passerine birds. Oecologia 79: 300-305.

[58] Lindell C (1996) Patterns of nest usurpation: when should species converge on nest niches? Condor 98: 464-473.

[59] Eguchi K, Yamaguchi N, Ueda K & Noske RA (2013) The effects of nest usurpation and other interference by the blue-faced Honeyeater on the reproductive success of the grey-crowned Babbler. Emu 113: 77-83.

[60] Birkhead T (1991) *The magpies: the ecology and behaviour of black-billed and yellow-billed magpies*. Poyser, London.

[61] Wang Y, Chen S, Jiang P & Ding P (2008) Black-billed magpies (*Pica pica*) adjust nest characteristics to adapt to urbanization in Hangzhou, China. Canadian Journal of Zoology 86: 676-684.

[62] Eguchi K (1996) Recent increase of nesting on utility poles by the Black-billed magpie *Pica pica sericea*. Japanese Journal of Ornithology 45: 101-107, 122.

[63] 江口和洋 (2016) カササギ。日本鳥学会誌 65：5-30。

[64] Ricklefs RE (1969) An analysis of nesting mortality in birds. Smithsonian Contributions to Zoology 9: 1-48.

［65］ Thompson FR (2007) Factors affecting nest predation on forest songbirds in North America. Ibis 149: 98-109.

［66］ Martin TE (1993) Nest predation and nest sites: new perspectives on old patterns. BioScience 43: 523-532.

［67］ Muchai M & du Plessis MA (2005) Nest predation of grassland bird species increases with parental activity at the nest. Journal of Avian Biology 36: 110-116.

［68］ Martin TE, Scott J & Menge C (2000) Nest predation increases with parental activity: separating nest site and parental activity effects. Proceedings of the Royal Society B 267: 2287-2293.

［69］ Dow H & Fredga S (1983) Breeding and natal dispersal of the goldeneye, *Bucephala clangula*. Journal of Animal Ecology 52: 681-695.

［70］ Beckmann C, Biro PA & Martin K (2015) Hierarchical analysis of avian re-nesting behavior: mean, across-individual, and intra-individual responses. Behavioral Ecology and Sociobiology 69: 1631-1638.

［71］ Hakkarainen H, Ilmonen P, Koivunen V & Korpimäki E (2001) Experimental increase of predation risk induces breeding dispersal of tengmalm's owl. Oecologia 126: 355-359.

［72］ Hoover JP (2003) Decision rules for site fidelity in a migratory bird, the prothonotary warbler. Ecology 84: 416-430.

［73］ Forstmeier W & Weiss I (2004) Adaptive plasticity in nest-site selection in response to changing predation risk. Oikos 104: 487-499.

［74］ Baeyens G (1981) Magpie breeding success and carrion crow interference. Ardea 69: 125-139.

［75］ Eggers S, Griesser M, Nystrand M & Ekman J (2006) Predation risk induces changes in nest-site selection and clutch size in the Siberian jay. Proceedings of the Royal Society B 273: 701-706.

［76］ Horie S & Takagi M (2012) Nest positioning by male Daito white-eyes *Zosterops japonicus daitoensis* improves with age to reduce nest predation risk. Ibis 154: 285-295.

［77］ Styrsky JN (2005) Influence of predation on nest-site reuse by an open-cup nesting neotropical passerine. Condor 107: 133-137.

［78］ Boulinier T, McCoy KD, Yoccoz NG, Gasparini J & Tveraa T (2008) Public information affects breeding dispersal in a colonial bird: kittiwakes cue on neighbours. Biology Letters 4: 538-540.

［79］ Jackson WM, Rohwer S & Nolan V (1989) Within-season breeding dispersal in prairie warblers and other passerines. Condor 91: 233-241.

［80］ Powell LA & Frasch LL (2000) Can nest predation and predator type explain variation in dispersal of adult birds during the breeding season? Behavioral Ecology 11: 437-443.

［81］ Ueta M (1998) Azure-winged magpies avoid nest predation by nesting near a Japanese lesser sparrowhawk's nest. Condor 100: 400-402.

［82］　Joyce FJ (1993) Nesting success of rufous-naped wrens (*Campylorhynchus rufinucha*) is greater near wasp nests. Behavioral Ecology and Sociobiology 32: 71-77.

［83］　Young BE, Kaspari M & Martin TE (1990) Species-specific nest selection by birds in ant-acacia trees. Biotropica 22: 310-315.

［84］　Ueta M (2001) Azure-winged magpies avoid nest predation by breeding synchronously with Japanese lesser sparrowhawks. Animal Behaviour 61: 1007-1012.

［85］　Ueta M (2007) Effect of Japanese lesser sparrowhawks *Accipiter gularis* on the nest site selection of azure-winged magpies *Cyanopica cyana* through their nest defending behavior. Journal of Avian Biology 38: 427-431.

［86］　Quinn JL & Kokorev Y (2002) Trading-off risks from predators and from aggressive hosts. Behavioral Ecology and Sociobiology 51: 455-460.

［87］　髙木昌興・髙橋満彦(1997)スズメ目鳥類 3 種のトビの巣における営巣記録。Strix 15：127-129。

［88］　Beckmann C & Martin K (2016) Testing hypotheses about the function of repeated nest abandonment as a life history strategy in a passerine bird. Ibis 158: 335-342.

［89］　Holway DA (1991) Nest-site selection and the importance of nest concealment in the black-throated blue warbler. Condor 93: 575-581.

［90］　Howlett JS & Stutchbury BJ (1996) Nest concealment and predation in hooded warblers: experimental removal of nest cover. Auk 113: 1-9.

［91］　Wiebe KL & Martin K (1998) Costs and benefits of nest cover for ptarmigan: changes within and between years. Animal Behaviour 56: 1137-1144.

［92］　Götmark F, Blomqvist D, Johansson OC & Bergkvist J (1995) Nest site selection: a trade-off between concealment and view of the surroundings? Journal of Avian Biology 26: 305-312.

［93］　Martin TE & Briskie JV (2009) Predation on dependent offspring. Annals of the New York Academy of Sciences 1168: 201-217.

［94］　Ibáñez-Álamo JD, Magrath RD, Oteyza JC, Chalfoun AD, Haff TM, et al. (2015) Nest predation research: recent findings and future perspectives. Journal of Ornithology 156: 247-262.

［95］　Hugall AF & Stuart-Fox D (2012) Accelerated speciation in colour-polymorphic birds. Nature 485: 631-634.

第 6 章

［1］　Weiner J (1994) *The Beak of the Finch: A Story of Evolution in Our Time*. ALFRED A. KNOPE, INC., New York.（邦訳：樋口広芳・黒沢令子（訳）(2001)「フィンチの嘴：ガラパゴスで起きている種の変貌」。早川書房，東京）。

［2］　内田博(2013)オオタカの行動圏と採食行動，樋口広芳（編）「日本のタカ学」。pp. 105-123，東京大学出版会，東京。

[3] Kushlan JA & Hancock J (2005) *The Herons*. Oxford University Press, Oxford.

[4] 沓掛展之・古賀庸憲(2012)行動生態学　現代の生態学5。共立出版，東京。

[5] 巌佐庸・菊沢喜八郎・松本忠夫(2003)生態学辞典。共立出版，東京。

[6] Davies NB, Krebs JR & West SA (2012) *An Introduction to Behavioral Ecology 4th*. Wiley-Blackwell, Chichester. (邦訳：野間口眞太郎・山岸哲・巌佐庸(訳)(2015)「行動生態学　原著第4版」。共立出版，東京)。

[7] Smith EA (1983) Anthropological applications of optimal foraging theory: a critical review. Current Anthropology 4: 625-651.

[8] MacArthur RH & Pianka ER (1966) On optimal use of a patchy environment. American Naturalist 100: 603-609.

[9] Charnov EL (1976) Optimal foraging: attack strategy of a mantid. American Naturalist 110: 141-151.

[10] 嶋田正和・山村則男・粕屋英一・伊藤嘉昭(2005)動物生態学　新版。海游舎，東京。

[11] Begon M, Townsend CR & Harper JL (2005) *Ecology, fourth edition*. Blackwell Publishing Ltd, Oxford. (邦訳：堀道雄(監訳)，神埼護・幸田正典・曽田貞滋(校閲責任)(2013)「生態学：個体から生態系へ」。京都大学学術出版会，京都)。

[12] Kacelnik A (1984) Central place foraging in Staralings (*Sturnus vulgaris*). I. Patch residence time. Journal of Animal Ecology 53: 283-299.

[13] Welcker J, Harding AMA, Karnovsky NJ, Steen H, Strøm H & Gabrielsen GW (2009) Flexibility in the bimodal foraging strategy of a high Arctic alcid, the little auk *Alle alle*. Journal of Avian Biology 40: 388-399.

[14] González-Solis J, Croxall JP & Wood AG (2000) Sexual dimorphism and sexual segregation in foraging strategies of northern giant petrels, *Macronectes halli*, during incubation. Oikos 90: 390-398.

[15] Saraux C, Robinson-Laverick SM, Maho VL, Ropert-Coudert Y & Chiaradia A (2011) Plasticity in foraging strategies of inshore birds: how little penguins maintain body reserves while feeding offspring. Ecology 92: 1909-1916.

[16] Kenward RE (1978) Hawks and Doves: factors affecting success and selection in goshawk attacks on wood-pigeons. Journal of Animal Ecology 47: 449-460.

[17] Pulliam HR (1973) On the advantages of flocking. Journal of Theoretical Biology 38: 419-422.

[18] Ward P & Zahavi A (1973) The importance of certain assemblages of birds as "information-centres" for food-finding. Ibis 115: 517-534.

[19] Brown CR (1986) Cliff swallow colonies as information centers. Science 234: 83-85.

[20] Wright J, Stone RE & Brown N (2003) Communal roosts as structured information centres in the raven, *Corvus corax*. Journal of Animal Ecology 72: 1003-1014.

[21] 亀田佳代子(2004)ウ類の採食生態における個体変異。日本鳥学会誌 53：11-21。

[22] van Eerden MR & Voslamber B (1995) Mass fishing by Cormorants *Phalacrocorax*

carbo sinensis at Lake Ijsselmeer, The Netherlands: a recent and successful adaptation to a turbid environment. Ardea 83: 199–212.

[23] Grémillet D, Argentin G, Schulte B & Culik BM (1998) Flexible foraging techniques in breeding Cormorants *Phalacrocorax carbo* and Shags *Phalacrocorax aristotelis*: benthic or pelagic feeding? Ibis 140: 113–119.

[24] Voslamber B, Platteeuw M & van Eerden MR (1995) Solitary foraging in sand pits by breeding Cormorants *Phalacrocorax carbo sinensis*: does specialised knowledge about fishing sites and fish behaviour pay off? Ardea 83: 213–222.

[25] 山口典之・樋口広芳(2013)サシバとハチクマの渡り経路選択。樋口広芳(編)「日本のタカ学」。pp. 220–236，東京大学出版会，東京。

[26] 綿貫豊・高橋晃周(2016)*海鳥のモニタリング調査法*。共立出版，東京。

[27] 上野裕介(2016)自然環境分野における UAV(ドローン)を用いた簡易 3 次元計測技術の適用可能性と課題の検討。応用生態工学 19：91–100。

第 7 章

[1] Trivers RL (1974) Parent-offspring conflict. American Zoologist 14: 249–264.

[2] Davies NB, Krebs JR & West SA (2012) *An introduction to behavioural ecology 4th*, Wiley-Blackwell, Chichester. (邦訳：野間口眞太郎・山岸哲・巌佐庸(訳)(2015)「行動生態学　原著第 4 版」。共立出版，東京)。

[3] Kilner R & Johnstone RA (1997) Begging the questions: are offspring solicitation behaviours signals of need? Trends in Ecology and Evolution 12: 11–15.

[4] 田中啓太・上田恵介(2012)信号・コミュニケーション。沓掛展之・古賀庸憲(編)「行動生態学」。pp. 209–227，共立出版，東京。

[5] Godfray HCJ (1991) Signalling of need by offspring to their parents. Nature 352: 328–330.

[6] Godfray HCJ (1995) Signaling of need between parents and young: parent-offspring conflict and sibling rivalry. American Naturalist 146: 1–24.

[7] Kilner R (1997) Mouth colour is a reliable signal of need in begging canary nestlings. Proceedings of the Royal Society B 264: 963–968.

[8] Parker GA & MacNair MR (1978) Models of parent-offspring conflict. I. Monogamy. Animal Behaviour 26: 97–111.

[9] Parker GA & MacNair MR (1979) Models of parent-offspring conflict. IV. suppression: evolutionary retaliation by the parent. Animal Behaviour 27: 1210–1235.

[10] MacNair MR & Parker GA (1979) Models of parent-offspring conflict. III. Intrabrood conflict. Animal Behaviour 27: 1202–1209.

[11] Godfray HCJ & Johnstone RA (2000) Begging and bleating: the evolution of parent-offspring signalling. Philosophical Transactions of the Royal Society B 355: 1581–1591.

[12] Moreno-Rueda G (2007) Is there empirical evidence for the cost of begging? Journal of

Ethology 25: 215-222.

[13] Kilner R (2001) A growth cost of begging in captive canary chicks. Proceedings of the National Academy of Science 98: 11394-11398.

[14] Redondo T & Castro F (1992) The increase in risk of predation with begging activity in broods of magpies *Pica pica*. Ibis 134: 180-187.

[15] Martin TE, Scott J & Menge C (2000) Nest predation increases with parental activity: separating nest site and parental activity effects. Proceedings of the Royal Society B 267: 2287-2293.

[16] Zahavi A (1977) Reliability in communication systems and the evolution of altruism. In: *Evolutionary ecology* (Stonehouse B & Perrins C eds), pp. 252-259, MacMillan, London.

[17] Thompson AM, Raihani NJ, Hockey PAR, Britton A, Finch FM & Ridley AR (2013) The influence of fledging location on adult provisioning: a test of the blackmail hypothesis. Proceedings of the Royal Society B 280: 20130558.

[18] Royle NJ, Hartley IR & Parker GA (2002) Begging for control: when are offspring solicitation behaviours honest? Trends in Ecology and Evolution 17: 434-440.

[19] Parker GA, Royle NJ & Hartley IR (2002) Begging scrambles with unequal chicks: interactions between need and competitive ability. Ecology Letters 5: 206-215.

[20] Parker GA, Mock DW & Lamey TC (1989) How selfish should stronger sibs be? American Naturalist 133: 846-868.

[21] Rydén O & Bengtsson H (1980) Differential begging and locomotory behaviour by early and late hatched nestlings affecting the distribution of food in asynchronously hatched broods of altricial birds. Zeitschrift für Tierpsychologie 53: 209-224.

[22] Kilner R (1995) When do canary parents respond to nestling signals of need? Proceedings of the Royal Society B 260: 343-348.

[23] Ostreiher R (2001) The importance of nestling location for obtaining food in open cup-nests. Behavioral Ecology and Sociobiology 49: 340-347.

[24] Kilner R M (2002) Sex differences in canary (*Serinus canaria*) provisioning rules. Behavioral Ecology and Sociobiology 52: 400-407.

[25] Lack D (1947) The significance of clutch size. Parts 1 and 2. Ibis 89: 302-352.

[26] 相馬雅代 (2012) 親子関係・発達。沓掛展之・古賀庸憲 (編)「行動生態学」。pp. 166-178, 共立出版, 東京。

[27] Schwabl H (1996) Maternal testosterone in the avian egg enhances postnatal growth. Comparative Biochemistry and Physiology 114A: 271-276.

[28] Smiseth PT, Bu RJ, Eikenæs AK & Amundsen T (2003) Food limitation in asynchronous bluethroat broods: effects on food distribution, nestling begging, and parental provisioning rules. Behavioral Ecology 14: 793-801.

[29] Moreno-Rueda G, Soler M, Soler JJ, Martinez JG & Perez-Contreras T (2007) Rules of food allocation between nestlings of the black-billed magpie *Pica pica*, a species showing

brood reduction. Ardeola 54: 15-25.

[30] Wiebe KL & Slagsvold T (2012) Parents take both size and conspicuousness into account when feeding nestlings in dark cavity nests. Animal Behaviour 84: 1307-1312.

[31] Porkert J & špinka M (2006) Begging in common redstart nestlings: scramble competition or signaling of need? Ethology 112: 398-410.

[32] Kilner RM, Noble DG & Davies NB (1999) Signals of need in parent-offspring communication and their exploitation by the Common Cuckoo. Nature 397: 667-672.

[33] Kilner R, Madden JR & Hauber ME (2004) Brood parasitic cowbird nestlings use host young to procure resources. Science 305: 877-879.

[34] Mathevon N & Charrier I (2004) Parent-offspring conflict and the coordination of sibling in gulls. Proceedings of the Royal Society B 271: S145-S147.

[35] Johnstone RA (2004) Begging and sibling competition: how should offspring respond to their rivals? American Naturalist 163: 388-406.

[36] Roulin A, Köliker M & Richner H (2000) Barn owl (*Tyto alba*) siblings vocally negotiate resources. Proceedings of the Royal Society B 267: 459-463.

[37] Roulin A (2001) Food supply differentially affects sibling negotiation and competition in the barn owl (*Tyto alba*). Behavioral Ecology and Sociobiology 49: 514-519.

[38] Roulin A (2004) Effects of hatching asynchrony on sibling negotiation, begging, jostling for position and within-brood food allocation in the barn owl *Tyto alba*. Evolutionary Ecology Research 6: 1083-1098.

[39] Dreiss A, Ruppli CA, Oberli F, Antoniazza S, Henry I & Roulin A (2013) Barn owls do not interrupt their siblings. Animal Behaviour 86: 119-126.

[40] Dreiss A, Lahlah N & Roulin A (2010) How siblings adjust sib-sib communication and begging signals to each other. Animal Behaviour 80: 1049-1055.

[41] Budden AE & Wright J (2001) Begging in nestling birds. In: *Current ornithology vol. 16* (Nolan Jr. V & Thompson CF eds), pp. 83-118, Kluwer Academic/Plenum Publishers, NY.

[42] Leonard ML & Horn AG (2001) Begging calls and parental feeding decisions in tree swallows (*Tachycineta bicolor*). Behavioral Ecology and Sociobiology 49: 170-175.

[43] Romano A, Rubolini D, Caprioli M, Musitelli F, Ambrosini R & Saino N (2015) Parent-absent begging in Barn Swallow broods: causes of individual variation and effects on sibling interactions and food allocation. Evolutionary Biology 42: 432-442.

[44] 江口和洋(2014)鳥類の社会形態の進化に関与する生活史要因の重要性。日本鳥学会 誌 63：249-265。

[45] 江口和洋(2017)目立ちたがり屋の鳥たち：面白い鳥の行動生態。東海大学出版部。 平塚。

[46] Lessells CM (2002) Parentally biased favouritism: why should parents specialize in caring for different offspring? Philosophical Transactions of the Royal Society B 357: 381-

403.

[47] Dickens M & Hartley IR (2007) Differences in parental food allocation rules: evidence for sexual conflict in the blue tit? Behavioral Ecology doi: 10.1093/beheco/arm029.

[48] Slagsvold T, Amundsen T & Dale S (1994) Selection by sexual conflict for evenly spaced offspring in blue tits. Nature 370: 136–138.

[49] Slagsvold T (1997) Brood dividion in birds in relation to offspring size: sibling rivalry and parental control. Animal Behaviour 54: 1357–1368.

[50] Riley HT, Bryant DM, Carter RE & Parkin DT (1995) Extra-pair fertilizations and paternity defence in house martin, *Delichon urbica*. Animal Behaviour 49: 495–509.

[51] Wiebe KL & Slagsvold T (2009) Parental sex differences in food allocation to junior brood members as mediated by prey size. Etholgy 115: 49–58.

[52] Köliker M, Richner H, Werner I & Heeb P (1998) Begging signals and biparental care: nestling choice between parental feeding locations. Animal Behaviour 55: 215–222.

[53] Kölliker M, Brinkhof MWG, Heeb P, Fitze PS & Richner H (2000) The quantitative genetic basis of offspring solicitation and parental response in a passerine bird with biparental care. Proceedings of the Royal Society B 267: 2127–2132.

[54] Dickens M, Berridge D & Hartley IR (2008) Biparental care and offspring begging strategies: hungry nestling blue tits move towards the father. Animal Behaviour 75: 167–174.

[55] Stamps JA (1990) When should avian parents differentially provision sons and daughters? American Naturalist 135: 671–685.

[56] Lessells CM (1998) A theoretical framework for sex-biased parental care. Animal Behaviour 56: 395–407.

[57] Gowaty PA & Droge DL (1991) Sex ratio conflict and the evolution of sex-biased provisioning in birds. Proceedings of the 20th International Ornithological Congress: 932–945.

[58] Mainwaring MC, Lucy D & Hartley IR (2011) Parentally biased favouritism in relation to offspring sex in zebra finches. Behavioral Ecology and Sociobiology 65: 2261–2268.

[59] Malacarne G, Cucco M & Bertolo E (1994) Sibling competition in asynchronously hatched broods of the Pallid swift (*Apus pallidus*). Ethology Ecology and Evolution 6: 293–300.

[60] Ostreiher R (2001) The importance of nestling location for obtaining food in open cup-nests. Behavioral Ecology and Sociobiology 49: 340–347.

[61] McRae S, Weatherhead PJ & Montgomerie R (1993) American robin nestlings compete by jockeying for position. Behavioral Ecology and Sociobiology 33: 101–106.

[62] Porkert J & Spinka M (2006) Begging in Common redstart nestlings: scramble competition or signalling of need? Ethology 112: 398–410.

[63] Lessells CM, Poelman EH, Mateman AC & Cassey P (2006) Consistent feeding

positions of great tit parents. Animal Behaviour 72: 1249-1257.

［64］ Köliker M & Richner H (2004) Navigation in a cup: chick positioning in great tit, *Parus major*, nests. Animal Behaviour 68: 941-948.

［65］ Tanner M, Köliker M & Richner H (2007) Parental influence on sibling rivalry in great tit, *Parus major*, nests. Animal Behaviour 74: 977-983.

［66］ Tanner M, Köliker M & Richner H (2008) Differential food allocation by male and female great tit, *Parus major*, parents: are parents or offspring in control? Animal Behaviour 75: 1563-1569.

［67］ Eguchi K (1985) Food size, energy intake and nutrient intake of nestling tits, *Parus varius* and *Parus major*. Journal of Yamashina Institute for Ornithology 17: 74-83.

［68］ 羽田健三(1986).鳥類の生活史. 築地書館，東京。

［69］ 浦本昌紀(1966).鳥類の生活。紀伊國屋書店，東京。

［70］ 荒木田善隆(1995)ヤマガラの巣箱設置による繁殖個体数増加と高密度下における繁殖生態。日本鳥学会誌 44：37-65。

［71］ Ryser S, Guillod N, Bottini C, Arlettaz R, Jacot A (2016) Sex-specific food provisioning patterns by parents in the asynchronously hatching European hoopoe. Animal Behaviour 117: 15-20.

［72］ Leonard M, Teather KL, Horn A, Koenig WD & Dickinson JL (1994) Provisioning in western bluebirds is not related to offspring sex. Behavioral Ecology 5: 455-459.

［73］ Kacelnik A, Cotton PA, Stirling L & Wright J (1995) Food allocation among nestling starlings: sibling competition and the scope of parental choice. Proceedings of the Royal Society B 259: 259-263.

［74］ Leonard M & Horn A (1996) Provisioning rules in tree swallows. Behavioral Ecology and Sociobiology 38: 341-347.

［75］ Lotem A (1998) Brood reduction and begging behaviour in the swift *Apus apus*: no evidence that large nestlings restrict parental choice. Ibis 140: 507-511.

［76］ Shiao M-T, Chuang M-C & Wang Y (2009) Differential food distribution by male and female green-backed tits (*Parus monticolus*) in relation to nestling size. Auk 126: 906-914.

第8章

［1］ Martin TE (2004) Avian life-history evolution has an eminent past: does it have a bright future? Auk 121: 289-301.

［2］ 永田尚志(2002).鳥類の生活史戦略。山岸哲・樋口広芳(編)「これからの鳥類学」。pp. 40-66，裳華房，東京。

［3］ Crook JH (1965) The adaptive significance of avian social organisations. Symposia of the Zoological Society of London 14: 181-218.

［4］ Lack D (1968) *Ecological adaptations for breeding in birds*. Methuen, London.

［5］ Trivers R (1985) *Social evolution*. Benjamin-Cummings. Menlo Park.（邦訳：中嶋康

裕・福井康雄・原田泰志(訳)(1991)「生物の社会進化」。産業図書，東京)。

［6］Double M & Cockburn A (2000) Pre-dawn infidelity: females control extra-pair mating in superb fairy-wrens. Proceedings of the Royal Society B 267: 465-470.

［7］Birkhead TR & Møller AP (1992) *Sperm competition in birds: evolutionary causes and consequences*. Academic Press, London.

［8］Griffith SC, Owens IPF & Thuman KA (2002) Extra-pair paternity in birds: a review of interspecific variation and adaptive function. Molecular Ecology 11: 2195-2212.

［9］上田恵介(1987)一夫一妻の神話。蒼樹書房，東京。

［10］Davies NB (1992) *Dunnock behaviour and social evolution*. Oxford University Press, Oxford.

［11］中村雅彦(2002).鳥類における乱婚の意義。山岸哲・樋口広芳(編)「これからの鳥類学」。pp. 162-190。裳華房，東京。

［12］油田照秋(2016).鳥類の配偶システムとつがい外父性。江口和洋(編)「鳥の行動生態学」。pp. 45-75。京都大学学術出版会，京都。

［13］Kempenaers B, Verheyen GR, Van den Broeck M, Burke T, Van Broeckhoven C & Dhondt AA (1992) Extra-pair paternity results from female preference for high-quality males in the blue tit. Nature 357: 494-496.

［14］Møller AP (1988) Female choice selects for male sexual tail ornaments in the monogamous swallow. Nature 322: 640-642.

［15］Westneat DF & Stewart IRK (2003) Extra-pair paternity in birds: causes, correlates, and conflict. Annual Review of Ecology, Evolution and Systematics 34: 365-396.

［16］Møller AP & Birkhead TM (1993) Cuckoldry and sociality: a comparative study of birds. American Naturalist 142: 118-140.

［17］Mougeot F (2004) Breeding density, cuckoldry risk and copulation behaviour during the fertile period in raptors: a comparative analysis. Animal Behaviour 67: 1067-1076.

［18］Westneat DF & Sherman PW (1997) Density and extra-pair fertilisations in birds: a comparative analysis. Behavioral Ecology and Sociobiology 41: 205-215.

［19］Møller AP & Ninni P (1998) Sperm competition and sexual selection: a meta-analysis of paternity studies of birds. Behavioral Ecology and Sociobiology 43: 345-358.

［20］Neudorf DLH (2004) Extrapair paternity in birds: understanding variation among species. Auk 121: 302-307.

［21］Stutchbury BJM & Morton ES (1995) The effect of breeding synchrony on extra-pair mating systems in songbirds. Behaviour 132: 675-690.

［22］Macedo RH, Karubian J & Webster MS (2008) Extrapair paternity and sexual selection in socially monogamous birds: are tropical birds different? Auk 125: 769-777.

［23］Spottiswoode C & Møller AP (2004) Extrapair paternity, migration, and breeding synchrony in birds. Behavioral Ecology 15: 41-57.

［24］Bonier F, Eikenaar C, Martin PR & Moore IT (2014) Extrapair paternity rates vary with latitude and elevation in emberizid sparrows. American Naturist 183: 54–61.

［25］Møller AP (1994) *Sexual selection and the Barn Swallow*. Oxford University Press, Oxford.

［26］Mulder RA, Dunn PO, Cockburn A, Lazenby-Cohen KA & Howell MJ (1994) Helpers liberate female fairy-wrens from constraints on extra-pair mate choice. Proceedings of the Royal Society B 255: 223–229.

［27］Møller AP (2000) Male parental care, female reproductive success, and extra-pair paternity. Behavioral Ecology 11: 161–168.

［28］Arnold KE & Owens IPF (2002) Extra-pair paternity and egg dumping in birds: life history, parental care and the risk of retaliation. Proceedings of the Royal Society B 269: 1263–1269.

［29］Møller AP & Cuervo JJ (2000) The evolution of paternity and parental care in birds. Behavioral Ecology 11: 472–485.

［30］Mauck RA, Marschall EA & Parker PG (1999) Adult survival and imperfect assessment of parentage: effects on male parenting decisions. American Naturalist 154: 99–109.

［31］Downing PA, Cornwallis CK & Griffin AS (2015) Sex, long life and the evolutionary transition to cooperative breeding in birds. Proceedings of the Royal Society B 282: DOI: 10.1098/rspb.2015.1663

［32］Bennett PM & Owens IPF (2002) *Evolutionary ecology of birds*. Oxford University Press, Oxford.

［33］Cézilly F & Nager RG (1995) Comparative evidence for a positive association between divorce and extra-pair paternity in birds. Proceedings of the Royal Society B 262: 7–12.

［34］Hasselquist D & Sherman PW (2001) Social mating systems and extrapair fertilizations in passerine birds. Behavioral Ecology 12: 457–466.

［35］江口和洋(2005)鳥類における協同繁殖様式の多様性。日本鳥学会誌 54：1–22。

［36］Skutch AE (1961) Helpers among birds. Condor 63: 198–226.

［37］Ligon JD & Burt DB (2004) Evolutinary origins. In: *Ecology and evolution of cooperative breeding in birds* (Koenig WD & Dickinson JL eds), pp. 5–34, Cambridge University Press, Cambridge.

［38］Cockburn A (2006) Prevalence of different modes of parental care in birds. Proceedings of the Royal Society B 273: 1375–1383.

［39］Emlen ST (1982) The evolution of helping. I. An ecological constraint model. American Naturalist 119: 29–39.

［40］Brown JL (1987) *Helping and communal breeding in birds: ecology and evolution*. Princeton University Press, Princeton.

［41］Edward SV & Naeem S (1993) The phylogenetic component of cooperative breeding in perching birds. American Naturalist 141: 754–789.

[42] Arnold KE & Owens IPF (1998) Cooperative breeding in birds: a comparative test of the life history hypothesis. Proceedings of the Royal Society B 265: 739-745.

[43] Arnold KE & Owens IPF (1999) Cooperative breeding in birds: the role of ecology. Behavioral Ecology 10: 465-471.

[44] Ericson PGP, Irestedt M & Johansson US (2003) Evolution, biogeography, and patterns of diversification in passerine birds. Journal of Avian Biology 34: 3-15.

[45] Barker FK, Barrowclough GF & Groth JG (2002) A phylogenetic hypothesis for passerine birds: taxonomic and biogeographic implications of an analysis of nuclear DNA sequence data. Proceedings of the Royal Society B 269: 295-308.

[46] Cockburn A (2003) Cooperative breeding in oscine passerines: does sociality inhibit speciation? Proceedings of the Royal Society B 270: 2207-2214.

[47] Jetz W & Rubenstein DR (2011) Environmental uncertainty and the global biogeography of cooperative breeding in birds. Current Biology 21: 72-78.

[48] Fry CH (1977) The evolutionary significance of cooperative breeding in birds. In: *Evolutionary ecology* (Stonehouse B & Perrins CM eds), pp. 127-136, University Park Press, Baltimore.

[49] Dow DD (1980) Communally breeding Australian birds with an analysis of distributional and environmental factors. Emu 80: 121-140.

[50] Ford HA, Bell H, Nias R & Noske R (1988) The relationship between ecology and the incidence of cooperative breeding in Australian birds. Behavioral Ecology and Sociobiology 22: 239-250.

[51] Du Plessis MA, Siegfried WR & Armstrong AJ (1995) Ecological and life-history correlates of cooperative breeding in South African birds. Oecologia 102: 180-188.

[52] Rubenstein DR & Lovette IJ (2007) Temporal environmental variability drives the evolution of cooperative breeding in birds. Current Biology 17: 1414-1419.

[53] Cockburn A & Russell AF (2011) Cooperative breeding: a question of climate? Current Biology 21: https://doi.org/10.1016/j.cub.2011.01.044.

[54] Selander RK (1964) Speciation in wrens of the genus *Campylorhynchus*. University of California Publications in Zoology 74: 1-305.

[55] Stacey PB & Ligon JD (1987) Territory quality and dispersal options in the acorn woodpecker, and a challenge to the habitat saturation model of cooperative breeding. American Naturalist 130: 654-676.

[56] Stacey PB & Ligon JD (1991) The benefit-of-philopatry hypothesis for the evolution of cooperative breeding: variation in territory quality and group size effects. American Naturalist 137: 831-846.

[57] Emlen ST (1991) Evolution of cooperative breeding in birds and mammals. In: *Behavioural ecology: an evolutionary approach 3rd* (Krebs JR & Davies NB eds), pp. 301-337, Blackwell, Oxford.

［58］ Emlen ST (1997) Predicting family dynamics in social vertebrates. In: *Behavioural ecology: an evolutionary approach 4th* (Krebs JR & Davies NB eds), pp. 228-253, Blackwell, Oxford.

［59］ Pruett-Jones SG & Lewis MJ (1990) Sex ratio and habitat limitation promote delayed dispersal in superb fairy-wrens. Nature 348: 541-542.

［60］ Baglione V, Canestrari D, Marcos JM, Grisser M & Ekman J (2002) History, environment and social behaviour: experimentally induced cooperative breeding in the carrion crow. Proceedings of the Royal Society B 269: 1247-1251.

［61］ Ekman J, Baglione V, Eggers S & Griesser M (2001) Delayed dispersal: living under the reign of nepotistic parents. Auk 118: 1-10.

［62］ Beauchamp G (2014) Do avian cooperative breeders live longer? Proceedings of the Royal Society B 281: 20140844. DOI: 101098/rspb.2012.1433.

［63］ Russell EM, Yom-Tov Y & Geffen E (2004) Extended parental care and delayed dispersal: northern, tropical, and southern passerines compared. Behavioral Ecology 15: 831-838.

［64］ Cornwallis CK, West SA, Davis KE & Griffin AS (2010) Promiscuity and the evolutionary transition to complex societies. Nature 466: 969-972.

［65］ Cockburn A (2004) Mating systems and sexual conflict. In: *Ecology and evolution of cooperative breeding in birds* (Koenig WD & Dickinson JL eds), pp. 81-101, Cambridge University Press, Cambridge.

［66］ Cockburn A (2010) Oh sibling, who are thou? Nature 466: 930-931.

［67］ Covas R & Griesser M (2007) Life history and the evolution of family living in birds. Proceedings of the Royal Society B 274: 1349-1357.

［68］ Ekman J (1989) Ecology of non-breeding social systems of *Parus*. Wilson Bulletins 101: 263-288.

［69］ Ekman J (2006) Family living among birds. Journal of Avian Biology 37: 289-298.

［70］ 江口和洋(2017)目立ちたがり屋の鳥たち：面白い鳥の行動生態。東海大学出版部，平塚。

［71］ 江口和洋(2014)鳥類の社会形態の進化に関与する生活史要因の重要性。日本鳥学会誌 63：249-265。

第 9 章

［1］ Gill FB (2008) *Ornithology 3rd.* W. H. Freeman and Company, New York. (邦訳：山岸哲(監修)，山階鳥類研究所(訳)(2009)「鳥類学」。新樹社，東京)。

［2］ Alerstam T & Lindström Å (1990) Optimal bird migration: the relative importance of time, energy and safety. In: *Bird migration* (Eberhard Gwinner ed), pp. 331-351, Springer, Berlin, Heidelberg.

［3］ Alerstam T (2011) Optimal bird migration revisited. Journal of Ornithology: S5-S23.

［4］ Hedenstöm A (2008) Adaptations to migration in birds: behavioural strategies, morphology and scaling effects. Philosophical Transactions of the Royal Society B 363: 287-299.

［5］ Pennycuick CJ (2008) *Modelling the flying bird.* Academic Press, Burlington.

［6］ Hedenstöm A & Alerstam T (1996) Skylark optimal flight speeds for flying nowhere and somewhere. Behavioral Ecology 7: 121-126.

［7］ Hupp JW, Zacheis AB, Anthony M, Robertson DG, Erickson WP & Palacios KC (2001) Snow cover and snow geese *Anser caerulescens caerulescens* distribution during spring migration. Wildlife Biology 7: 65-76.

［8］ Yamaguchi NM, Hiraoka E, Hijikata N & Higuchi H (2017) Migration routes of satellite-tracked Rough-legged Buzzards from Japan: the relationship between movement patterns and snow cover. Ornithological Science 16: 33-41.

［9］ Gill RE, Tibbitts TL, Doughlas DC, Handel CM, Mulcahy DM, Gottschalck JC, Warnock N, McCaffery BJ, Battley PF & Piersma T (2009) Extreme endurance flights by landbirds crossing the Pacific Ocean: ecological corridor rather than barrier? Proceedings of the Royal Society B 276: 447-457.

［10］ Dee DP, Uppala SM, Simmons AJ, Berrisford P, Poli P, Kobayashi S, Andrae U, Balmaseda MA, Balsamo G, Bauer P, Bechtold P, Beljaars ACM, van de Berg L, Bidlot J, Bormann N, Delsol C, Dragani R, Fuentes M, Geer AJ, Haimberger L, Healy SB, Hersbach H, Monge-Sanz BM, Morcrette J-J, Park B-K, Peubey C, de Rosnay P, Tavolato C, Thépaut J-N & Vitart F (2011) The ERA-Interim reanalysis: configuration and performance of the data assimilation system. Quarterly Journal of the Royal Meteorological Society 137: 553-597.

［11］ Gill RE, Doughlas DC, Handel CM, Tibbitts TL, Hufford G & Piersma T (2014) Hemispheric-scale wind selection facilitates bar-tailed godwit circum-migration of the Pacific. Animal Behaviour 90: 117-130.

［12］ Yamaguchi NM, Arisawa Y, Shimada Y & Higuchi H (2012) Real-time weather analysis reveals the adaptability of direct sea-crossing by raptors. Journal of Ethology 30: 1-10.

［13］ Nourani E, Yamaguchi NM, Manda A & Higuchi H (2016) Wind conditions facilitate the seasonal water-crossing behaviour of Oriental Honey-buzzards *Pernis ptilorhynchus* over the East China Sea. Ibis 158: 506-518.

［14］ Klaassen RHG, Alerstam T, Carlsson P, Fox JW & Lindström Å (2011) Great flights by great snipes: long and fast non-stop migration over benign habitats. Biology Letters 7: 833-835.

［15］ 中村司 (2012) *渡り鳥の世界。* 山梨日日新聞社，甲府市。

［16］ Farner DS & Lewis RA (1971) Photoperiodism and reproductive cycles in birds. In: *Photophysiology* (Giese AC ed), pp. 325-370, Academic Press, New York.

［17］ Wolfson A (1960) Regulation of annual periodicity in the migration and reproduction of birds. Cold Spring Harbor Symposia on Quantitative Biology 25: 507-514.

［18］ Nakamura T & Kitahara M (1983) Migratory activities in caged *Emberiza rustica* exposed to different artificial lights and temperatures. Journal of Yamashina Institute for Ornithology 15: 141-155.

［19］ von Bartheld CS & Giannessi F (2011) The paratympanic organ: a barometer and altimeter in the middle ear of birds? Journal of Experimental Zoology Part B: Molecular and Developmental Evolution 316: 402-418.

［20］ O'Neill P (2012) Magnetoreception and baroreception in birds. Development, Growth and Differentiation 55: 189-197.

［21］ Metcalfe J, Schmidt KL, Kerr WB, Guglielmo CG & MacDougall-Shackleton SA (2013) White-throated sparrows adjust behaviour in response to manipulations of barometric pressure and temperature. Animal Behabiour 86: 1285-1290.

［22］ Ahrens CD (2007) *Meteorology today: an introduction to weather, climate, and the environment 8th*. Brooks/Cole, Belmont.（邦訳：古川武彦（監訳），椎野純一・伊藤朋之（訳）（2008）「最新気象百科」。丸善出版，東京）。

［23］ 中村司・菱山憲治(1987)カシラダカの渡り活動に及ぼす気象的要因：湿度を主とする。山梨大学教育学部研究報告 38：32-35。

［24］ Norris DR (2005) Carry-over effects and habitat quality in migratory populations. Oikos 109: 178-186.

［25］ Crossin GT, Trathan PN, Phillips RA, Dawson A, Bouard FL & Williams TD (2010) A carryover effect of migration underlies individual variation in reproductive readiness and extreme egg size dimorphism in Macaroni Penguins. American Naturalist 176: 357-366.

［26］ Prevett JP & MacInnes CD (1980) Family and other social groups in snow geese. Wildlife Monographs 71: 3-46.

［27］ Bustamnante J & Hiraldo F (1990) Factors influencing family rupture and parent-offspring conflict in the Black Kite *Milvus migrans*. Ibis 132: 58-67.

［28］ 植田睦之・樋口広芳・尾崎清明(2001)マナヅルの親子関係の解消時期。Strix 19：141-148。

［29］ Mueller T, O'Hara RB, Converse SJ, Urbanek RP & Fagan WF (2013) Social learning of migratory performance. Science 341: 999-1002.

［30］ Marra PP, Hobson KA & Holmes RT (1998) Linking winter and summer events in a migratory bird by using stable-carbon isotopes. Science 282: 1884-1886.

［31］ Stutchbury BJ, Gow EA, Done T, MacPherson M, Fox JW & Afanasyev V (2011) Effects of post-breeding moult and energetic condition on timing of songbird migration into tropics. Proceedings of the Royal Society B 278: 131-137.

［32］ IPCC Working Group I (2013) *Climate change 2013: the physical science basis*. Fifth assessment report of the intergovernmental panel of climate change. URL: https://www.

ipcc.ch/report/ar5/

[33] Walther GR, Post E, Convey P, Menzel A, Parmesan C, Beebee TJ, Fromentin J-M, Hoegh-Guldberg O & Bairlein F (2002) Ecological responses to recent climate change. Nature 416: 389–395.

[34] Lehikoinen E & Sparks TH (2010) Changes in migration. In: *Effects of climate change on birds*. (Møller AP, Fielder W & Berthold P eds), pp. 89–112, Oxford University Press, Oxford.

[35] Dawson A (2008) Control of the annual cycle in birds: endocrine constraints and plasticity in response to ecological variability. Philosophical Transactions of the Royal Society B 363: 1621–1633.

[36] Wingfield JC (2008) Comparative endocrinology, environment and global change. General and Comparative Endocrinology 157: 207–216.

[37] Both C, Bouwhuis S, Lessells CM & Viesser ME (2006) Climate change and population declines in a long-distance migratory bird. Nature 441: 81–83.

[38] Newton I (2008) *Migration ecology in birds*. Academic Press, London.

[39] Sinelchikova A, Kosarev V, Panov I & Baushev A (2007) The influence of wind conditions in Europe on the advance in timing of the spring migration of the song thrush (*Turdus philomelos*) in the south-east Baltic region. International Journal of Biometeorology 51: 431–440.

[40] Nourani E, Yamaguchi NM & Higuchi H (2017) Climate change alters the optimal wind-dependent flight routes of an avian migrant. Proceedings of the Royal Society B 284: 20170149.

第 10 章

[1] Roff DA (1992) *The evolution of life histories. theory and analysis*. Chapman & Hall, New York.

[2] Stearns SC (1992) *The evolution of life histories*. Oxford University Press, New York.

[3] Blondel J (2000) Evolution and ecology of birds on islands: trends and prospects. Vie et Milieu 50: 205–220.

[4] Losos JB & Ricklefs RE (2009) Adaptation and diversification on islands. Nature 457: 830–836. doi: 10.1038/nature07893.

[5] Wright NA & Steadman DW (2012) Insular avian adaptations on two Neotropical continental islands. Journal of Biogeography 39: 1891–1899. doi: 10.1111/j.1365–2699.2012.02754.x.

[6] Dudaniec RY, Schlotfeldt BE, Bertozzi T, Donnellan SC & Kleindorfer S (2011) Genetic and morphological divergence in island and mainland birds: informing conservation priorities. Biological Conservation 144: 2902–2912.

[7] MacArthur RH & Wilson EO (1967) *The theory of island biogeography*. Princeton

University Press, Princeton.

[8] Whittaker RJ & Fernández-Palacios JM (2007) *Island biogeography ecology, evolution, and conservation.* Oxford University Press, Oxford.

[9] Connor EF & McCoy ED (2001) Species-area relationships. In: *Encyclopedia of biodiversity vol. 5* (Levin SA ed), 397–411, Academic Press, New York.

[10] Izawa M, Sakaguchi N & Doi T (2000) Recent conservation programs for the Iriomote cat *Felis iriomotensis.* Tropics 10: 79–85.

[11] Williamson MH (1984) Sir Joseph Hooker's Lecture on Insular Floras. Biological Journal of the Linnean Society 22: 55–77. doi: 10.1111/j.1095-8312.1984.tb00799.x.

[12] Calder WA III (1984) *Size, function and life history.* Harvard University Press, Cambridge.

[13] McNab BK (2002) Minimizing energy expenditure facilitates vertebrate persistence on oceanic islands. Ecology Letter 5: 693–704.

[14] Lomolino MV (2005) Body size evolution in insular vertebrates: generality of the island rule. Journal of Biogeography 32: 1683–1699. doi: 10.1111/j.1365-2699.2005.01314.x.

[15] Van Valen L (1973) Pattern and the balance of nature. Evolutionary Theory 1: 31–49.

[16] Luther D & Greeberge R (2011) The island syndrome in coastal wetland ecosystems: convergent evolution of large bills in mangrove passerines. Auk 128: 201–204.

[17] MacArthur RH, Diamond JM & Karr JR (1972) Density compensation in island faunas. Ecology 53: 330–342.

[18] Price TD (2008) *Speciation in birds.* Roberts and Company, Greenwood Village.

[19] Boyer AG & Jetz W (2010) Biogeography of body size in Pacific island birds. Ecography 33: 369–379. doi: 10.1111/j.1600-0587.2010.06315.x.

[20] McClain CR, Durst PAP, Boyer AG & Francis CD (2013) Unravelling the determinants of insular body size shifts. Biological Letter 9: 20120989. doi: 10.1098/rsbl.2012.0989.

[21] Alder GH & Levins R (1994) The island syndrome in rodent populations. Quarterly Review of Biology 69: 473–490.

[22] Alroy J (1998) Cope's rule and the dynamics of body mass evolution in North American mammals. Science 280: 731–734.

[23] Meiri S, Cooper N & Purvis A (2008) The island rule: made to be broken? Proceedings of the Royal Society B 275: 141–148.

[24] Meiri S (2017) Oceanic island biogeography: Nomothetic science of the anecdotal. Frontiers of Biogeography 9: e32801. doi: 10.21425/F59132081.

[25] Clegg SM, Degnan SM, Moritz C, Estoup A & Kikkawa J (2002) Microevolution in island forms: the roles of drift and directional selection in morphological divergence of a passerine bird. Evolution 56: 2090–2099. doi: 10.1111/j.0014-3820.2002.tb00134.x.

[26] Greenberg R & Danner RM (2013) Climate, ecological release and bill dimorphism in

an island songbird. Biological Letter 9: 20130118. http://dx.doi.org/10.1098/rsbl.2013.0118

[27] Grant PR (1968) Plumage and the evolution of birds on islands. Systematic Zoology 14: 47-52.

[28] Förschler MI & Siebenrock KH (2007) Morphological differentiation of mainland Citril Finches, *Carduelis [citrinella] citrinella* and insular Corsican (Citril) Finches, *Carduelis [citrinella] corsicanus*. Bonner Zoologische Beiträge 55: 159-162.

[29] Clegg SM & Owens IPF (2002) The 'island rule' in birds: medium body size and its ecological explanation. Proceedings of the Royal Society B 269: 1359-1365. doi: 10.1098/rspb.2002.2024.

[30] Abbott I (1980) Theories dealing with the ecology of landbirds on islands. Advance in Ecological Research 2: 329-371.

[31] Bowlin MS & Wikelski M (2008) Pointed wings, low wingloading and calm air reduce migratory flight costs in songbirds. PLoS ONE. 3: e2154. doi: 10.1371/journal.pone.0002154.

[32] Pianka E (1980) *Evolutionary ecology 2nd*. Harper and Row, New York.

[33] Jetz W, Sekercioglu CH & Böhning-Gaese K (2008) The worldwide variation in avian clutch size across species and space. PLoS Biology 6: 2650-2657.

[34] Covas R (2012) Evolution of reproductive life histories in island birds worldwide. Proceedings of the Royal Society B 279: 1531-1537. http://doi.org/10.1098/rspb.2011.1785

[35] Higuchi H & Momose H (1981) Deferred independence and prolonged infantile behaviour in young varied tits, *Parus varius*, of an island population. Animal Behaviour 29: 523-528. doi: 10.1016/S0003-3472 (81) 80114-5.

[36] Lack D (1948) The significance of clutch-size. Part III. Some interspecific comparison. Ibis 90: 25-45.

[37] Dmitriew CM (2011) The evolution of growth trajectories: what limits growth rate? Biological Reviews 86: 97-116.

[38] Cockburn A (2006) Prevalence of different modes of parental care in birds. Proceedings of the Royal Society B 273: 1375-1383.

[39] Arnold KE & Owens IP (1998) Co-operative breeding in birds: a comparative test of the life-history hypothesis. Proceedings of the Royal Society B 265: 739-745. https://dx.doi.org/10.1098%2Frspb.1998.0355

[40] Covas R & Griesser M (2007) Life history and the evolution of family living in birds. Proceedings of the Royal Society B 274: 1349-1357.

[41] Emlen ST (1982) The evolution of helping. I. An ecological constraints model. American Naturalist 119: 29-39.

[42] Cockburn A (2003) Cooperative breeding in Oscine passerines: does sociality inhibit speciation? Proceedings of the Royal Society B 270: 2207-2214.

[43] Griffith SC (2000) High fidelity on islands: a comparative study of extra-pair paternity

in passerine birds. Behavioral Ecology 11: 265-273.

[44] Fitzpatrick S (1998) Intraspecific variation in wing length and male plumage coloration with migratory behavior in continental and island populations. Journal of Avian Biology 29: 248-256.

[45] Figuerola J & Green AJ (2000) The evolution of sexual dimorphism in relation to mating patterns, cavity nesting, insularity and sympatry in the Anseriformes. Functional Ecology 14: 701-710.

[46] Lambrechts MM, Blondel J, Hurtrez-Bousses S, Marcel M & Perre P (1997) Adaptive inter-population differences in blue tit life-history traits on Corsica. Evolutionary Ecology 11: 599-312. doi: 10.1007/s10682-997-1515-0.

[47] Clegg SM, Frentiu FD, Kikkawa J, Tavecchia G & Owens IPF (2008) 4000 Years of phenotypic change in an island bird: heterogeneity of selection over three microevolutionary timescales. Evolution 62: 2393-2410.

[48] Andrade P, Rodrigues P, Lopes RJ, Ramos JA, Da Cunha RT & Gonçalves D (2015) Ecomorphological patterns in the Blackcap *Sylvia atricapilla*: insular versus mainland populations. Bird Study 62: 498-507.

[49] Blanco G, Laiolo P & Fargallo JA (2014) Linking environmental stress, feeding-shifts and the 'island syndrome': a nutritional challenge hypothesis. Population Ecology 56: 203-216. doi: 10.1007/s10144-013-0404-3.

[50] McNab BK (1994) Resource use and the survival of land and freshwater vertebrates on oceanic islands. American Naturalist 144: 643-660.

第 11 章

[1] IUCN (2000) IUCN guidelines for the prevention of biodiversity loss caused by alien invasive species. Invasive Species Specialist Group, IUCN. http://www.issg.org/pdf/guidelines_iucn.pdf

[2] Blackburn TM, Lockwood JL & Cassey P (2009) *Avian invasions: The ecology & evolution of exotic birds.* Oxford University Press, Oxford.

[3] 江口和洋・天野一葉(2000)移入鳥類の諸問題。保全生態学研究 5：131-148。

[4] Catford JA, Jansson R & Nilsson C (2009) Reducing redundancy in invasion ecology by integrating hypotheses into a single theoretical framework. Diversity and Distributions 15: 22-40.

[5] Vall-llosera M & Sol D (2009) A global risk assessment for the success of bird introductions. Journal of Applied Ecology 46: 787-795.

[6] Amano HE & Eguchi K (2002a) Nest-site selection of the Red-billed Leiothrix and Japanese Bush Warbler in Japan. Ornithological Science 1: 101-110.

[7] Amano HE & Eguchi K (2002b) Foraging niches of introduced Red-billed Leiothrix and native species in Japan. Ornithological Science 1: 123-131.

［8］ Freed LA & Cann RL (2009) Negative effects of an introduced bird species on growth and survival in a native bird community. Current Biology 19: 1736-1740.

［9］ Devictor V, Julliard R, Couvet D, Lee A & Jiguet F (2007) Functional homogenization effect of urbanization on bird communities. Conservation Biology 21: 741-751.

［10］ West-Eberhard MJ (1989) Phenotypic plasticity and the origins of diversity. Annual Review of Ecology and Systematics 20: 249-278.

［11］ 山内淳(2012)進化生態学入門：数式で見る生物進化。共立出版，東京。

［12］ Lack D (1947) The significance of clutch-size. Part I. Interspecific variations. Ibis 89: 320-352.

［13］ Lack D (1948) The significance of clutch-size. Part III. Some interspecific comparisons. Ibis 90: 25-45.

［14］ Skutch AF (1949) Do tropical birds rear as many young as they can nourish? Ibis 91: 430-455.

［15］ Cardillo M (2002) The life-history basis of latitudinal diversity gradients: how do species traits vary from the poles to the equator? Journal of Animal Ecology 71: 79-87.

［16］ Moreau RE (1944) Clutch-size: a comparative study, with special reference to African birds. Ibis 86: 286-347.

［17］ Yom-Tov Y, Christie MI & Iglesias GJ (1994) Clutch size in passerines of southern South America. Condor 96: 170-177.

［18］ Martin TE (1996) Life history evolution in tropical and south temperate birds: what do we really know? Journal of Avian Biology 27: 263-272.

［19］ van Zyl AV (1999) Breeding biology of the Common Kestrel in southern Africa (32 degrees S) compared to studies in Europe (53 degrees N). Ostrich 70: 127-132.

［20］ Niethammer G (1970) Clutch size of introduced European passeriformes in New Zealand. Notornis 17: 214-222.

［21］ Evans KL, Duncan RP, Blackburn TM & Crick HQP (2005) Investigating geographic variation in clutch size using a natural experiment. Functional Ecology 19: 616-624.

［22］ Ashmole NP (1963) The regulation of numbers of tropical oceanic birds. Ibis 103b: 458-716.

［23］ Cassey P, Boulton RL, Ewen JG & Hauber ME (2009) Reduced clutch-size is correlated with increased nest predation in exotic *Turdus* thrushes. Emu 109: 294-299.

［24］ Samaš P, Grim T, Hauber ME, Cassey P, Weidinger K & Evans KL (2013) Ecological predictors of reduced avian reproductive investment in the southern hemisphere. Ecography 36: 809-818.

［25］ Sol D, Santos DM, Feria E & Clavell J (1997) Habitat selection by the Monk Parakeet during colonization of a new area in Spain. Condor 99: 39-46.

［26］ Able KP & Belthoff JR (1998) Rapid 'evolution' of migratory behaviour in the introduced house finch of eastern North America. Proceedings of the Royal Society B 265:

2063-2071.

[27] Martin LB & Fitzgerald L (2005) A taste for novelty in invading house sparrows, *Passer domesticus*. Behavioral Ecology 16: 702-707.

[28] Sol D, Duncan RP, Blackburn TM, Cassey P & Lefebvre L (2005) Big brains, enhanced cognition, and response of birds to novel environments. Proceedings of the National Academy of Science 102: 5460-5465.

[29] Sol D, Griffin AS, Bartomeus I & Boyce H (2011) Exploring or avoiding novel food resources? The Novelty Conflict in an Invasive Bird. PLoS ONE 6: e19535.

[30] Lewontin RC (1965) Selection for colonizing ability. In: *The genetics of colonizing species* (Baker H & Stebbins G eds), pp. 77-94, Academic Press, London.

[31] Stearns SC (1989) Trade-off in life history evolution. Functional Ecology 3: 259-268.

[32] Moulton MP, Pimm SL, Mooney HA & Drake JA (1986) Species introductions to Hawaii. In: *Ecology of biological invasions in North America and Hawaii* (Mooney HA & Drake JA eds), pp. 231-249, Springer, New York.

[33] Pimm SL (1991) *The balance of nature? ecological issues in the conservation of species and communities*. University of Chicago Press, Chicago.

[34] Sæther BE, Engen S, Møller AP et al. (2004) Life history variation predicts the effects of demographic stochasticity on avian population dynamics. American Naturalist 164: 793-802.

[35] Sol D & Maspons J (2016) Life history, behaviour and invasion success. In: *Biological invasion and animal behaviour* (Weis JS & Sol D eds), pp. 63-81, Cambridge University Press, Cambridge.

[36] Yeh PJ & Prince TD (2004) Adaptive phenotypic plasticity and the successful colonization of a novel environment. American Naturalist 164: 531-542.

[37] Cubaynes S, Doherty PF, Schreiber EA & Gimenez O (2011) To breed or not to breed: a seabird's response to extreme climate events. Biology Letters 7: 303-306.

[38] Allman JM (1999) *Evolving brains*. Scientific American Library, New York.

[39] van Schaik CP & Deaner RO (2003) Life history and cognitive evolution in primates. In: *Animal social complexity* (de Waal FBM & Tyack PL eds), pp. 5-25, Harvard University Press, Cambridge.

[40] Sol D (2009a) The cognitive-buffer hypothesis for the evolution of large brains. In: *Cognitive ecology II* (Dukas R & Ratcliffe RM eds), pp. 111-134, Chicago University Press, Chicago.

[41] Sol D (2009b) Revisiting the cognitive buffer hypothesis for the evolution of large brains. Biology Letters 5: 130-133.

[42] Pinter-Wollman N, Isbell LA & Hart LA (2009) Assessing translocation outcome: comparing behavioral and physiological aspects of translocated and resident African elephants (*Loxodonta africana*). Biological Conservation 142: 1116-1124.

［43］Sol D, Maspons J & Vall-llosera M et al. (2012b) Unraveling the life history of successful invaders. Science 337: 580–583.

［44］Sol D, González-Lagos C, Moreira D, Maspons J & Lapiedra O (2014) Urbanisation tolerance and the loss of avian diversity. Ecology Letters 17: 942–950.

［45］Holt RD, Barfield M & Gomulkiewicz R (2005) Theories of niche conservation and evolution: could exotic species be potential tests? In: *Species invasions: insights into ecology, evolution and biogeography* (Sax DF, Stachowicz JJ & Gaines SD eds), pp. 259–290, Siauer Associations Inc., Sunderland.

［46］江口和洋・天野一葉 (2008) ソウシチョウの間接効果によるウグイスの繁殖成功の低下。日本鳥学会誌 57：3-10。

［47］Nakamura H (1990) Brood parasitism by the Cuckoo *Cuculus canorus* in Japan and the start of new parasitism on the Azure-winged Magpie *Cyanopica cyana*. Japanese Journal of Ornithology 39: 1–18.

［48］Peace CM & Grzybowski JA (1995) Assessing the consequences of brood parasitism and nest predation on seasonal fecundity in passerine birds. Auk 112: 343–363.

［49］Lahti DC (2005) Evolution of bird eggs in the absence of cuckoo parasitism. Proceedings of the National Academy of Science 102: 18057–18062.

［50］Robert M & Sorci G (1999) Rapid increase of host defence against brood parasites in a recently parasitized area: the case of village weavers in Hispaniola. Proceedings of the Royal Society B 266: 941–946.

［51］Lahti DC (2006) Persistence of egg recognition in the absence of cuckoo brood parasitism: pattern and mechanism. Evolution 60: 157–168.

［52］Levine JM, Adler PB & Yelenik SG (2004) A meta-analysis of biotic resistance to exotic plant invasions. Ecology Letters 7: 975–989.

［53］Simberloff D & von Holle B (1999) Positive interactions of nonindigenous species: invasional meltdown? Biological Invasions 1: 21–32.

［54］Richardson DM, Allsopp N, D'Antonio CM, Milton SJ & Rejmánek M (2000) Plant invasions: the role of mutualisms. Biological Reviews 75: 65–93.

［55］Vitousek PM & Walker LR (1989) Biological invasion by *Myrica faya* in Hawaii-Plant demography, nitrogen-fixation, ecosystem effects. Ecological Monographs 59: 247–265.

［56］Waring GH, Loope LL & Medeiros AC (1993) Study on use of alien versus native plants by nectarivorous forest birds on Maui, Hawaii. Auk 110: 917–920.

［57］Cassey P (2002) Life history and ecology influence establishment success of introduced land birds. Biological Journal of the Linnean Society 76: 465–480.

［58］Grant PR & Grant BR (2008a) Pedigrees, assortative mating and speciation in Darwin's finches. Proceedings of the Royal Society B 275: 661–668.

［59］Grant PR & Grant BR (2008b) *How and why species multiply: the radiation of Darwin's finches*. Princeton University Press, Princeton.

[60] Cox PA & Elmqvist T (2000) Pollinator extinction in the Pacific Islands. Conservation Biology 14: 1237-1239.

[61] Olsen JM, Rønsted N, Tolderlund U, Cornett C, Mølgaard P, Madsen J, Jones CG & Olsen CE (1998) Mauritian red nectar remains a mystery. Nature 393: 529.

[62] Cox GW (2004) *Alien species and evolution: the evolutionary ecology of exotic plants, animals, microbes, and interacting native species.* Island Press, Washington.

[63] Schrey AW, Coon CAC, Grispo MT, Awad M, Imboma T, McCoy ED, Mushinsky HR, Richards CL & Martin LB (2012) Epigenetic variation may compensate for decreased genetic variation with introductions: a case study using House Sparrows (*Passer domesticus*) on two continents. Genetics Research International 2012: 979751. doi: 10. 1155/2012/979751.

[64] Liebl AL, Schrey AW, Richards CL & Martin LB (2013) Patterns of DNA methylation throughout a range expansion of an introduced songbird. Integrative and Comparative Biology 53: 351-358.

索　引

270

初 出 一 覧

第1章　堀江明香(2014)　鳥類における生活史研究の最新動向と課題。日本鳥学会誌63(2)：197-233。

第2章　松井晋(2014)　鳥類の一腹卵数の進化：熱帯性鳥類の免疫機能への投資や温度による制約。日本鳥学会誌63(2)：235-248。

第3章　書き下ろし

第4章　書き下ろし

第5章　書き下ろし

第6章　書き下ろし

第7章　書き下ろし

第8章　江口和洋(2014)　鳥類の社会形態の進化に関与する生活要因の重要性。日本鳥学会誌63(2)：249-265。

第9章　書き下ろし

第10章　書き下ろし

第11章　書き下ろし

執筆者一覧（＊は編者）

第1章　堀江明香　　大阪市立自然史博物館，外来研究員

第2章　松井　晋　　東海大学生物学部生物学科，講師

第3章　乃美大佑　　北海道大学環境科学院生物圏科学専攻，博士課程

第4章　富田直樹　　公益財団法人山階鳥類研究所保全研究室，研究員

第5章　中原　亨　　北九州市立いのちのたび博物館(自然史・歴史博物館)，
　　　　　　　　　　学芸員

第6章　上野裕介　　石川県立大学生物資源環境学部環境科学科，准教授

第7章　石井絢子　　九州大学大学院システム生命科学府，博士課程

第8章　江口和洋＊　元九州大学大学院理学研究院，助教

第9章　山口典之　　長崎大学大学院水産・環境科学総合研究科，准教授

第10章　髙木昌興＊　北海道大学大学院理学研究院，教授

第11章　天野一葉　　滋賀県立琵琶湖博物館，特別研究員

鳥類の生活史と環境適応

2018 年 10 月 10 日　第 1 刷発行

編著者　　江　口　和　洋
　　　　　髙　木　昌　興

発行者　　櫻　井　義　秀

発行所　北海道大学出版会

札幌市北区北 9 条西 8 丁目北海道大学構内（〒060-0809）
Tel. 011（747）2308・Fax. 011（736）8605・http://www.hup.gr.jp

アイワード

ISBN978-4-8329-8230-7

鳥　の　自　然　史	樋口　広芳	編著	A5・270頁
―空間分析をめぐって―	黒沢　令子		定価3000円
日　本　の　ク　マ　ゲ　ラ	藤井　忠志　著		A5・194頁
			定価2800円
ブラキストン「標本」史	加藤　　克　著		A5・362頁
			定価8200円
南　千　島　鳥　類　目　録	V.A.ネチャエフ	著	A5・136頁
―国後，択捉，色丹，歯舞―	藤巻　裕蔵		定価2000円
動　物　地　理　の　自　然　史	増田　隆一	編著	A5・302頁
―分布と多様性の進化学―	阿部　　永		定価3000円

〈価格は消費税を含まず〉

北海道大学出版会